"十三五"应用型本科院校系列教材/机械工程类

主　编　刘丽华　李争平

副主编　关晓冬　高宇博

主　审　刘　品

机械精度设计与检测基础

（第2版）

Mechanical Precision Design and Foundation of Geometric Measurement

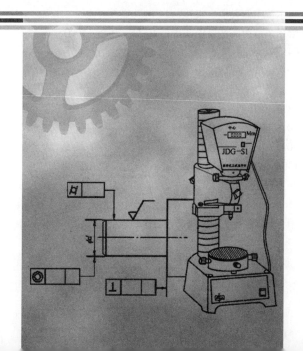

哈尔滨工业大学出版社

内 容 简 介

"机械精度设计与检测基础"课程即"互换性与测量技术基础"课程。

本书是根据全国高校《互换性与测量技术基础》教学大纲编写的,本书就有关机械精度设计和检测技术的基础知识、各种典型机械零件精度设计的基本原理和方法,以及各种公差标准在机械设计中的应用作了详细的分析和阐述。为便于读者掌握相关知识,同时也利于实际应用参考,各章都给出了思考题和作业题。

本书内容为:绪论,测量技术基础,尺寸精度设计与检测,几何精度设计与检测,表面粗糙度轮廓设计与检测,典型零件结合的精度设计与检测,圆柱齿轮精度设计与检测,尺寸链的精度设计基础,机械零件的精度设计等共9章。

本书主要供应用型本科院校机械学科及仪器仪表学科各专业师生使用,也适合机械设计、制造、标准化和计量测试等领域的工程技术人员使用和参考。

图书在版编目(CIP)数据

机械精度设计与检测基础/刘丽华,李争平主编. —2 版.
—哈尔滨:哈尔滨工业大学出版社,2017.1(2023.8 重印)
ISBN 978-7-5603-6062-1

Ⅰ.①机… Ⅱ.①刘… ②李… Ⅲ.①机械-精度-设计-高等学校-
教材 ②机械元件-测量-高等学校-教材 Ⅳ.①TH122 ②TG801

中国版本图书馆 CIP 数据核字(2016)第 129562 号

策划编辑 杜 燕
责任编辑 范业婷
出版发行 哈尔滨工业大学出版社
社 址 哈尔滨市南岗区复华四道街 10 号 邮编 150006
传 真 0451-86414749
网 址 http://hitpress.hit.edu.cn
印 刷 哈尔滨博奇印刷有限公司
开 本 787mm×1092mm 1/16 印张 15.5 字数 345 千字
版 次 2012 年 5 月第 1 版 2017 年 1 月第 2 版
2023 年 8 月第 4 次印刷
书 号 ISBN 978-7-5603-6062-1
定 价 36.00 元

序

哈尔滨工业大学出版社策划的《"十三五"应用型本科院校系列教材》即将付梓,诚可贺也。

该系列教材卷帙浩繁,凡百余种,涉及众多学科门类,定位准确,内容新颖,体系完整,实用性强,突出实践能力培养。不仅便于教师教学和学生学习,而且满足就业市场对应用型人才的迫切需求。

应用型本科院校的人才培养目标是面对现代社会生产、建设、管理、服务等一线岗位,培养能直接从事实际工作、解决具体问题、维持工作有效运行的高等应用型人才。应用型本科与研究型本科和高职高专院校在人才培养上有着明显的区别,其培养的人才特征是:①就业导向与社会需求高度吻合;②扎实的理论基础和过硬的实践能力紧密结合;③具备良好的人文素质和科学技术素质;④富于面对职业应用的创新精神。因此,应用型本科院校只有着力培养"进入角色快、业务水平高、动手能力强、综合素质好"的人才,才能在激烈的就业市场竞争中站稳脚跟。

目前国内应用型本科院校所采用的教材往往只是对理论性较强的本科院校教材的简单删减,针对性、应用性不够突出,因材施教的目的难以达到。因此亟须既有一定的理论深度又注重实践能力培养的系列教材,以满足应用型本科院校教学目标、培养方向和办学特色的需要。

哈尔滨工业大学出版社出版的《"十三五"应用型本科院校系列教材》,在选题设计思路上认真贯彻教育部关于培养适应地方、区域经济和社会发展需要的"本科应用型高级专门人才"精神,根据前黑龙江省委书记吉炳轩同志提出的关于加强应用型本科院校建设的意见,在应用型本科试点院校成功经验总结的基础上,特邀请黑龙江省9所知名的应用型本科院校的专家、学者联合编写。

本系列教材突出与办学定位、教学目标的一致性和适应性,既严格遵照学科体系的知识构成和教材编写的一般规律,又针对应用型本科人才培养目标及与之相适应的教学特点,精心设计写作体例,科学安排知识内容,围绕应用讲授理论,做到"基础知识够用、实践技能实用、专业理论管用"。同时注意适当融入新理论、新技术、新工艺、新成果,并且制作了与本书配套的PPT多媒体教学课件,形成立体化教材,供教师参考使用。

《"十三五"应用型本科院校系列教材》的编辑出版,是适应"科教兴国"战略对复合型、应用型人才的需求,是推动相对滞后的应用型本科院校教材建设的一种有益尝试,在应用型创新人才培养方面是一件具有开创意义的工作,为应用型人才的培养提供了及时、可靠、坚实的保证。

希望本系列教材在使用过程中,通过编者、作者和读者的共同努力,厚积薄发、推陈出新、细上加细、精益求精,不断丰富、不断完善、不断创新,力争成为同类教材中的精品。

第 2 版前言

"机械精度设计与检测基础"课程即"互换性与测量技术基础"课程。是高等工科院校本科、专科许多专业必修的一门应用性很强的技术基础课,涉及的专业有机械设计制造及其自动化、工业设计、工业工程、热能与动力工程、材料成形及控制工程、焊接技术与工程、精密仪器、光电技术与光电仪器、计算机集成制造技术等。

本教材根据全国高校《互换性与测量技术基础》教学大纲编写。为了进一步满足教学的需要,对第 1 版的内容进行了修改和更新,全部采用最新的国家标准。内容设置、章节衔接等充分考虑了应用型本科教学的需求,突出了教材的实用性及工程应用的参照作用。各章内容独立,可根据专业的不同需求取舍教学内容。

本书由哈尔滨工业大学刘丽华、哈尔滨华德学院李争平担任主编,哈尔滨华德学院关晓冬、哈尔滨石油学院高宇博担任副主编,哈尔滨工业大学王军、哈尔滨远东理工学院边玉昌、航天科工哈尔滨风华有限公司张玉荣担任参编,哈尔滨工业大学刘品主审。

编写任务的具体分工如下:第 1 章由关晓冬编写;第 2 章由张玉荣,王军编写;第 3 章由刘丽华编写;第 4 章由刘丽华,关晓冬编写;第 5 章由高宇博编写;第 6 章由刘丽华,李争平编写;第 7 章由刘丽华,高宇博编写;第 8 章由边玉昌,李争平编写;第 9 章由李争平编写。

由刘永猛、马惠萍主编,哈尔滨工业大学出版社于 2016 年 8 月出版的《〈互换性与测量技术基础〉同步辅导与习题精讲》;由刘永猛、周海主编,哈尔滨工业大学出版社出版的《机械精度设计与检测基础实验指导书与课程大作业(第 5 版)》,都是与本教材配套的学习辅导书。

本书在编写过程中,得到很多兄弟院校有关同志的热情支持和帮助,在此谨表感谢。

由于编者水平有限,书中难免存在疏漏和不当之处,敬请读者批评和指正。

编 者
2016 年 12 月

目　　录

第 *1* 章

绪　　论

"机械精度设计与检测基础"课程主要包括两方面内容:机械的精度设计和检测的技术基础。机械设计通常可分为:机械的运动设计、机械的结构设计、机械的强度和刚度设计以及机械的精度设计。前三项设计是其他课程研究的内容,本课程只研究机械精度设计。机械精度设计是根据机械的功能要求,正确地对机械零件的尺寸精度、几何精度以及表面微观轮廓精度要求进行设计,并将它们正确地标注在零件图、装配图上。检测基础讲授的是几何量检测的基本知识和检测原理以及常用的检测方法。在机械零件加工的全过程中必须进行测量或检验,使之符合机械精度设计要求。

为了能够学好本门课程,首先在绪论中学习和掌握以下有关的基本概念。

1.1　互换性与公差

1.1.1　互换性

互换性是指在同一规格的一批零件或部件中任取一件,装配时,不需经过任何选择、修配或调整,就能装配在整机上,并能满足使用性能要求的特性。

互换性的概念在日常生活中到处都能遇到。例如,机械或仪器上掉了一个螺钉,换上一个同规格的新螺钉就行了;灯泡坏了,买一个安上即可;汽车、拖拉机,乃至家庭用的自行车、缝纫机、手表中某个机件磨损了,换上一个新的,便能继续使用。之所以这些零、部件具有彼此替换的性能,是因为它们具有互换性。

显然,互换性应该同时具备两个条件:第一,不需经过任何选择、修配或调整便能装配(当然也应包括维修更换);第二,装配(或更换)后的整机能满足其使用性能要求。

互换性是许多工业部门产品设计和制造中应遵循的重要原则,它不仅涉及产品制造中零、部件的可装配性,而且涉及机械设计、生产及其使用中重大的技术和经济问题。

1.1.2　公差

公差是指允许零件几何参数的变动量。

零件在加工过程中,由于各种因素的影响,其几何参数,包括尺寸、形状、方向、位置及表面粗糙度轮廓等总会有误差,不能达到理想状态。从使用功能上看,也不必要求同规格的零、部件的几何参数加工的完全一致,只需要将这些同规格的零、部件的几何参数控制在一定范围内变动,即可达到互换的目的。因此,要使零件具有互换性,就应把完工后零件的误差控制在公差范围内,即互换性要有公差来保证。在满足功能要求的前提下,公差应尽量规定得大些,以获得最佳的技术经济效益。

1.1.3 互换性的种类

在生产中,按互换性的程度可分为完全互换(绝对互换)与不完全互换(有限互换)。

若零件在装配或更换时,不需选择、辅助加工或修配,则其互换性为完全互换性(绝对互换)。当装配精度要求较高时,采用完全互换将使零件制造公差很小,加工困难,成本很高,甚至无法加工。这时,可以采用其他技术手段来满足装配要求,例如分组装配法,就是将零件的制造公差适当地放大,使之便于加工,而在零件完工后装配前,用测量器具将零件按实际尺寸的大小分为若干组,使每组零件间实际尺寸的差别减小,装配时按相应组分进行装配(即大孔与大轴相配,小孔与小轴相配)。这样,既可保证装配精度和使用要求,又能减小加工难度、降低成本。此时,仅组内零件可以互换,组与组之间不可互换,故这种互换性称为不完全互换性(有限互换)。

对标准部件或机构来说,互换性又可分为外互换与内互换。

外互换是指部件或机构与其相配件间的互换性,例如滚动轴承内圈内径与轴的配合,外圈外径与机座孔的配合。内互换是指部件或机构内部组成零件间的互换性,例如滚动轴承内、外圈滚道直径与滚珠(滚柱)直径的装配。

为使用方便起见,滚动轴承的外互换采用完全互换,而其内互换则因其组成零件的精度要求高,加工困难,故采用分组装配,为不完全互换。通常,不完全互换只用于部件或机构的制造厂内部的装配;至于厂外协作件,即使批量不大,往往也要求完全互换。究竟是采用完全互换,还是不完全互换,或者部分地采用修配调整,要由产品精度要求与其复杂程度、产量大小(生产规模)、生产设备、技术水平等因素决定。

机械制造中的互换性,既取决于它们几何参数的一致性,又取决于它们的物理性能、化学性能、机械性能等参数的一致性。因此,互换性可分为几何参数互换性和功能互换性。本课程只研究几何参数的互换性。

1.1.4 互换性在机械制造中的作用

从使用方面看,如果一台机器的某零件具有互换性,则当该零件损坏后,可以很快地用一备件来代替,从而使机器维修方便,保证了机器工作的连续性和持久性,延长了机器的使用寿命,提高了机器的使用价值。在某些情况下,互换性所起的作用是难以用价值来衡量的。例如,发电厂要迅速排除发电设备的故障,保证继续供电;在战场上要很快排除武器装备的故障,保证继续战斗。在这些场合,实现零部件的互换,显然是极为重要的。

从制造方面看,互换性是提高生产水平和进行文明生产的有力手段。装配时,由于零件(部件)具有互换性,不需要辅助加工和修配,可以减少装配工的劳动量,因而缩短了装配周期,而且还可使装配工作按流水作业方式进行,以至实现自动化装配,这就使装配生产效率显著提高。加工时,由于按标准规定公差加工,同一机器上的各个零件可以分别由各专业厂同时制造。各专业厂由于产品单一,产品数量多,分工细可采用高效率的专用设备,乃至采用计算机进行辅助加工,从而使产品的数量和质量明显提高,成本也会显著降低。

从设计方面看,由于产品中采用了具有互换性的零部件,尤其是采用了较多的标准零件和部件(螺钉、销钉、滚动轴承等),这就使许多零部件不必重新设计,从而大大减少了计算与绘图的工作量,简化了设计程序,缩短了设计周期。尤其是还可以应用计算机进行辅助设计(CAD),这对发展系列产品和促进产品结构、性能的不断改善,都有很大作用。

综上所述,在机械制造中组织互换性生产,大量地应用具有互换性的零部件,不仅能够显著提高劳动生产率,而且在有效地保证产品质量和提高可靠性、降低成本等方面都具有重大的意义。所以,使零部件具有互换性是机械制造中重要的原则和有效的技术措施,在日用工业品、机床、汽车、电子产品、军工产品等生产部门被广泛采用。

1.2 新一代 GPS 的概念

以几何学为基础的传统的几何产品技术规范,包括尺寸精度,几何精度,表面粗糙度以及它们的测量方法和检测仪器等技术标准和规范称为第一代(传统)GPS(Geometrical Product Specifications and Verification)。随着信息技术和制造业的发展,第一代 GPS 已经越来越不能适应现代先进制造业的发展和需求。第一代 GPS 的主要问题是产品的功能和几何规范没有建立起应有的联系;缺乏表达各种功能和控制要求的标准规定;在设计过程中也没有确定的标准和规范给出相应的测量方法和评定准则,因而导致产品合格的评定缺乏唯一性,造成测量评估失控。为了解决这些问题,国际标准化组织(ISO)研究和建立了一个基于信息技术,以计量数学为基础的,适应 CAD(计算机辅助设计)/CAM(计算机辅助制造)/CAT(计算机辅助公差设计)/CAE(计算机辅助工程实验)等技术发展的新一代的 GPS。

新一代 GPS 把规范(设计)过程与认证(计量)过程联系起来,并用不确定度的传递关系将产品的功能、规范、制造、测量和认证等环节集成一体,从而解决了第一代的 GPS 存在的上述问题。

1.2.1 新一代 GPS 的组成

新一代 GPS 国际标准体系由基础标准、通用标准、补充标准和综合标准组成。

1. 基础 GPS 标准

基础 GPS 标准是建立新一代 GPS 标准体系的基础和总体规划的依据。

2. 通用 GPS 标准

通用 GPS 标准是新一代 GPS 的主体,它是确定零件不同几何要素在图样上表示的规则、定义和检验原则等标准。通用 GPS 标准矩阵如表 1.1 所示。

表中行是零件几何要素的特征;列是有关几何要素特征在图样上表示的一系列的标准,这些标准包括几何特征在图样上表达的规则,公差的定义,测量和认证的规则以及计量器具的要求等标准。

3. 补充 GPS 标准

补充 GPS 标准是对通用 GPS 标准在要素特定范畴的补充规定的标准。例如一些与加工类型有关标准,如切削加工、铸造、焊接等;还有一些与几何特征有关标准,如螺纹、键、齿轮等。

4. 综合 GPS 标准

综合 GPS 标准是通用原则和定义的标准。如测量的基准温度,几何特征,尺寸、公差、通用计量学名词术语与定义,测量不确定度的评估等。它直接或间接地影响通用 GPS 和补充 GPS 标准。

表 1.1　通用 GPS 标准矩阵

几何要素特征	标准链	通用 GPS 标准链						
		1	2	3	4	5	6	7
		产品图样表达	公差定义	实际要素特征定义	工件误差评判	实际要素特征检验	计量设备要求	计量设备标定
1	尺寸							
2	距离							
3	半径							
4	角度							
5	与基准无关的线的形状							
6	与基准有关的线的形状							
7	与基准无关的面的形状							
8	与基准有关的面的形状							
9	方向							
10	位置							
11	圆跳动							
12	全跳动							
13	基准							
14	轮廓粗糙度							
15	轮廓波纹度							
16	基本轮廓							
17	表面缺陷							
18	棱边							

1.2.2 新一代 GPS 的不确定度

新一代 GPS 标准使用不确定度的传递关系将产品的功能、规范、制造、测量及认证等集成一体,以此对不同层次和不同精度要求的产品规范、制造和检验等资源进行合理高效地分配。

新一代 GPS 的不确定度分相关不确定度和依从不确定度。依从不确定度分规范不确定度和测量不确定度。测量不确定度分方法不确定度和执行不确定度。而相关不确定度和依从不确定度组成总体不确定度。各种不确定度之间的关系如图 1.1 所示。

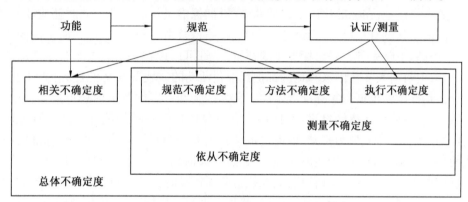

图 1.1 新一代 GPS 不确定度之间的关系

例如为了保证产品的某项功能,要进行规范设计,但是这个规范设计不能完全保证产品的功能,这就产生了规范和功能的差异,用相关不确定度来表示这个差异的程度。

又如用某种方法得到一个测量结果,但是这个测量结果不是被测量的真实值,因为测量都是有误差的,那么就用测量不确定度来表示这个测量结果和真实结果的差异程度。

新一代 GPS 标准体系是基于信息化,以计量数学为基础的几何产品技术规范,因此它的理论框架应适应数字化的要求。它的主要内容包括表面模型、几何要素、要素的操作及规范与认证操作等。

新一代 GPS 标准体系与传统的几何技术规范是继承、发展和创新的关系,而在理论基础与体系结构上,则发生了根本性的变化,它标志着标准和计量进入了一个全新的阶段。

1.3 标准化与优先数系

1.3.1 标 准 化

标准化是组织现代化生产的重要手段之一,是实现专业化协作生产的必要前提,是科学管理的重要组成部分。标准化的作用很多、很广泛,在人类活动很多方面都起着不可忽视的作用。标准化可以简化多余的产品品种,促进科学技术转化为生产力,确保互换性,确保安全和健康,保护消费者的利益,消除贸易壁垒。此外,标准化可以在节约原材料、减少浪费、信息交流、提高产品可靠性等方面发挥作用。在现代工业社会化的生产中,标准化是实现互换性的基础。

世界各国的经济发展过程表明,标准化是实现现代化的一个重要手段,也是反映现代化水平的一个重要标志。现代化的程度越高,对标准化的要求也就越高。

什么是标准化? 根据我国国家标准 GB/T 2000.1—2014 的规定,标准化定义为:"为在一定的范围内获得最佳秩序,对现实问题或潜在问题制定共同使用和重复使用的条款的活动"。由标准化的定义可以认识到,标准化不是一个孤立的概念,而是一个活动过程,这个过程包括制订、贯彻、修订标准,循环往复,不断提高;制订、修订、贯彻标准是标准化活动的主要任务;在标准化的全部活动中,贯彻标准是核心环节。同时还应注意到,标准化在深度上是没有止境的,无论是一个标准,还是整个标准系统,都在向更深的层次发展,不断提高,不断完善;另外,标准化的领域,尽管可以说在一切有人类智慧活动的地方都能展开,但目前大多数国家和地区都把标准化活动的领域重点放在工业生产上。

什么是标准? 根据国家标准规定的定义为:"为在一定的范围内获得最佳秩序,经协商一致制定,并由公认机构批准,共同使用和重复使用的一种规范性文件。"标准应以科学、技术和经验综合成果为基础,以促进最佳社会效益为目的。由此可见,标准的制订是与当前科学技术水平和生产实践相关,它通过一段时间的执行,要根据实际使用情况,对现行标准加以修订和更新。所以我们在执行各项标准时,应以最新颁布的标准为准则。

按一般习惯可把标准分为技术标准、管理标准和工作标准;按作用范围可将其分为国际标准、区域标准、国家标准、专业标准、地方标准和企业标准;按标准在标准系统中的地位、作用可将其分为基础标准和一般标准;按标准的法律属性可将其分为强制性标准和推荐性标准。按我国《标准化法》的规定:"国家标准、行业标准分为强制性标准和推荐性标准。保障人体健康,人身、财产安全的标准和法律、行政法规规定强制执行的标准是强制性标准,其他标准是推荐性标准。"强制性标准发布后,凡从事科研、生产、经营的单位和个人,都必须严格执行。不符合强制性标准要求的产品,严禁生产、销售和进口。推荐性标准不具有法律约束力,但当推荐性标准一经被采用,或在合同中被引用,则被采用或被引用的那部分内容就应该被严格执行,受合同法或有关经济法的约束。过去,我国为适应计划经济的需要,实行单一的强制性标准。随着社会主义商品经济的发展,已实行强制性和推荐性两种标准,这是标准化工作中的一项重要改革。它既可将该管的标准管住、管好、管严,又可使不该管的标准放开、搞活,这就促进了商品经济的不断发展。

近年来,我国对标准化的指导思想是:各行各业中积极采用国际标准和国外先进标准,在我国加入 WTO 后,为加强和扩大我国与国际先进工业国家的技术交流及国际贸易,更应加快采用国际标准的步伐。

国际标准化机构有三个:国际标准化组织(ISO),它制订的标准用符号 ISO 表示;国际电工委员会(IEC),它制订的标准用符号 IEC 表示;国际电信联盟(ITU),它制订的标准用符号 ITU 表示。我国国家标准分国标(GB)和国军标(GJB),分别用符号 GB 和 GJB 表示。国标分为两类:强制执行的标准(记为 GB)和推荐执行的标准(记为 GB/T)。本课程主要涉及的三十多个技术标准,多属于国家标准(GB)和国家推荐性技术基础标准(GB/T)。

为全面保证零部件的互换性,不仅要合理地确定零件制造公差,还必须对影响生产质量的各个环节、阶段及有关方面实现标准化。诸如技术参数及数值系列(如尺寸公差)的标准化(优先数系);几何公差及表面质量参数的标准化;原材料及热处理方法的标准化;工艺装备及工艺规程的标准化;计量单位及检测规定等的标准化。可见,在机械制造业中,任何零部件要使其具有互换性,都必须实现标准化。没有标准化,就没有互换性。

1.3.2 优先数系和优先数

为了保证互换性,必须合理地确定零件公差,公差数值标准化的理论基础,即为优先数系和优先数。

1. 优先数系

在生产中,当选定一个数值作为某种产品的参数指标后,这个数值就会按照一定规律向一切相关的制品、材料等有关参数指标传播扩散。例如动力机械的功率和转速值确定后,不仅会传播到有关机器的相应参数上,而且必然会传播到其本身的轴、轴承、键、齿轮、联轴节等一整套零部件的尺寸和材料特性参数上,并进而传播到加工和检验这些零部件用的刀具、量具、夹具及机床等的相应参数上。这种技术参数的传播性,在生产实际中是极为普遍的现象,并且跨越行业和部门的界限。工程技术上的参数数值,即使只有很小的差别,经过反复传播后,也会造成尺寸规格的繁多杂乱,以致给组织生产、协作配套及使用维修等带来很大困难。因此,对于各种技术参数,必须从全局出发,加以协调。

优先数系和优先数就是对各种技术参数的数值进行协调、简化和统一的一种科学的数值标准。

什么是优先数系?根据工程技术上的要求,优先数系是一种十进制几何级数。国家标准 GB/T 321—2005 规定,优先数系是由公比为 $\sqrt[5]{10}$、$\sqrt[10]{10}$、$\sqrt[20]{10}$、$\sqrt[40]{10}$ 和 $\sqrt[80]{10}$,且项值中含有 10 的整数幂的理论等比数列导出的一组近似等比的数列。各数列分别用符号 R5、R10、R20、R40 和 R80 表示,称为 R5 系列、R10 系列、R20 系列、R40 系列和 R80 系列。其中前四个系列是常用系列,又称基本系列,而 R80 为补充系列,用于分级很细的特殊场合。

由上述可知,优先数系的五个系列的公比都是无理数,在工程技术上不能直接应用,而实际应用的是理论公比经过化整后的近似值,各系列的公比如下。

$$R5 : 公比\ q_5 = \sqrt[5]{10} \approx 1.584\ 9 \approx 1.60$$

$$R10 : 公比\ q_{10} = \sqrt[10]{10} \approx 1.258\ 9 \approx 1.25$$

$$R20 : 公比\ q_{20} = \sqrt[20]{10} \approx 1.122\ 0 \approx 1.12$$

$$R40 : 公比\ q_{40} = \sqrt[40]{10} \approx 1.059\ 3 \approx 1.06$$

$$R80 : 公比\ q_{80} = \sqrt[80]{10} \approx 1.029\ 2 \approx 1.03$$

优先数系中的基本系列的各项数值见表 1.2。

表 1.2　优先数系的基本系列(常用值)(摘自 GB/T 321—2005)

R5	1.00		1.60		2.50		4.00		6.30		10.00
R10	1.00	1.25	1.60	2.00	2.50	3.15	4.00	5.00	6.30	8.00	10.00
R20	1.00	1.12	1.25	1.40	1.60	1.80	2.00	2.24	2.50	2.80	3.15
	3.55	4.00	4.50	5.00	5.60	6.30	7.10	8.00	9.00	10.00	
R40	1.00	1.06	1.12	1.18	1.25	1.32	1.40	1.50	1.60	1.70	1.80
	1.90	2.00	2.12	2.24	2.36	2.50	2.65	2.80	3.00	3.15	3.35
	3.55	3.75	4.00	4.25	4.50	4.75	5.00	5.30	5.60	6.00	6.30
	6.70	7.10	7.50	8.00	8.50	9.00	9.50	10.00			

由上可见,R5 的公比 $q_5 = q_{10}^2$,R10 的公比 $q_{10} = q_{20}^2$……R40 的公比 $q_{40} = q_{80}^2$,因而有 R5 中的项值包含在 R10 中,R10 中的项值包含 R20 中……R40 中的项值包含在 R80 中。

为了使优先数系有更大的适应性,还可从基本系列或补充系列 Rr(其中 $r = 5, 10, 20, 40, 80$)中,每 p 项取值导出新的系列,即派生系列,它是从每相邻的连续 p 项中取一项形成的等比系列,代号为 Rr/p,公比为 $q_{r/p} = q_r^p = (\sqrt[r]{10})^p = 10^{p/r}$。例如派生系列 R10/3 的公比 $q_{10/3} = 10^{3/10} \approx 2$,可形成三个不同项值的系列:①1.00, 2.00, 4.00, 8.00……②1.25, 2.50, 5.00, 10.00……③1.60, 3.15, 6.30, 12.50……由此可见,比值 r/p 相等的派生系列具有相同的公比,但其项值彼此不同。

2. 优先数

优先数系的五个系列(R5, R10, R20, R40 和 R80)中任一个项值均称为优先数,根据其取值的精确程度不同,数值可分为:

(1)优先数的理论值——理论等比数列的项值,一般是无理数,不便于实际应用。

(2)优先数的计算值——取五位有效数字的近似值,供精确计算用。

(3)优先数的常用值——即通常所称的优先数,取三位有效数字进行圆整后规定的数值,经常使用。

(4)优先数的化整值——对基本系列中的常用数值作进一步圆整后所得的值,一般取两位有效数字,供特殊情况用。

3. 优先数系的应用

(1)在一切标准化领域中应尽可能采用优先数系

优先数系不仅应用于标准的制订,且在技术改造设计、工艺、实验、老产品整顿简化等诸多方面都应加以推广,尤其在新产品设计中,要遵循优先数系。即使现有的旧标准、旧图样和旧产品,也应结合标准的修订或技术整顿,逐步地向优先数系过渡。此外,还应注意,优先数系不仅用于产品设计,也用于零部件设计,在积木式组合设计和相似设计中,更应使用优先数系;另外有些优先数系,例如 R5 系列,还可用于简单的优选法。

(2)区别对待各个参数采用优先数系的要求

基本参数、重要参数及在数值传播上最原始或涉及面最广的参数,应尽可能采用优先数。对其他各种参数,除非由于运算上的原因或其他特殊原因,不能为优先数(例如两个优先数的和或差不再为优先数)以外,原则上都宜于采用优先数。

对于有函数关系的参数,如 $y=f(x)$,自变量 x 参数系列应尽可能采用优先数系的基本系列。若函数关系为组合特性的多项式,因变量 y 一般不再为优先数,当条件允许时,可圆整为与它最接近的优先数。当待定参数互为自变量时,尤其当函数式为组合特性的多项式时,应注意仔细分析选取哪些参数为自变量更符合技术经济利益。一般而言,当各种尺寸参数有矛盾,不能都为优先数时,应优先将互换性尺寸或连接尺寸视为优先数;当尺寸参数与性能参数有矛盾,不能都为优先数时,宜优先将尺寸参数视为优先数。这样便于配套维修,使材料、半成品和工具等简化统一。

(3)按"先疏后密"的顺序选用优先数系

对自变量参数尽可能选用单一的基本系列,选择的优先顺序是:R5、R10、R20、R40;只有在基本系列不能满足要求时,才采用补充系列 R80;如果基本系列中没有合适的公比,也可用派生系列,并尽可能选用包含有项值 1 的派生系列。

1.4 检测技术的发展

为了实现互换性生产,检测(检验和测量)技术是保证机械零部件精度的重要手段,也是贯彻执行几何量公差标准的技术保证。检测技术的水平在一定程度上反映了机械加工精度水平。从机械发展历史来看,几何量检测技术发展和机械加工精度的提高是相互依存,相互促进的。根据国际计量大会的统计,机械零件加工精度大约每十年提高一个数量级,这都是由于检测技术不断发展的缘故。例如,1940 年由于有了机械式比较仪,使机械加工精度水平从过去的 3 μm 提高到 1.5 μm;到了 1950 年,有了光学比较仪,使加工精度提高到 0.2 μm;到了 1960 年,有了圆度仪,使加工精度提高到 0.1 μm;到了 1969 年,由于出现了激光干涉仪,使加工精度提高到 0.01 μm 水平。

新中国成立前,我国是半封建半殖民地社会,生产落后,科学技术未能得到发展,检测技术和计量器具都处于落后状态。新中国成立后,随着社会主义建设事业不断发展,建起了各种机械制造工业。1955 年成立了国家计量局,1959 年国务院发布了《关于计量制度的命令》,统一了全国计量制度,以后还颁布了多个几何量公差标准。1977 年国务院发布了《中华人民共和国计量管理条例》,1984 年国务院发布了《关于在我国统一实行法定计量单位的命令》,1985 年全国人大常委会通过并由国家主席发布了《中华人民共和国计量法》,使我国国家计量单位的统一有了更好的保证,使全国量值更加准确可靠,从而促进了我国社会主义现代化建设和科学技术的发展。

随着现代化工业生产的发展,在建立和加强计量制度的同时,我国的检测仪器也有了较大的发展,现在已拥有一批骨干检测仪器制造厂,生产了许多品种的精密仪器,如万能工具显微镜、万能渐开线检查仪、半自动齿距检查仪等。此外,还研制出一些达到世界先进水平的量仪,如坐标测量机、激光光电比较仪、光栅式齿轮整体误差测量仪等。目前机械加工精度已达到纳米级,而相应的检测技术也已不断地向纳米级发展。

1.5 本课程的特点和任务

1.5.1 本课程的特点和学习方法

本课程是高等工科院校机械类和近机类各专业的一门重要的技术基础课,是联系设计课程和工艺课程的纽带,是从基础课学习过渡到专业课学习的桥梁。机械精度设计是本课程的基本内容,它和标准化关系十分密切;检测基础属于计量学的范畴。前者内容主要通过课堂教学和课外作业来完成,后者内容主要通过实验课来完成。

因为本课程术语定义多,符号、代号多,标准规定多,经验解法多,所以,刚学完系统性较强的理论基础课的学生,往往感到概念难记,内容繁多。而且,从标准规定上看,原则性强;从工程应用上看,灵活性大,这对初学者来说,较难掌握。但是,正像任何东西都离不开主体,任何事物都有它的主要矛盾一样,本课程尽管概念很多,涉及面广,但各部分都是围绕着保证互换性为主的精度设计问题,介绍各种典型零件几何精度的概念,分析各种零件几何精度的设计方法,论述各种零件的检测规定等。所以,在学习中应注意及时总结归纳,找出它们之间的关系和联系。学生要认真按时完成作业,认真做实验和写实验报告,实验课是本课程验证基本知识、训练基本技能、理论联系实际的重要环节。

1.5.2 本课程的任务

学生在学习本课程时,应具有一定的理论知识和生产实践知识,即能读图、制图,了解机械加工的一般知识和常用机构的原理。学生在学完本课程后应达到下列要求:

① 掌握标准化、互换性的基本概念及与精度设计有关的基本术语和定义。

② 基本掌握本课程中机械精度设计标准的主要内容、特点和应用原则。

③ 初步学会根据机器或仪器零件的使用要求,正确设计几何量公差并正确地标注在图样上。

④ 熟悉各种典型的几何量检测方法和初步学会使用常用的计量器具。

总之,本课程的任务是使学生获得机械工程师必须掌握的机械精度设计和检测方面的基本知识和基本技能。此外,在后续课程,例如机械零件设计、工艺设计、毕业设计中,学生都应正确、完整地把在本课程中学到的知识应用到工程实际中去。

习 题 一

一、思考题

1. 什么叫互换性? 它在机械制造中有何作用? 互换性是否只适用于大批量生产?

2. 生产中常用的互换性有几种? 采用不完全互换的条件和意义是什么?

3. 什么叫公差? 公差与互换性之间有什么关系?

4. 第一代(传统)GPS 和新一代 GPS 主要有什么区别?

5. 何谓标准化？它和互换性有何关系？标准应如何分类？

6. 试举例说明互换性在日常生活中的应用实例(举 5 例)。

7. 何谓优先数系？基本系列有哪些？

8. 本门课程的研究对象是什么？对机械零件要规定哪几项精度要求？

二、作业题

1. 按优先数的基本系列确定优先数：

(1)第一个数为 10,按 R5 系列确定后五项优先数。

(2)第一个数为 100,按 10/3 系列确定后三项优先数。

2. 试写出 R10 优先数系从 1～100 的全部优先数(常用值)。

3. 普通螺纹公差自 3 级精度开始其公差等级系数为：0.50,0.63,0.80,1.00,1.25,1.60,2.00。试判断它们属于优先数系中的哪一种？其公比是多少？

第 2 章

测量技术基础

2.1　测量的基本概念

2.1.1　测量、检验和检定

1. 测量定义

机器或仪器的零部件加工后是否符合设计图样的技术要求,需要经过测量来判定。所谓测量是确定被测对象的量值而进行的实验过程,即测量是将被测量与测量单位或标准量在数值上进行比较,从而确定两者比值的过程。若以 x 表示被测量,以 E 表示测量单位或标准量,以 q 表示测量值,则有

$$q = x/E \tag{2.1}$$

显然,被测量的量值 x 等于测量单位 E 与测量值 q 的乘积,即 $x = qE$。

2. 测量的四个要素

本课程研究的是几何量的测量,一个完整的几何量测量过程应包括以下四个要素。

(1)被测对象

本课程研究的被测对象是几何量,包括长度、角度、几何误差、表面粗糙度轮廓以及单键和花键、螺纹和齿轮等典型零件的各个几何参数的测量。

(2)计量单位

在我国规定的法定计量单位中,长度单位为米(m),平面角的角度单位为弧度(rad)及度(°)、分(′)、秒(″)。

在机械制造中,常用的长度单位为毫米(mm);常用的角度单位为弧度、微弧度(μrad)及度、分、秒。在几何量精密及超精密测量中,常用的长度单位为微米(μm)和纳米(nm)。

长度及角度单位的换算关系为:

1 nm = 10^{-6} mm,1 μm = 10^{-3} mm;1 μrad = 10^{-6} rad;

1° ≈ 0.017 453 3 rad,1° = 60′,1′ = 60″。

（3）测量方法

测量方法是指测量时所采用的测量原理、计量器具和测量条件的综合，亦即获得测量结果的方式。例如，用千分尺测量轴径是直接测量法，用正弦尺测量圆锥体的圆锥角是间接测量法。

（4）测量精度

测量精度用来表示测量结果的可靠程度。测量精度的高低用测量极限误差或测量不确定度表示。完整的测量结果应该包括测量值和测量极限误差，测量精度不明的测量结果是没有意义的测量。

3. 检验和检定

在测量技术领域和技术监督工作中，还经常用到检验和检定两个术语。

所谓检验是判断被检对象是否合格。可以用通用计量器具进行测量，将测量值与给定值进行比较，并做出合格与否的结论，也可以用量规、样板等专用定值量具来判断被检对象的合格性。

所谓检定是指为评定计量器具的精度指标是否合乎该计量器具的检定规程的全部过程。例如，用量块来检定千分尺的精度指标等。

2.1.2　测量基准和尺寸传递系统

1. 长度尺寸基准和传递系统

目前，世界各国所使用的长度单位有米制（公制）和英制两种。在我国法定计量单位制中，长度的基本计量单位是米（m）。按 1983 年第十七届国际计量大会的决议，规定米的定义为：1 m 是光在真空中，在 1/299 792 458 s 的时间间隔内行程的长度。国际计量大会推荐用稳频激光辐射来复现它，1985 年 3 月起，我国用碘吸收稳频的 0.633 μm 氦氖激光辐射波长作为国家长度基准，其频率稳定度为 1×10^{-9}，国际上少数国家已将频率稳定度提高到 10^{-14}，我国于 20 世纪 90 年代初采用单粒子存贮技术，已将辐射频率稳定度提高到 10^{-17} 的水平。

在实际生产和科学研究中，不可能按照上述“米”的定义来测量零件尺寸，而是用各种计量器具进行测量。为了保证零件在国内、国际上具有互换性，必须保证量值的统一，因而必须建立一套从长度的最高基准到被测零件的严密的尺寸传递系统，如图 2.1 所示。

图2.1　尺寸传递系统

主基准——在一定范围内具有最高计量特性的基准。它又可分为：由国际上承认的国际基准和由国家批准的国家基准。

副基准——为了复现“米”，需建立副基准。它是通过直接或间接与国家基准对比而确定其量值并经过国家批准的基准。

工作基准——经过与国家基准或副基准对比，用来检定较低准确度基准或检定工作器具用的计量器具。例如，量块、标准线纹尺等。

工作器具——测量零件所用的计量器具。例如，各种千分尺、比较仪、测长仪等。

2. 角度尺寸基准和传递系统

角度计量也属于长度计量范畴,弧度可用长度比值求得,一个圆周角定义为360°,因此角度不必再建立一个自然基准。但在实际应用中,为了稳定和测量需要,仍然必须建立角度量值基准以及角度量值的传递系统。以往,常以角度量块做基准,并以它进行角度的量值传递;近年来,随着角度计量要求的不断提高,出现了高精度的测角仪和多面棱体。

2.1.3　定值长度和定值角度的基准

1. 量块

量块是一种无刻度的标准端面量具。其制造材料为特殊合金钢,形状为长方六面体结构,六个平面中有两个相互平行的极为光滑平整的测量面,两测量面之间具有精确的工作尺寸。量块主要用做尺寸传递系统中的中间标准量具,或在相对法测量时作为标准件调整仪器的零位,也可以用它直接测量零件。

量块按一定的尺寸系列成套生产,国标量块标准中共规定了17种成套的量块系列,表2.1为从标准中摘录的4套(2、3、5和6)量块的尺寸系列。

表 2.1　成套量块的尺寸　　　　　　　　（摘自 GB/T 6093—2001）

套　别	总块数	级　别	尺　寸　系　列/mm	间　隔/mm	块　数
2	83	0,1,2	0.5	–	1
			1	–	1
			1.005	–	1
			1.01,1.02,…,1.49	0.01	49
			1.5,1.6,…,1.9	0.1	5
			2.0,2.5,…,9.5	0.5	16
			10,20,…,100	10	10
3	46	0,1,2	1	–	1
			1.001,1.002,…,1.009	0.001	9
			1.01,1.02,…,1.09	0.01	9
			1.1,1.2,…,1.9	0.1	9
			2,3,…,9	1	8
			10,20,…,100	10	10
5	10	0,1	0.991,0.992,…,1	0.001	10
6	10	0,1	1,1.001,…,1.009	0.001	10

在组合量块尺寸时,为获得较高尺寸精度,应力求以最少的块数组成所需的尺寸。例如,需组成的尺寸为51.995 mm,若使用83块一套的量块,参考表2.1,可按如下步骤选择量块尺寸(见图2.2(d)):

　　　　　51.995　　　　　　需要的量块尺寸
　　　　　−1.005　　　　　　第一块量块尺寸
　　　　　50.99
　　　　　−1.49　　　　　　　第二块量块尺寸
　　　　　49.5

$$\frac{-9.5}{40} \quad\quad 第三块量块尺寸$$

（1）有关量块精度的术语

参看图 2.2（a），量块的一个测量面研合在辅助平板的表面上，图 2.2（a）、（b）、（c）所标各种符号为与量块有关的长度、偏差和误差的符号。

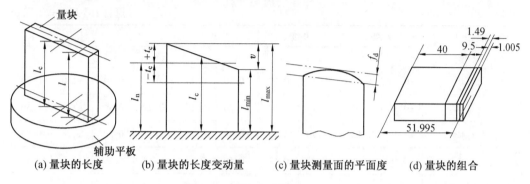

| (a) 量块的长度 | (b) 量块的长度变动量 | (c) 量块测量面的平面度 | (d) 量块的组合 |

图 2.2　量块

① 量块长度。量块长度 l 是指量块一个测量面上的任意点到与其相对的另一测量面相研合的辅助平板表面之间的垂直距离。辅助平板的材料和表面质量应与量块相同。

② 量块的中心长度。量块的中心长度 l_c 是指对应于量块未研合测量面中心点的量块长度。

③ 量块的标称长度。量块的标称长度 l_n 是指标记在量块上，用以表明其与主单位（m）之间关系的量值，也称为量块长度的示值。

④ 量块长度偏差。任意点的量块长度偏差 e 是指任意点的量块长度与标称长度的代数差，即 $e = l - l_n$。图 2.2（b）中的"$+t_e$"和"$-t_e$"为量块长度极限偏差。合格条件为 $+t_e \geqslant e \geqslant -t_e$。

⑤ 量块长度变动量。量块的长度变动量 v 是指量块测量面上任意点中的最大长度 l_{max} 与最小长度 l_{min} 之差，即 $v = l_{max} - l_{min}$。量块长度最大允许值为 t_v。合格条件为 $v \leqslant t_v$。

⑥ 量块测量面的平面度。量块测量面的平面度误差 f_d 是指包容量块测量面且距离为最小的两个相互平行平面之间的距离。其公差为 t_d。合格条件为 $f_d \leqslant t_d$。

（2）量块的精度等级

为了满足不同应用场合的需要，国家标准对量块规定了 5 个精度等级。

① 量块的分级。按照 JJG 146—2011《量块》的规定，按量块的制造精度分为 5 级：K、0、1、2、3 级，其中 K 级精度最高，精度依次降低，3 级最低。量块分"级"的主要依据是量块测量面上任意点的长度极限偏差 $\pm t_e$、量块长度变动量最大允许值 t_v（表 2.2）和量块测量面的平面度最大允许值（表 2.4）。

② 量块的分等。按照 JJG 146—2011《量块》的规定,量块的检定精度分为 5 等,即 1、2、3、4、5 等,其中 1 等精度最高,精度依次降低,5 等最低。量块分"等"的主要依据是量块长度 l 的测量不确定度、量块长度 l 变动量 v 最大允许值(表 2.3)和量块测量面的平面度最大允许值(表 2.4)。

表 2.2　量块测量面上任意点的长度极限偏差 t_e 和长度变动量最大允许值 t_v

(摘自 JJG 146—2011)μm

标称长度 l_n/mm	K 级		0 级		1 级		2 级		3 级	
	t_e	t_v	t_e	t_v	t_e	t_v	t_e	t_v	t_e	t_v
$l_n \leq 10$	±0.20	0.05	±0.12	0.10	±0.20	0.16	±0.45	0.30	±1.0	0.50
$10 < l_n \leq 25$	±0.30	0.05	±0.14	0.10	±0.30	0.16	±0.60	0.30	±1.2	0.50
$25 < l_n \leq 50$	±0.40	0.06	±0.20	0.10	±0.40	0.18	±0.80	0.30	±1.6	0.55
$50 < l_n \leq 75$	±0.50	0.06	±0.25	0.12	±0.50	0.18	±1.00	0.35	±2.0	0.55
$75 < l_n \leq 100$	±0.60	0.07	±0.30	0.12	±0.60	0.20	±1.20	0.35	±2.5	0.60
$100 < l_n \leq 150$	±0.80	0.08	±0.40	0.14	±0.80	0.20	±1.60	0.40	±3.0	0.65
$150 < l_n \leq 200$	±1.00	0.09	±0.50	0.16	±1.00	0.25	±2.0	0.40	±4.0	0.70
$200 < l_n \leq 250$	±1.20	0.10	±0.60	0.16	±1.20	0.25	±2.4	0.45	±5.0	0.75

注:距离测量面边缘 0.8 mm 范围内不计。

表 2.3　各等量块长度测量不确定度和长度变动量最大允许值

(摘自 JJG 146—2011)μm

标称长度 l_n/mm	1 等		2 等		3 等		4 等		5 等	
	测量不确定度	长度变动量	测量不确定度	长度变动量	测量不确定度	长度变动量	测量不确定度	长度变动量	测量不确定度	长度变动量
$l_n \leq 10$	0.022	0.05	0.06	0.10	0.11	0.16	0.22	0.30	0.6	0.50
$10 < l_n \leq 25$	0.025	0.05	0.07	0.10	0.12	0.16	0.25	0.30	0.6	0.50
$25 < l_n \leq 50$	0.030	0.06	0.08	0.10	0.15	0.18	0.30	0.30	0.8	0.55
$50 < l_n \leq 75$	0.035	0.06	0.09	0.12	0.18	0.18	0.35	0.35	0.9	0.55
$75 < l_n \leq 100$	0.040	0.07	0.10	0.12	0.20	0.20	0.40	0.35	1.0	0.60
$100 < l_n \leq 150$	0.05	0.08	0.12	0.14	0.25	0.20	0.5	0.40	1.2	0.65
$150 < l_n \leq 200$	0.06	0.09	0.15	0.16	0.30	0.25	0.6	0.40	1.5	0.70
$200 < l_n \leq 250$	0.07	0.10	0.18	0.16	0.35	0.25	0.7	0.45	1.8	0.75

注:①距离测量面边缘 0.8 mm 范围内不计。

②表内测量不确定度置信概率为 0.99。

表 2.4　量块测量面的平面度最大允许值　（摘自 JJG 146—2011）μm

标称长度 l_n/mm	等	级	等	级	等	级	等	级
	1	K	2	0	3,4	1	5	2,3
$0.5 < l_n \leqslant 150$	0.05		0.10		0.15		0.25	
$150 < l_n \leqslant 500$	0.10		0.15		0.18		0.25	

注：①距离测量面边缘 0.8 mm 范围内不计。

②距离测量面边缘 0.8 mm 范围内，表面不得高于测量面的平面。

（3）量块的使用和检验

量块的使用方法可分为按"级"使用和按"等"使用。

量块按"级"使用时，是以量块的标称长度 l_n 为工作尺寸，即不计量块的制造误差和磨损误差，但它们将被引入到测量结果中，因此测量精度不高，但因不需加修正值，因此使用方便。

量块按"等"使用时，不是以标称尺寸为工作尺寸，而是用量块经检定后所给出的实际中心长度尺寸 l_e 作为工作尺寸。例如，某一标称长度为 10 mm 的量块，经检定其实际中心长度与标称长度之差为 -0.5 μm，则其中心长度为 9.999 5 mm。这样就消除了量块的制造误差的影响，提高了测量精度。但是，在检定量块时，不可避免地存在一定的测量方法误差，它将作为测量误差而被引入到测量结果中。

因此，量块按"等"使用的测量精度比量块按"级"使用的高。

2. 多面棱体

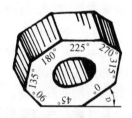

图 2.3　正八面棱体

多面棱体是用特殊合金钢或石英玻璃经精细加工制成的多面棱体。常见的有 4、6、8、12、24、36、72 面体等。图 2.3 所示为正八面棱体，在任意轴切面上，相邻两面法线间的夹角为 45°，它可以作为基准角用来测量任意 $n \times 45°$ 的角度（$n = 1, 2, 3, \cdots$），或用它来检定测角仪或分度头的精度。

2.2　计量器具和测量方法

2.2.1　计量器具

1. 计量器具的分类

测量仪器和测量工具统称为计量器具，按计量器具的原理、结构特点及用途可分为：

（1）基准量具

用来校对或调整计量器具，或者作为标准尺寸进行相对测量的量具称为基准量具，它又可分为：

① 定值基准量具，如量块、角度块等。

② 变值基准量具，如标准线纹刻线尺等。

（2）通用计量器具

将被测量转换成可直接观测的指示值或等效信息的测量工具,称通用计量器具,按其工作原理可分类如下:

① 游标类量具,如游标卡尺、游标高度尺和游标量角器等。

② 微动螺旋类量具,如千分尺、公法线千分尺等。

③ 机械比较仪,它是用机械传动方法实现信息转换的量仪,如齿轮杠杆比较仪、扭簧比较仪等。

④ 光学量仪,它是用光学方法实现信息转换的仪器,如光学计、光学测角仪、光栅测长仪、激光干涉仪等。

⑤ 电动量仪,它是将原始信号转换为电学参数的量仪,如电感比较仪、电动轮廓仪、容栅测位仪等。

⑥ 气动量仪,它是通过气动系统的流量或压力变化实现原始信号转换的仪器,如水柱式气动量仪、浮标式气动量仪等。

⑦ 微机化量仪,它是在微机系统控制下,可实现测量数据的自动采集、处理、显示和打印的机电一体化量仪,如微机控制的数显万能测长仪、表面粗糙度测量仪和三坐标测量机等。

(3)极限量规类

一种没有刻度(线)的用于检验被测量是否处于给定的极限偏差之内的专用量具称为极限量规,如光滑极限量规、螺纹量规、功能量规等。

(4)检验夹具

检验夹具是一种专用的检验工具,它在和相应的计量器具配套使用时,可方便地检验出被测件的各项参数。如检验滚动轴承用的各种检验夹具,可同时测出轴承套圈的尺寸和径向或端面跳动等。

2. 计量器具的度量指标

为了便于设计、检定、使用测量器具,统一概念,保证测量精确度,通常对测量器具规定如下度量指标。

(1)分度值(i)

计量器具刻尺或度盘上相邻两刻线所代表的量值之差(即每一刻度间距所代表的量值)称为分度值。例如,千分尺微分筒上分度值 $i = 0.01$ mm。分度值是量仪能指示出被测件量值的最小单位。对于数字显示仪器的分度值称为分辨力,它表示最末一位数字间隔所代表的量值之差。例如,JDG—S1 数字式立式光学计分辨力为 0.1 μm。一般说来,量仪的分度值越小,其精度越高。

(2)刻度间距(a)

量仪刻度尺或度盘上两相邻刻线中心距离或圆弧长度为刻度间距 a,通常 a 值取 $1 \sim 1.25$ mm。

(3)示值范围

计量器具所能指示或显示的最低值到最高值的范围称为示值范围。例如,机械比较仪的示值范围为 ± 100 μm。

(4)测量范围

　　在允许误差限内,计量器具所能测量零件的下限值到上限值的范围称为测量范围。例如,某一千分尺的测量范围为 25 ~ 50 mm。

　　(5)灵敏度(k)

　　计量器具示数装置对被测量变化的反应能力称为灵敏度。灵敏度也称放大比。它与分度值 i、刻度间距 a 的关系为

$$k = \frac{a}{i} \tag{2.2}$$

　　(6)灵敏限(灵敏阈)

　　能引起计量器具示值可觉察变化的被测量的最小变化值称为灵敏限。越精密的仪器,其灵敏限越小。

　　(7)测量力

　　测量过程中,计量器具与被测表面之间的接触力称为测量力。在接触测量中,希望测量力是一定量的恒定值。测量力太大会使零件产生变形,测量力不恒定会使示值不稳定。

　　(8)示值误差

　　计量器具示值与被测量真值之间的差值称为示值误差。计量器具的示值误差允许值可从其使用说明书或检定规程中查得,也可用标准件检定出来。

　　(9)示值变动性

　　在测量条件不变的情况下,对同一被测量进行多次重复测量读数时(一般 5 ~ 10 次),其读数的最大变动量,称为示值变动性。

　　(10)回程误差(滞后误差)

　　在相同测量条件下,对同一被测量进行往返两个方向测量时,测量仪的示值变化称为回程误差。

　　(11)修正值

　　为消除计量器具的系统误差,用代数法加到测量结果上的数值称为修正值。测量仪某一刻度上的修正值,等于该刻度的示值误差的反号。例如,已知某千分尺的零位示值误差为+0.01 mm,则其零位的修正值为−0.01 mm。若测量时千分尺读数为 20.04 mm,则零件测量值为

$$20.04 \text{ mm} + (-0.01 \text{ mm}) = 20.03 \text{ mm}$$

　　(12)不确定度

　　在规定条件下测量时,由于测量误差的存在,对测量值不能肯定的程度称为不确定度。计量器具的不确定度是一项综合精度指标,它包括测量仪的示值误差、示值变动性、回程误差、灵敏限以及调整时用的标准件误差等的综合影响,不确定度用误差界限表示。例如,分度值为 0.01 mm 的外径千分尺,在车间条件下测量一个尺寸为 0 ~ 50 mm 的零件时,其不确定度为±0.004 mm,这说明测量结果与被测量真值之间的差值最大不会大于 0.004 mm,最小不会小于 0.004 mm。

2.2.2　测量方法分类及其特点

　　为便于根据被测件的特点和要求选择合适的测量方法,可以按照测量数值获得方式

的不同,将测量方法概括为以下几种。

1. 绝对测量法和相对(比较)测量法

绝对测量法——在计量器具的示数装置上可表示出被测量的全值。例如,用测长仪测量零件,如图2.4所示。

相对测量法——在计量器具的示数装置上只表示出被测量相对已知标准量的偏差值。例如图2.5所示的用机械比较仪测量轴径,先用与轴径公称尺寸相等的量块(或标准件)调整比较仪的零位,然后再换上被测件,比较仪指针所指示的是被测件相对于标准件的偏差,因而轴径的尺寸就等于标准件的尺寸与比较仪示值的代数和。

2. 直接测量法和间接测量法

直接测量法——用计量器具直接测量被测量的整个数值或相对于标准量的偏差。例如,用千分尺测轴径,用比较仪和标准件测轴径等。

间接测量法——测量与被测量有函数关系的其他量,再通过函数关系式求出被测量。例如图2.6所示,为求某圆弧样板的劣弧(通常把小于半圆的圆弧称为劣弧)半径R,可通过测量其弦高h和弦长s,按下式求出R,即

$$R = \frac{s^2}{8h} + \frac{h}{2}$$

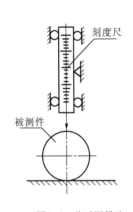

图2.4　绝对测量法

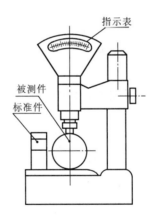

图2.5　相对测量法

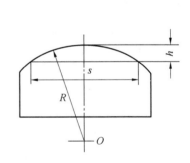

图2.6　间接测量法

3. 单项测量法和综合测量法

单项测量法——对被测件的个别参数分别进行测量。例如,分别测量螺纹的中径、螺距和牙侧角。

综合测量法——对被测件某些相关联的参数误差的综合效果进行测量。例如,用螺纹量规检验螺纹作用中径的合格性。

4. 静态测量法和动态测量法

静态测量法——对被测件在静止状态下进行测量,被测表面与测头相对静止。例如,用齿距仪测量齿轮的齿距偏差。

动态测量法——对被测件在其运动状态下进行测量,被测表面与测头有相对运动。例如,用齿轮单面啮合测量仪测量齿轮的切向综合误差。

5. 接触测量法和非接触测量法

接触测量法——计量器具的测头与被测件表面相接触。例如,用电动轮廓仪测量表面粗糙度轮廓。

非接触测量法——计量器具的测头与被测件表面不接触。例如,用光切显微镜测量表面粗糙度轮廓的最大高度。

6. 等精度测量法和不等精度测量法

等精度测量法——在测量过程中,影响测量精度的各因素不改变。例如,在相同环境下,由同一人员在同一台仪器上采用同一方法,对同一被测量进行次数相等的重复测量。

不等精度测量法——在测量过程中,影响测量精度的各因素全部或部分有改变。例如,在其他测量条件不变的情况下,由于重复测量的次数有改变,致使取得的算术平均值的精度有所不同。

2.3　测量误差及数据处理

2.3.1　测量误差及其表示方法

1. 测量误差的含义

测量误差——测得值与被测量真值之差。一般说来,被测量的真值是不知道的。在实际测量时,常用相对真值或不存在系统误差情况下的多次测量的算术平均值来代表真值。例如,用按“等”使用的量块检定千分尺,对千分尺示值来说,量块的实际尺寸就可视为真值(即相对真值)。

2. 测量误差的表示方法

测量误差可用绝对误差和相对误差表示。

绝对误差——测量结果与被测量真值之差。若以 x 表示测量结果,x_0 表示真值,则绝对误差 Δ 为

$$\Delta = x - x_0 \tag{2.3}$$

绝对误差 Δ 为代数值,可为正、负或零。例如,用分度值为 0.05 mm 的游标卡尺测量某零件尺寸为 40.05 mm,而该零件用高精度的测量仪测量结果为 40.025 mm,则可认为该游标卡尺绝对误差为

$$\Delta = 40.05 \text{ mm} - 40.025 \text{ mm} = +0.025 \text{ mm}$$

相对误差——测量的绝对误差的绝对值与被测量真值之比。若以 ε 表示相对误差,则有

$$\varepsilon = \frac{|x - x_0|}{x_0} = \frac{|\Delta|}{x_0} \approx \frac{|\Delta|}{x} \times 100\% \tag{2.4}$$

对上一个例子,若以相对误差表示,则有

$$\varepsilon = \frac{0.025}{40.025} \times 100\% \approx 0.06\%$$

被测量的公称值相同时,可用绝对误差比较测量精度的高低;被测量公称值不同时,

则用相对误差比较测量精度的高低。

由于种种原因,测量误差的大小也是变化的,但是它总是有一个范围,我们通常把测量绝对误差的变化范围叫做测量极限误差。即在一定置信概率下,所求真值 x_0 必处于测得值 x 附近的最小范围内。若以 $\Delta_{\lim}$ 表示测量极限误差,则有

$$x-\Delta_{\lim} \leqslant x_0 \leqslant x+\Delta_{\lim}$$

或

$$x_0 = x \pm \Delta_{\lim} \tag{2.5}$$

2.3.2　测量误差来源与减小方法

为提高测量精度,或分析估算测量误差大小,必须对所选用的测量方法进行精度分析,分析其测量误差的来源并寻求减小误差的措施。测量误差的来源通常可归纳为如下几方面。

1. 计量器具误差

计量器具误差是由计量器具本身内在因素造成的,具体可分为以下三种。

(1) 原理误差

原理误差是计量器具的测量原理与结构采用近似设计造成的误差。例如,仪器的放大机构或放大系统,其放大原理可能并非严格地为线性关系,而刻度盘或示数装置却采用了线性刻度,从而引起测量误差。此类误差一般属于系统误差,可以用加修正值的方法消除,但有些时候,为图方便而不进行修正,因而带来误差。

(2) 阿贝误差

阿贝误差是由于测量中不遵守阿贝原则而引起的误差。所谓阿贝原则,是在设计计量仪器或测量工件时,应该将被测长度与仪器的基准长度安置在同一条直线上。图 2.7 为阿贝测长仪原理示意图。标准刻线尺 A 和被测刻线尺 B 呈串联方式安装在同一直线上,测量时,先用读数显微镜分别瞄准刻线尺 A 和 B 的起始刻线,然后纵

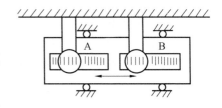

图 2.7　阿贝测长仪原理示意图

向移动仪器工作台,使两显微镜又分别对准另一刻线,根据对两刻线尺两次读数的差值可求得被检定刻线尺的尺寸。由于该仪器符合阿贝原则,即使仪器工作台导轨倾斜移动或由于存在直线度误差而非直线移动,其所产生的误差也是极小的,可以忽略不计。

图 2.8 为用游标卡尺测量轴径示意图。由于被测轴径与卡尺的标准刻线不在同一条直线上,因此不符合阿贝原则。设两者之间距离为 S,由于主尺存在直线度误差以及游标框架与主尺间有间隙,因此,测量时可能使量爪产生倾斜,若以 φ 表示倾斜角,则由此而产生的测量误差为

$$\Delta = L - L' = S\tan\varphi \approx S\varphi \tag{2.6}$$

(3) 仪器基准件误差

仪器基准件误差是由量仪的基准件本身的误差而引起的。如千分尺中测微螺杆的螺距误差,测长仪中基准刻线尺的刻度误差等。

2. 相对测量法中的标准件误差

应用相对测量法,标准件的误差将直接影响测量结果的精度。例如,在机械比较仪上用量块做标准件测量零件尺寸,若量块是按"级"使用,则量块的制造误差会直接引入测量结果中;若量块是按"等"使用,虽然可以消除量块的制造误差,但仍然存在量块检定的测量误差和量块的磨损误差。

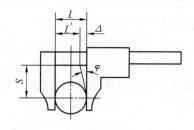

图 2.8　用游标卡尺测量轴径

3. 测量方法误差

测量方法误差是指因测量方法不正确或不完善而引起的误差,具体可分为如下四种。

(1)测量基准不统一而引起的误差

如图 2.9 所示,用齿厚卡尺测量齿轮分度圆弦齿厚,齿轮的设计基准是齿轮中心,而此时是以齿顶圆作为测量基准,因此当存在齿顶圆直径误差和跳动误差的情况时,测得的齿厚不再是分度圆齿厚,从而产生测量误差。

(2)被测件安装、定位不正确而引起的误差

如图 2.10 所示,在卧式测长仪上,测量套筒的内径 D,本应该测量与套筒轴线垂直截面上的直径,然而由于套筒端面可能与轴线不垂直,实际上测得值为 D',则测量误差为

$$\Delta D = D' - D = D' - D' \cos \varphi = D'(1 - \cos \varphi) \tag{2.7}$$

上式中 φ 为以角度值表示的套筒的轴线与端面的垂直度误差。为减少此项误差,卧式测长仪的工作台都是做成能绕水平轴线旋转的万能工作台。

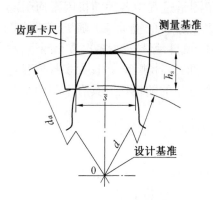

图 2.9　齿厚测量示意图

图 2.10　套筒测量示意图

(3)测量力引起的误差

接触测量时,若被测件材料硬度、刚度低,测量力选择不当,可使零件产生较大的接触变形或弹性变形,从而引起测量误差。因此,对于软材料、低刚度的零件,尽可能采用非接触测量法。

(4)测量条件误差

测量条件误差是指测量时温度、湿度、振动、环境净化程度等外界因素所引起的误差,

温度引起的误差尤为显著。进行精密测量时,若室温偏离标准温度(20 ℃)或被测件与基准件有温差或室温变化,都会产生测量误差,应对其加以修正。根据误差理论,由偏离标准温度而引起的被测件尺寸的变化量 ΔL 可按下式计算。

$$\Delta L = L\left[\alpha_2(t_2 - 20 ℃) - \alpha_1(t_1 - 20 ℃)\right] \qquad (2.8)$$

由被测件与基准件温差和室温变化而引起的被测件尺寸的变化量为

$$\Delta L' = \pm L\sqrt{(\alpha_2 - \alpha_1)^2(\Delta t)^2 + \alpha_1^2(t_2 - t_1)^2} \qquad (2.9)$$

式(2.8)和式(2.9)中　　L——被测尺寸;

$\quad\quad\quad\quad\alpha_1$、$\alpha_2$——基准件、被测件材料的线膨胀系数;

$\quad\quad\quad\quad t_1$、t_2——基准件、被测件的温度;

$\quad\quad\quad\quad\Delta t$——室温变化。

由式(2.8)可以看出,若被测件与基准件材料线膨胀系数不同,但只要两者都处于标准温度,ΔL 可以忽略不计;若被测件与基准件材料线膨胀系数相同,只要两者温度相近,即使偏离标准温度,ΔL 值也可忽略不计。由式(2.9)可见,只要室温变化小,即使被测件和基准件线膨胀系数不同,也会使 $\Delta L'$ 变小。因此,精密测量除了要尽可能地在恒温室进行外,对于体积较大,即热容较大的零件,还应该将其预先放在测量室内进行定温。

由上述分析可知,对于 ΔL 按系统误差处理,对于 $\Delta L'$ 应按随机误差处理。

2.3.3　测量误差分类、特性及其处理原则

测量误差按其性质可分为随机误差、系统误差和粗大误差三类。

1. 随机误差的评定及其计算

随机误差——在一定测量条件下,多次测量同一量值时,测量误差的绝对值和符号以不可预定的方式变化的误差。随机误差的产生是由于测量过程中各种随机因素而引起的,例如,测量过程中,温度的波动、振动、测力不稳以及观察者的视觉等。随机误差的数值通常不大,虽然某一次测量的随机误差大小、符号不能预料,但是进行多次重复测量,对测量结果进行统计、计算,就可以看出随机误差符合一定的统计规律,并且大多数情况符合正态分布规律。正态分布曲线如图 2.11 所示。正态分布的随机误差具有下列四个基本特性:

① 单峰性。绝对值小的误差比绝对值大的误差出现的概率大。

② 对称性。绝对值相等的正、负误差出现的概率相等。

③ 有界性。在一定的测量条件下,随机误差的绝对值不会超过一定界限。

④ 抵偿性。随着测量次数的增加,随机误差的算术平均值趋于零。

正态分布曲线的数学表达式为

$$y = \frac{1}{\sigma\sqrt{2\pi}}e^{-\frac{\delta^2}{2\sigma^2}} \qquad (2.10)$$

式中　　y——概率密度;

$\quad\quad\quad\delta$——随机误差;

$\quad\quad\quad\sigma$——标准偏差。

由图 2.11 可见,当 $\delta = 0$ 时,概率密度最大,且有 $y_{max} = 1/\sigma\sqrt{2\pi}$,概率密度的最大值

y_{max} 与标准偏差 σ 成反比,即 σ 越小,y_{max} 越大,分布曲线越陡峭,测得值越集中,亦即测量精度越高;反之,σ 越大,y_{max} 越小,分布曲线越平坦,测得值越分散,亦即测量精度越低。图 2.12 所示为三种不同测量精度的分布曲线,$\sigma_1<\sigma_2<\sigma_3$,所以标准偏差 σ 表征了随机误差的分散程度,也就是测量精度的高低。

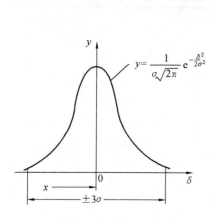

图 2.11　正态分布曲线

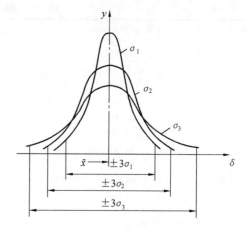

图 2.12　分布形状与 σ 关系曲线

标准偏差 σ 和算术平均值 $\overline{x}$ 也可通过有限次的等精度测量实验求出,其计算式为

$$\sigma = \sqrt{\frac{\sum\limits_{i=1}^{n}(x_i - \overline{x})^2}{n-1}} \qquad (2.11)$$

$$\overline{x} = \frac{1}{n}\sum_{i=1}^{n} x_i \qquad (2.12)$$

式中　x_i——某次测量值;

$\overline{x}$——n 次测量的算术平均值;

n——测量次数,实验时 n 取足够大(一般 n 取 10~20)。

在仅存在符合正态分布规律的随机误差的前提下,如果用某仪器对被测工件只测量一次,或者虽然测量了多次,但任取其中一次作为测量结果,可认为该单次测量结果 x_i 与被测量真值 x_0(或算术平均值 $\overline{x}$)之差不会超过 $\pm3\sigma$ 的概率为 99.73%,而超出此范围的概率只有 0.27%,因此,通常把相应于置信概率 99.73% 的 $\pm3\sigma$ 作为测量极限误差,即

$$\Delta_{lim} = \pm 3\sigma \qquad (2.13)$$

为了减小随机误差的影响,可以采用多次测量并取其算术平均值作为测量结果,显然,算术平均值 $\overline{x}$ 比单次测量 x_i 更加接近被测量真值 x_0,但 $\overline{x}$ 也具有分散性,不过它的分散程度比 x_i 的分散程度小,用 $\sigma_{\overline{x}}$ 表示算术平均值的标准偏差,其数值与测量次数 n 有关,即

$$\sigma_{\overline{x}} = \frac{\sigma}{\sqrt{n}} \qquad (2.14)$$

若以多次测量的算术平均值 $\overline{x}$ 表示测量结果,则 $\overline{x}$ 与真值 x_0 之差不会超过 $\pm3\sigma_{\overline{x}}$,即

$$\Delta_{\lim} = \pm 3\sigma_{\bar{x}} \qquad (2.15)$$

【例 2.1】 在某仪器上对某零件尺寸进行 10 次等精度测量,得到的测量值 x_i 见表 2.5。已知测量中不存在系统误差,试计算单次测量的标准偏差 σ、算术平均值的标准偏差 $\sigma_{\bar{x}}$,并分别给出以单次测量值作结果和以算术平均值作结果的精度。

表 2.5 例 2.1 的测量数据

测量序号 i	测量值 x_i/mm	$x_i - \bar{x}/\mu\text{m}$	$(x_i - \bar{x})^2/\mu\text{m}^2$
1	20.008	+1	1
2	20.004	−3	9
3	20.008	+1	1
4	20.009	+2	4
5	20.007	0	0
6	20.008	+1	1
7	20.007	0	0
8	20.006	−1	1
9	20.008	+1	1
10	20.005	−2	4
	$\bar{x} = \dfrac{1}{10}\sum\limits_{i=1}^{10} x_i = 20.007$	$\sum\limits_{i=1}^{10}(x_i - \bar{x}) = 0$	$\sum\limits_{i=1}^{10}(x_i - \bar{x})^2 = 22$

解 由式(2.11)、(2.12)、(2.14)得测量的算术平均值、单次测量的标准偏差和多次测量的标准偏差分别为

$$\bar{x} = \frac{1}{10}\sum_{i=1}^{10} x_i = 20.007 \text{ mm}$$

$$\sigma/\mu\text{m} = \sqrt{\frac{\sum\limits_{i=1}^{n}(x_i - \bar{x})^2}{n-1}} = \sqrt{\frac{22}{10-1}} \approx 1.6$$

$$\sigma_{\bar{x}}/\mu\text{m} = \frac{\sigma}{\sqrt{n}} = \frac{1.6}{\sqrt{10}} \approx 0.5$$

因此,以单次测量值作结果的精度为 $\pm 3\sigma \approx \pm 5\ \mu\text{m}$;以算术平均值作结果的精度为 $\pm 3\sigma_{\bar{x}} = \pm 1.5\ \mu\text{m}$。

2. 系统误差及其消除

系统误差——在实际测量条件下,多次重复测量同一量值,测量误差的大小和符号固定不变或按一定规律变化的误差。系统误差可分为定值的系统误差和变值的系统误差,前者如千分尺的零位不正确引起的误差,后者如在万能工具显微镜(简称万工显)上测量长丝杠的螺距误差时,由于温度有规律地升高而引起丝杠长度变化的误差。这两种数值大小和变化规律已被确切掌握了的系统误差,称为已定系统误差;不易确切掌握的误差的大小和符号,但是可以估计出其数值范围的误差,称为未定系统误差。例如,万工显的光学刻线尺的误差为 $\pm(1+L/200)\ \mu\text{m}$,($L$ 是以 mm 为单位的被测件长度),若测量时,对刻线尺的误差不作修正,则该项误差可视为未定系统误差。

在实际测量中,应设法避免产生系统误差。如果难以避免,则应设法加以消除或减小

系统误差。消除或减小系统误差的方法有以下几种。

（1）从产生系统误差的根源消除

从产生系统误差的根源消除系统误差是最根本的方法。例如调整好仪器的零位，正确选择测量基准，保证被测件和仪器都处于标准温度条件等。

（2）用加修正值的方法消除

对于标准量具或标准件以及计量器具的刻度，都可事先用更精密的标准件检定其实际值与标称示值的偏差，然后将此偏差以其反号作为修正值加进测量结果中予以消除。例如，按"等"使用量块，按修正值使用测长仪，测量时温度偏离标准温度而引起的系统误差可以计算出来。

（3）用两次读数法消除

若用两种测量法测量，产生的系统误差的符号相反，大小相等或相近，则可以用这两种测量方法所得结果的算术平均值做结果，从而消除系统误差。例如，用水平仪测量某一平面倾角，由于水平仪气泡原始零位不准确而产生系统误差为正值，若将水平仪调头再测一次，则产生系统误差为负值，且大小相等，因此可取两次读数之算术平均值做结果。

（4）利用被测量之间的内在联系消除

有些被测量各测量值之间存在必然的关系。例如，多面棱体的各角度之和为封闭的，即 360°，因此在用自准仪检定其各面角度时，可根据其各角度之和为 360° 这一封闭条件，消除检定中的系统误差。又如，在用周节仪按相对法测量齿轮的齿距累积偏差时，可根据齿轮从第 1 个齿距偏差累积到最后 1 个齿距偏差时，其累积总偏差应为零这一关系，来修正测量时的系统误差。

3. 粗大误差及其剔除

粗大误差（也称过失误差）是指超出在规定条件下预计的误差。粗大误差是由某些不正常的原因造成的。例如，测量者的粗心大意，测量仪器和被测件的突然振动，以及读数或记录错误等。由于粗大误差一般数值较大，它会显著地歪曲测量结果，因此它是不允许存在的。若发现有粗大误差，则应按一定准则加以剔除。

发现和剔除粗大误差的方法，通常是用重复测量或者改用另一种测量方法加以核对。对于等精度多次测量值，判断和剔除粗大误差较简便的方法是按 3σ 准则。所谓 3σ 准则，即在测量列中，凡是测量值与算术平均值之差（也叫剩余误差）的绝对值大于标准偏差 σ 的 3 倍，即认为该测量值具有粗大误差，即应从测量列中将其剔除。例如，在例 2.1 中，已求得该测量列的标准偏差 $\sigma=1.6\ \mu m, 3\sigma=4.8\ \mu m$。可以看出 10 次测量的剩余误差 $x_i - \bar{x}$ 值均不超过 4.8 μm，则说明该测量列中没有粗大误差。倘若某测量值的剩余误差 $x_i - \bar{x} > 4.8\ \mu m$，则应视为粗大误差而将其剔除。

4. 测量精度的分类

系统误差与随机误差的区别及其对测量结果的影响，可以以打靶为例进一步加以说明。如图 2.13 所示，圆心为靶心，图 2.13（a）表现为弹着点密集但偏离靶心，说明随机误差小而系统误差大；图 2.13（b）表示弹着点围绕靶心分布，但很分散，说明系统误差小而随机误差大；图 2.13（c）表示弹着点既分散又偏离靶心，说明随机误差与系统误差都较大;图 2.13(d)表示弹着点既围绕靶心分布且又密集,说明系统误差与随机误差都小。

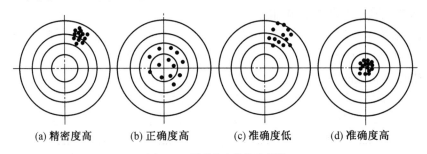

图 2.13 测量精度分类示意图

根据上述概念,在测量领域中可把精度进一步分类为:

① 精密度。表示测量结果中随机误差的影响程度。若随机误差小,则精密度高。

② 正确度。表示测量结果中系统误差的影响程度。若系统误差小,则正确度高。

③ 准确度(也称精确度)。表示测量结果中随机误差和系统误差综合的影响程度。若随机误差和系统误差都小,则准确度高。

由上述分析可知,图 2.13(a)为精密度高而正确度低;图 2.13(b)为正确度高而精密度低;图 2.13(c)为精密度与正确度都低,因而准确度低;图 2.13(d)为精密度与正确度都高,因而准确度高。

习　题　二

一、思考题

1.何谓尺寸传递系统? 建立尺寸传递系统有什么意义?

2.量块的"级"和"等"是根据什么划分的? 按"级"使用和按"等"使用有何不同?

3.计量器具的度量指标有哪些? 其含义是什么?

4.试述测量误差的分类、特性及其处理原则。

5.结合在大型工具显微镜上测量螺纹的实验,说明测量过程中有哪些系统误差? 如何减小或消除?

二、作业题

1.用杠杆千分尺测量某轴直径共 15 次,各次测量值为(mm):10.492,10.435,10.432,10.429,10.427,10.428,10.430,10.434,10.428,10.431,10.430,10.429,10.432,10.429,10.429。若测量中没有系统误差,试求:

(1)算术平均值 $\bar{x}$。

(2)单次测量的标准偏差 σ。

(3)试用 3σ 准则判断该测量列中有无粗大误差。

(4)单次测量的极限误差为 Δ_{lim},如用此杠杆千分尺对该轴直径仅测量 1 次,得测量值为 10.431,则其测量结果和测量精度应怎样表示?

（5）算术平均值的标准偏差 $\sigma_{\bar{x}}$。

（6）算术平均值的极限误差是多少？以这 15 次测量的算术平均值作为测量结果时，怎样表示测量结果和测量精度？

2. 用两种方法分别测量尺寸为 100 mm 和 80 mm 的零件，其测量绝对误差分别为 8 μm 和 7 μm，试问此两种测量方法哪种测量精度高？为什么？

第 **3** 章

尺寸精度设计与检测

3.1 概　述

3.1.1 孔与轴的概念

1. 孔和轴的定义

（1）孔通常是指圆柱形内表面,也包括非圆柱形内表面(由二平行平面或切面形成的包容面)。

（2）轴通常是指圆柱形外表面,也包括非圆柱形外表面(由二平行平面或切面形成的被包容面)。

由此定义可知,这里所说的孔、轴并非仅指圆柱形的内、外表面,也包括非圆柱形的内、外表面,如图 3.1 中的键槽宽度 D,滑块槽宽 D_1、D_2、D_3 均为孔;而轴的直径 d_1、键槽底部尺寸 d_2、滑块槽厚度 d 等均为轴。另外,从装配关系看,孔是包容面,轴是被包容面;从加工过程看,随着加工余量的切除,孔的尺寸由小变大,而轴的尺寸由大变小。可

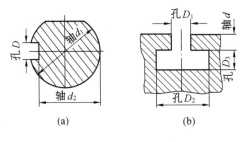

图 3.1　孔和轴定义示意图

见,在极限与配合标准中,孔、轴的概念是广义的,而且都是由单一尺寸构成的,例如圆柱体的直径、键和键槽宽等。

2. 孔和轴结合的使用要求

孔、轴结合在机械产品中应用非常广泛,根据使用要求的不同,可归纳为以下三类。

（1）用做相对运动副

这类结合主要用于具有相对转动和移动的机构中。如滑动轴承与轴颈的结合,即为相对转动的典型结构;导轨与滑块的结合,即为相对移动的典型结构。对于这类结合,必须保证有一定的配合间隙。

（2）用做固定连接

机械产品有许多旋转零件,由于结构上的特点或考虑节省较贵重材料等原因,将整体零件拆成两件,如涡轮又可分为轮缘与轮毂的结合等,然后再经过装配而形成一体,构成固定的连接。对于这类结合,必须保证有一定的过盈,使之能够在传递足够的扭矩或轴向力时不打滑。

(3) 用做定位可拆连接

这类结合主要用于保证有较高的同轴度和在不同修理周期下能拆卸的一种结构。如一般减速器中齿轮与轴的结合,定位销与销孔的结合等,其特点是它传递扭矩比固定连接小,甚至不传递扭矩,而只起定位作用,但由于要求有较高的同轴度,因此,必须保证有一定的过盈量,但也不能太大。

此外,有些典型零件的结合,如螺纹、平键、花键等,也不外乎是上述三种类型的连接。

3.1.2　极限与配合的基本结构

在工程实践中,正因为对孔、轴结合有上述三种要求,所以在极限与配合的国家标准中,才规定了与此有关的三类配合:间隙配合、过盈配合和过渡配合。为了更好地满足这三类配合的要求,以保证零件的互换性,并考虑到便于国际的技术交流,所以我国的极限与配合标准采用了国际公差制,其基本结构如图 3.2 所示。

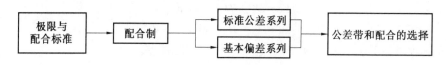

图 3.2　极限与配合标准的基本结构

3.1.3　极限与配合的基本术语和定义

为了保证互换性,统一设计、制造、检验和使用上的认识,在极限与配合(公差与配合)标准中,首先对极限与配合的基本术语和定义作了规定。

1. 有关尺寸的术语和定义

(1) 尺寸是指以特定单位表示线性尺寸值的数值。

一般情况下,尺寸只表示长度量(线值),如直径、半径、长度、宽度、深度、高度、厚度及中心距等,标准规定,图样上的尺寸以毫米(mm)为单位时,不需标注单位的名称或符号。

(2) 公称尺寸是指设计给定的尺寸。

设计给定的尺寸,即由设计人员根据使用要求,通过强度、刚度计算或按结构位置确定后取标准值的尺寸,在极限配合中,它也是计算上、下极限偏差的起始尺寸。孔、轴的公称尺寸代号分别为 D 和 d。

(3) 实际尺寸是指零件加工后通过测量得到的某一尺寸。

由于存在测量误差,实际尺寸并非真实尺寸,而是一个近似于真实的尺寸。此外,由于工件存在着形状误差,所以不同部位实际的尺寸往往是不相同的。孔、轴的实际尺寸代号分别为 D_a 和 d_a。

（4）极限尺寸是指允许的尺寸的两个极端值。

极限尺寸以公称尺寸为基数来确定,两个极端中允许的最大尺寸为上极限尺寸(最大极限尺寸),允许的最小尺寸为下极限尺寸(最小极限尺寸)。孔、轴上、下极限尺寸代号分别为 D_{max}、D_{min} 和 d_{max}、d_{min}。

公称尺寸和极限尺寸是设计时给定的,实际尺寸应控制在极限尺寸范围内。

孔、轴的实际尺寸合格条件为

$$D_{min} \leqslant D_a \leqslant D_{max}$$
$$d_{min} \leqslant d_a \leqslant d_{max}$$

2. 有关尺寸偏差和尺寸公差的术语及定义

（1）尺寸偏差(简称偏差)是指某一尺寸(极限尺寸、实际尺寸等)减其公称尺寸所得的代数差。尺寸偏差分为极限偏差和实际偏差。

上极限尺寸减其公称尺寸所得的代数差,称为上极限偏差(简称上偏差);下极限尺寸减其公称尺寸所得的代数差,称为下极限偏差(简称下偏差);上极限偏差与下极限偏差统称为极限偏差。用代号 ES 表示孔的上偏差;用 es 表示轴的上偏差;用代号 EI 表示孔的下偏差;用 ei 表示轴的下偏差。

极限偏差可用公式表示为

$$ES = D_{max} - D, \quad es = d_{max} - d \tag{3.1}$$
$$EI = D_{min} - D, \quad ei = d_{min} - d \tag{3.2}$$

实际尺寸减其公称尺寸所得的代数差,称为实际偏差。

孔、轴实际偏差表示为

$$E_a = D_a - D, \quad e_a = d_a - d$$

孔、轴的实际偏差合格条件为

$$EI \leqslant E_a \leqslant ES, \quad ei \leqslant e_a \leqslant es$$

偏差为代数值,有正数、负数或零。计算和标注时,除零以外必须带有正号或负号。

（2）尺寸公差(简称公差)是指允许尺寸的变动量。

公差等于上极限尺寸与下极限尺寸之代数差的绝对值,也等于上极限偏差与下极限偏差之代数差的绝对值。孔、轴的公差代号分别为 T_D 和 T_d。

根据公差定义,孔、轴公差为

$$T_D = |D_{max} - D_{min}|, \quad T_d = |d_{max} - d_{min}| \tag{3.3}$$

根据式(3.1)~(3.2)可分别得出 $D_{max} = D + ES$,$D_{min} = D + EI$,$d_{max} = d + es$ 和 $d_{min} = d + ei$,故有

$$T_D = |ES - EI|, \quad T_d = |es - ei| \tag{3.4}$$

值得注意的是,公差与偏差是有区别的,偏差是代数值,有正负号;而公差则是绝对值,没有正负之分,计算时决不能加正负号,而且尺寸公差不能为零。

图 3.3 是极限与配合的一个示意图,它表明了相互结合的孔和轴的公称尺寸、极限尺寸、极限偏差与公差的相互关系。工程中常用图解法定量分析以上关系,这样比较直观。

（3）尺寸公差带图。由于公差及偏差的数值与公称尺寸数值相比差别甚大,不便用同一比例表示,故采用孔、轴的公差及其配合图解(简称公差带图),即将图 3.3 简化为图

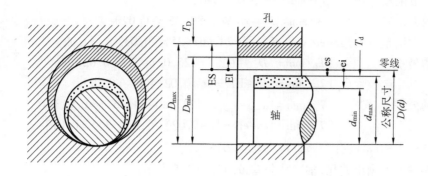

图 3.3　极限与配合示意图

3.4 所示的公差带图。通过该图可以看出,公差带图由两部分组成:零线和公差带。

零线:在公差带图中,确定偏差的一条基准直线,即零偏差线。零线表示公称尺寸。在绘制公差带图时,应标注零线(公称尺寸线)、公称尺寸数值和符号"+、0、-"。

尺寸公差带(简称公差带):在公差带图中,由代表上、下偏差或上极限尺寸和下极限尺寸的两条直线所限定的一个区域。它是由公差值和相对零线的位置(极限偏差中的任一个偏差)来确定的。在绘制公差带图时,应注意用不同方式区分孔、轴公差带,其相互位置与大小则应用协调比例画出。由于公差带图中,孔、轴的公称尺寸和上、下偏差的量纲单位可能不同,对于某一孔、轴尺寸公差带图的绘制,规定有两种不同的画法:ⓐ图中孔、轴的公称尺寸和上、下偏差都不标写量纲单位,这表示图中各数值的量纲单位均为 mm,这种公差带图的绘制方法可参见图 3.5(a);ⓑ图中孔、轴的公称尺寸标写量纲单位 mm,上、下偏差不标写量纲单位,这表示孔、轴公称尺寸的量纲为 mm,而其上、下偏差的量纲单位为 μm,这种公差带图的绘制方法可参见图 3.5(b)。在公差带图中还应标出极限间隙或极限过盈(间隙与过盈概念见后文)。图 3.5 为间隙配合的例子。

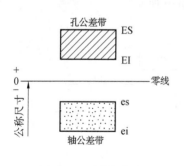

图 3.4　尺寸公差带图

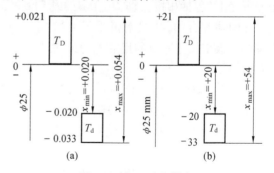

图 3.5　例 3.1 公差带图

【例 3.1】　已知孔、轴公称尺寸为 $\phi25$ mm,$D_{max}=\phi25.021$ mm,$D_{min}=\phi25.000$ mm,$d_{max}=\phi24.980$ mm,$d_{min}=\phi24.967$ mm,求孔与轴的极限偏差和公差,并注明孔与轴的极限偏差在图样上如何标注,最后用两种方法画出它们的尺寸公差带图。

解　根据式(3.1)~(3.4)可得

孔的上偏差　　　　$ES/mm=D_{max}-D=25.021-25=+0.021$

孔的下偏差　　　　　　$\mathrm{EI/mm} = D_{\min} - D = 25 - 25 = 0$

轴的上偏差　　　　　　$\mathrm{es/mm} = d_{\max} - d = 24.980 - 25 = -0.020$

轴的下偏差　　　　　　$\mathrm{ei/mm} = d_{\min} - d = 24.967 - 25 = -0.033$

孔的公差　　　　　　　$T_D/\mathrm{mm} = |D_{\max} - D_{\min}| = |25.021 - 25| = 0.021$

或　　　　　　　　　　$T_D/\mathrm{mm} = |\mathrm{ES} - \mathrm{EI}| = |(+0.021) - 0| = 0.021$

轴的公差　　　　　　　$T_d/\mathrm{mm} = |d_{\max} - d_{\min}| = |24.980 - 24.967| = 0.013$

或　　　　　　　　　　$T_d/\mathrm{mm} = |\mathrm{es} - \mathrm{ei}| = |(-0.02) - (-0.033)| = 0.013$

在图样上的标注:孔为 $\phi 25^{+0.021}_{0}$,轴为 $\phi 25^{-0.020}_{-0.033}$。

用两种方法画出的孔、轴尺寸公差带图如图3.5所示。

3. 极限制

极限制是指标准化的公差与极限偏差组成标准化的孔、轴公差带的制度。

(1)标准公差。标准公差是指国家标准所规定的任一公差值。

(2)基本偏差。基本偏差是指国家标准所规定的上极限偏差或下极限偏差,它一般为靠近零线或位于零线的那个极限偏差。

4. 有关配合的术语和定义

(1)配合是指公称尺寸相同的、相互结合的孔和轴公差带之间的关系。

由此可见,形成配合要有两个基本条件:一是孔和轴的公称尺寸必须相同,二是具有包容和被包容的特性,即孔和轴的结合。另外配合是指一批孔、轴的装配关系,而不是指单个孔和单个轴的相配,所以用公差带相互位置关系来反映配合比较确切。

(2)间隙或过盈是指孔的尺寸减去相配合的轴的尺寸所得的代数差。此差值为正数时是间隙;为负数时是过盈。间隙代数量代号用 X 表示,过盈代数量代号用 Y 表示。

(3)配合的分类。

①间隙配合是指具有间隙(包括最小间隙等于零)的配合。此时,孔的公差带在轴的公差带之上(包括相接),即 $D_{\min} \geqslant d_{\max}$ 或 $\mathrm{EI} \geqslant \mathrm{es}$,如图3.6所示。

在间隙配合中,孔的上极限尺寸减去轴的下极限尺寸所得的代数差为最大间隙,代号为 $X_{\max}$,即

$$X_{\max} = D_{\max} - d_{\min} = \mathrm{ES} - \mathrm{ei} \quad (3.5)$$

孔的下极限尺寸减去轴的上极限尺寸所得的代数差为最小间隙,用代号 $X_{\min}$ 表示,即

$$X_{\min} = D_{\min} - d_{\max} = \mathrm{EI} - \mathrm{es} \quad (3.6)$$

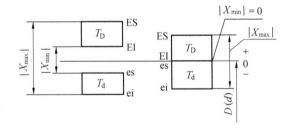

图3.6　间隙配合的公差带图

由图3.6可见,当孔的下极限尺寸等于轴的上极限尺寸时,则最小间隙 $X_{\min} = 0$。

在实际生产中,有时用到平均间隙,其代号为 X_{av},即

$$X_{av} = (X_{\max} + X_{\min})/2 \quad (3.7)$$

间隙值的前面必须标注正号。

【例3.2】　试计算孔 $\phi 30^{+0.033}_{0}$ 与轴 $\phi 30^{-0.020}_{-0.041}$ 配合的极限间隙和平均间隙。

解　依题意可判定:$\mathrm{ES} = +0.033$ mm,$\mathrm{EI} = 0$ mm,$\mathrm{es} = -0.020$ mm,$\mathrm{ei} = -0.041$ mm,根

据式(3.5)~(3.7)可得

$$X_{max}/mm = ES - ei = (+0.033) - (-0.041) = +0.074$$

$$X_{min}/mm = EI - es = 0 - (-0.020) = +0.020$$

$$X_{av}/mm = \frac{1}{2}(X_{max} + X_{min}) = \frac{1}{2}[(+0.074) + (+0.020)] = +0.047$$

②过盈配合是指具有过盈(包括最小过盈等于零)的配合。此时,孔的公差带在轴的公差带之下(包括相接)即 $D_{max} \leqslant d_{min}$ 或 $ES \leqslant ei$,如图 3.7 所示。

在过盈配合中,孔的上极限尺寸减去轴的下极限尺寸所得的代数差为最小过盈,用代号 Y_{min} 表示,即

$$Y_{min} = D_{max} - d_{min} = ES - ei \tag{3.8}$$

孔的下极限尺寸减去轴的上极限尺寸所得的代数差为最大过盈,用代号 Y_{max} 表示,即

$$Y_{max} = D_{min} - d_{max} = EI - es \tag{3.9}$$

由图 3.7 可见,当孔的上极限尺寸等于轴的下极限尺寸时,则最小过盈 $Y_{min} = 0$。

在实际生产中,有时用到平均过盈,用代号 Y_{av} 表示,即

$$Y_{av} = (Y_{min} + Y_{max})/2 \tag{3.10}$$

过盈值的前面必须标注负号。

【例 3.3】　试计算孔 $\phi 30^{+0.033}_{0}$ 与轴 $\phi 30^{+0.069}_{+0.048}$ 配合的极限过盈和平均过盈。

解　依题意可判定:ES = +0.033 mm,EI = 0 mm,es = +0.069 mm,ei = +0.048 mm,根据式(3.8)~(3.10)可得

$$Y_{max}/mm = EI - es = 0 - (+0.069) = -0.069$$

$$Y_{min}/mm = ES - ei = (+0.033) - (+0.048) = -0.015$$

$$Y_{av}/mm = \frac{1}{2}(Y_{max} + Y_{min}) = \frac{1}{2}[(-0.069) + (-0.015)] = -0.042$$

③过渡配合是指可能具有间隙或过盈的配合。此时,孔的公差带与轴的公差带相交叠,即 $D_{max} > d_{min}$ 且 $D_{min} < d_{max}$ 或 $ES > ei$ 且 $EI < es$,如图 3.8 所示。

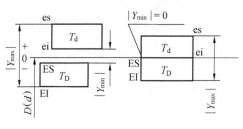

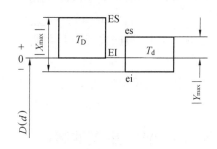

图 3.7　过盈配合的公差带图　　　　　图 3.8　过渡配合的公差带图

在过渡配合中,孔的上极限尺寸减去轴的下极限尺寸所得的代数差为最大间隙,计算公式同式(3.5)。孔的下极限尺寸减去轴的上极限尺寸所得的代数差为最大过盈,计算公式同式(3.9)。

过渡配合中的平均间隙或平均过盈为

$$X_{av}(\text{或 } Y_{av}) = (X_{max} + Y_{max})/2 \tag{3.11}$$

【例3.4】 试计算孔 $\phi 30^{+0.033}_{0}$ 与轴 $\phi 30^{+0.013}_{-0.008}$ 配合的极限间隙或过盈、平均过盈或间隙。

解 依题意可判定:ES = +0.033 mm,EI = 0 mm,es = +0.013 mm,ei = −0.008 mm,根据式(3.5)、(3.9)、(3.11)可得

$$X_{max}/\text{mm} = ES - ei = (+0.033) - (-0.008) = +0.041$$

$$Y_{max}/\text{mm} = EI - es = 0 - (+0.013) = -0.013$$

因为 $|X_{max}|/\text{mm} = |+0.041| = 0.041 > |Y_{max}|/\text{mm} = |-0.013| = 0.013$,故平均间隙为

$$X_{av}/\text{mm} = \frac{1}{2}(X_{max} + Y_{max}) = \frac{(0.041) + (-0.013)}{2} = +0.014$$

（4）配合公差是指允许间隙或过盈的变动量,它等于配合的孔与轴的公差之和,用代号 T_f 表示。

配合公差表明装配后的配合精度（或称装配精度）。

间隙配合中

$$T_f = |X_{max} - X_{min}| = T_D + T_d \tag{3.12}$$

过盈配合中

$$T_f = |Y_{min} - Y_{max}| = T_D + T_d \tag{3.13}$$

过渡配合中

$$T_f = |X_{max} - Y_{max}| = T_D + T_d \tag{3.14}$$

式(3.12) ~ (3.14)反映使用要求与加工要求的关系。设计时,可根据配合中允许的间隙或过盈变动范围,来确定孔、轴公差。

【例3.5】 试计算例3.2、例3.3 和例3.4 中的配合公差。

解 在例3.2 中,根据式(3.12)可得

$$T_f/\text{mm} = |X_{max} - X_{min}| = |(+0.074) - (+0.020)| = 0.054$$

在例3.3 中,根据式(3.13)可得

$$T_f/\text{mm} = |Y_{min} - Y_{max}| = |(-0.015) - (-0.069)| = 0.054$$

在例3.4 中,根据式(3.14)可得

$$T_f/\text{mm} = |X_{max} - Y_{max}| = |(+0.041) - (-0.013)| = 0.054$$

配合公差也可根据孔、轴公差计算,即

$$T_f/\text{mm} = T_D + T_d = 0.033 + 0.021 = 0.054$$

3.1.4 配合制(基准制)

配合制是指同一极限制的孔和轴组成各种配合的制度。

在工程实践中,需要各种不同的孔、轴公差带来实现各种不同的配合。为了设计和制造上的方便,把其中孔的公差带（或轴的公差带）位置固定,用改变轴的公差带（或孔的公差带）位置来形成所需要的各种配合。

GB/T 1800.1—2009 中规定了两种等效的配合制:基孔制配合和基轴制配合。

1. 基孔制配合

基本偏差为一定的孔的公差带,与不同基本偏差的轴的公差带形成各种配合的一种制度,对本标准极限与配合制,就是孔的下极限尺寸与公称尺寸相等,即孔的下偏差为零(即 EI=0)的一种配合制,称为基孔制配合,如图 3.9(a)所示。

基孔制配合中选做基准的孔为基准孔,其代号为"H"。基孔制的轴为非基准轴。

2. 基轴制配合

基本偏差为一定的轴的公差带,与不同基本偏差的孔的公差带形成各种配合的一种制度,对本标准极限与配合制,就是轴的上极限尺寸与公称尺寸相等,即轴的上偏差为零(即 es=0)的一种配合制,称为基轴制配合,如图 3.9(b)所示。

基轴制配合中选做基准的轴为基准轴,其代号为"h"。基轴制的孔为非基准孔。

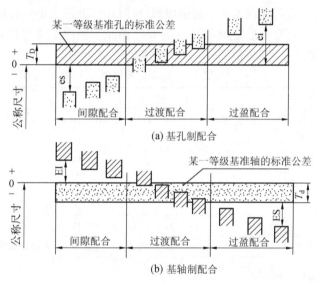

图 3.9 基孔制和基轴制

《极限与配合》标准中规定的配合制,不仅适用于圆柱(包括平行平面)结合,同样也适用于螺纹结合、圆锥结合、键和花键结合等典型零件。就是齿轮传动的侧隙规范也是按配合制原则规定了所谓基齿厚制(相当于基轴制配合)和基中心距制(相当于基孔制配合)两种制度。

3.2 标准公差系列和基本偏差系列

GB/T 1800.1—2009 规定了孔和轴的标准公差系列与基本偏差系列。

3.2.1 标准公差系列——公差带大小的标准化

标准公差系列是由不同公差等级和不同公称尺寸的标准公差值构成的。标准公差是指大小已经标准化的公差值,即在本标准极限与配合制中规定的任一公差值,用以确定公差带大小。

规定和划分公差等级的目的,是为了简化和统一对公差的要求,使规定的等级既能满足广泛的、不同的使用要求,又能大致代表各种加工方法的精度,这样,既有利于设计,也有利于制造。

GB/T 1800.1—2009 在公称尺寸至 500 mm 内规定了 01,0,1,…,18 共 20 个等级;在公称尺寸大于500 mm至3 150 mm内规定了 1,2,…,18 共 18 个等级。标准公差代号是用 IT(ISO Tolerance 缩写)与阿拉伯数字组成,表示为标准公差等级:IT01,IT0,IT1,…,IT18。从 IT01 到 IT18,等级依次降低,公差数值依次增大。属于同一等级的公差,对所有的尺寸段虽然公差数值不同,但应看做同等精度。

《极限与配合》标准在正文中只给出 IT1 至 IT18 共 18 个标准公差等级的标准公差数值,IT01 和 IT0 两个最高级在工业中很少用到,所以在标准正文中没有给出该两个公差等级的标准公差数值,但为满足使用者需要,在标准附录中给出了这些数值。

表3.1 为常用尺寸段(公称尺寸≤500)的标准公差数值。

表 3.1　标准公差数值　　　　　　　　　　（摘自 GB/T 1800.1—2009）

公称尺寸/mm		标 准 公 差 等 级																
		IT1	IT2	IT3	IT4	IT5	IT6	IT7	IT8	IT9	IT10	IT11	IT12	IT13	IT14	IT15	IT16	IT17	IT18
大于	至	标准公差/μm											标准公差/mm						
—	3	0.8	1.2	2	3	4	6	10	14	25	40	60	0.1	0.14	0.25	0.4	0.6	1	1.4
3	6	1	1.5	2.5	4	5	8	12	18	30	48	75	0.12	0.18	0.3	0.48	0.5	1.2	1.8
6	10	1	1.5	2.5	4	6	9	15	22	36	58	90	0.15	0.22	0.36	0.58	0.9	1.5	2.2
10	18	1.2	2	3	5	8	11	18	27	43	70	110	0.18	0.27	0.43	0.7	1.1	1.8	2.7
18	30	1.5	2.5	4	6	9	13	21	33	52	84	130	0.21	0.33	0.52	0.84	1.3	2.1	3.3
30	50	1.5	2.5	4	7	11	16	25	39	62	100	160	0.25	0.39	0.62	1	1.6	2.5	3.9
50	80	2	3	5	8	13	19	30	46	74	120	190	0.3	0.46	0.74	1.2	1.9	3	4.6
80	120	2.5	4	6	10	15	22	35	54	87	140	220	0.35	0.54	0.87	1.4	2.2	3.5	5.4
120	180	3.5	5	8	12	18	25	40	63	100	160	250	0.4	0.63	1	1.6	2.5	4	6.3
180	250	4.5	7	10	14	20	29	46	72	115	185	290	0.46	0.72	1.15	1.85	2.9	4.6	7.2
250	315	6	8	12	16	23	32	52	81	130	210	320	0.52	0.81	1.3	2.1	3.2	5.2	8.1
315	400	7	9	13	18	25	36	57	89	140	230	360	0.57	0.89	1.4	2.3	3.6	5.7	8.9
400	500	8	10	15	20	27	40	63	97	155	250	400	0.63	0.97	1.55	2.5	4	6.3	9.7

注:①公称尺寸小于或等于 1 mm 时,无 IT14 至 IT18;

②公称尺寸大于 500 mm 的 IT1 ~ IT5 的标准公差数值为试行的。

【例 3.6】 有两轴:$d_1 = \phi100$ mm,$d_2 = \phi8$ mm,其公差:$T_{d_1} = 35$ μm,$T_{d_2} = 22$ μm,试比较这两轴加工的难易程度。

解 对于轴 1:$d_1 = \phi100$ mm,$T_{d_1} = 35$ μm,查表 3.1,得轴 1 为 IT7 级;对于轴 2:$d_2 = \phi8$ mm,$T_{d_2} = 22$ μm,查表 3.1,得轴 2 为 IT8 级;因轴 2 比轴 1 的公差等级低,因而轴 2 比轴 1 容易加工。

3.2.2　基本偏差系列——公差带位置的标准化

　　基本偏差是在本标准极限与配合制（GB/T 1800.1—2009）中,确定公差带相对零线位置的那个极限偏差,它可以是上偏差或下偏差,一般为靠近零线或位于零线的那个极限偏差。为了满足工程实践中各种使用情况的需要,国标规定了孔和轴各有 28 种基本偏差,如图 3.10 所示。

　　基本偏差的代号用拉丁字母表示,大写表示孔,小写表示轴,由 21 个单写字母和 7 个双写字母构成。

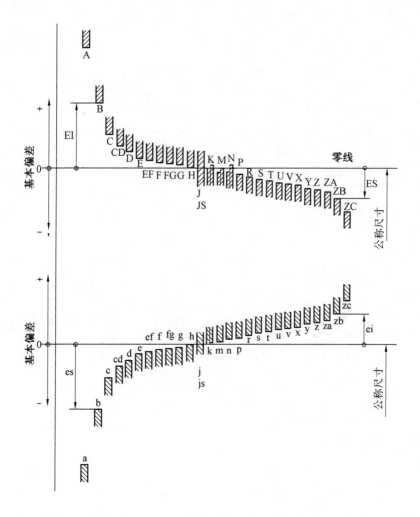

图 3.10　基本偏差系列(摘自 GB/T 1800.1—2009)

　　表 3.2 和表 3.3 分别为轴和孔的基本偏差数值。

表3.2 轴的

公称尺寸/mm 大于	至	基本偏差数值 上偏差 es 所有标准公差等级 a	b	c	cd	d	e	ef	f	fg	g	h	js	下偏差 ei 1T5和1T6 j	1T7	1T4至1T7 k
–	3	−270	−140	−60	−34	−20	−14	−10	−6	−4	−2	0		−2	−4	0
3	6	−270	−140	−70	−46	−30	−20	−14	−10	−6	−4	0		−2	−4	+1
6	10	−280	−150	−80	−56	−40	−25	−18	−13	−8	−5	0		−2	−5	+1
10	14	290	−150	−95		−50	−32		−16		−6	0		−3	−6	+1
14	18															
18	24	−300	−160	−110		−65	−40		−20		−7	0		−4	−8	+2
24	30															
30	40	−310	−170	−120		−80	−50		−25		−9	0		−5	−10	+2
40	50	−320	−180	−130												
50	65	−340	−190	−140		−100	−60		−30		−10	0		−7	−12	+2
65	80	−360	−200	−150												
80	100	−380	−220	−170		−120	−72		−36		−12	0		−9	−15	+3
100	120	−410	−240	−180												
120	140	−460	−260	−200		−145	−85		−43		−14	0		−11	−18	+3
140	160	−520	−280	−210												
160	180	−580	−310	−230												
180	200	−660	−340	−240		−170	−100		−50		−15	0		−13	−21	+4
200	225	−740	−380	−260												
225	250	−820	−420	−280												
250	280	−920	−480	−330		−190	−110		−56		−17	0		−16	−26	+4
280	315	−1 050	−540	−330												
315	355	−1 200	−600	−360		−210	−125		−62		−18	0		−18	−28	+4
355	400	−1 350	−680	−400												
400	450	−1 500	−760	−440		−230	−135		−68		−20	0		−20	−32	+5
450	500	−1 650	−840	−480												

（js 列：偏差 $=\pm \mathrm{IT}n/2$，式中 ITn 是 IT 值数）

注:① 公称尺寸小于或等于1 mm时,基本偏差a和b均不采用。

② 公差带 js7 至 js11,若 ITn 值数是奇数,则取偏差 $=\pm\dfrac{\mathrm{IT}n-1}{2}$。

基本偏差数值 （摘自 GB/T 1800.1—2009）

基 本 偏 差 数 值														
下 偏 差 ei														
≤IT3 >IT7	所 有 标 准 公 差 等 级													
k	m	n	p	r	s	t	u	v	x	y	z	za	zb	zc
0	+2	+4	+6	+10	+14		+18		+20		+26	+32	+40	+50
0	+4	+8	+12	+15	+19		+23		+28		+35	42	+50	+80
0	+6	+10	+15	+19	+23		+28		+34		+42	+52	+67	+97
0	+7	+12	+18	+23	+28		+33		+40		+50	+64	+90	+130
							+39		+45		+60	+77	+108	+150
0	+8	+15	+22	+28	+35		+41	+47	+54	+63	+73	+98	+136	+108
						+41	+48	+55	+64	+75	+88	+118	+160	+218
0	+9	+17	+26	+34	+43	+48	+60	+68	+80	+94	+112	+148	+200	+274
						+54	+70	+81	+97	+114	+136	+180	+242	+325
0	+11	+20	+32	+41	+53	+66	+87	+102	+122	+144	+172	+226	+300	+405
				+43	+59	+75	+102	+120	+146	+174	+210	+274	+360	+480
0	+13	+23	+37	+51	+71	+91	+124	+146	+178	+214	+258	+335	+445	+585
				+54	+79	+104	+144	+172	+210	+254	+310	+400	+525	+690
0	+15	+27	+43	+63	+92	+122	+170	+202	+248	+300	+365	+470	+620	+800
				+65	+100	+134	+190	+228	+280	+340	+415	+535	+700	+900
				+68	+108	+146	+210	+252	+310	+380	+465	+600	+780	+1 000
0	+17	+31	+50	+77	+122	+166	+236	+284	+350	+425	+520	+670	+880	+1 150
				+80	+130	+180	+258	+310	+385	+470	+575	+740	+960	+1 250
				+84	+140	+196	+284	+340	+425	+520	+640	+820	+1 050	+1 350
0	+20	+34	+56	+94	+158	+218	+315	+385	+475	+580	+710	+920	+1 200	+1 550
				+98	+170	+240	+350	+425	+525	+650	+790	+1 000	+1 300	+1 700
0	+21	+37	+62	+108	+190	+268	+390	+475	+590	+730	+900	+1 150	+1 500	+1 900
				+114	+208	+294	+435	+530	+660	+820	+1 000	+1 300	+1 650	+2 100
0	+23	+40	+68	+126	+232	+330	+490	+595	+740	+920	+1 100	+1 450	+1 850	+2 400
				+132	+252	+360	+540	+660	+820	+1 000	+1 250	+1 600	+2 100	2 600

表3.3 孔的

公称尺寸/mm		基本偏差数值																				
		下偏差 EI											上偏差 ES									
		所有标准公差等级											IT6	IT7	IT8	≤IT8	>IT8	≤IT8	>IT8	≤IT8	>IT8
大于	至	A	B	C	CD	D	E	EF	F	FG	G	H	JS	J			K		M		N	
-	3	+270	+140	+60	+34	+20	+14	+10	+6	+4	+2	0		+2	+4	+6	0	0	-2	-2	-4	-4
3	6	+270	+140	+70	+46	+30	+20	+14	+10	+6	+4	0		+5	+6	+10	-1+Δ		-4+Δ	-4	-8+Δ	0
6	10	+280	+150	+80	+56	+40	+25	+18	+13	+8	+5	0		+5	+8	+12	-1+Δ		-6+Δ	-6	-10+Δ	0
10	14	+290	+150	+95		+50	+32		+16		+6	0		+6	+10	+15	-1+Δ		-7+Δ	-7	-12+Δ	0
14	18																					
18	24	+300	+160	+110		+65	+40		+20		+7	0		+8	+12	+20	-2+Δ		-8+Δ	-8	-15+Δ	0
24	30																					
30	40	+310	+170	+120		+80	+50		+25		+9	0	偏差=±ITn/2，其中ITn是IT值数	+10	+14	+24	-2+Δ		-9+Δ	-9	-17+Δ	0
40	50	+320	+180	+130																		
50	65	+340	+190	+140		+100	+60		+30		+10	0		+13	+18	-28	-2+Δ		-11+Δ	-11	-20+Δ	0
65	80	+360	+200	+150																		
80	100	+380	+220	+170		+120	+72		+36		+12	0		+16	+22	+34	-3+Δ		-13+Δ	-13	-23+Δ	0
100	+120	+410	+240	+180																		
120	140	+460	+260	+200		+145	+85		+43		+14	0		+18	+26	+41	-3+Δ		-15+Δ	-15	-27+Δ	0
140	160	+520	+280	+210																		
160	180	+580	+310	+230																		
180	200	+660	+310	+240		+170	+100		+50		+15	0		+22	+30	+47	-4+Δ		-17+Δ	-17	-31+Δ	0
200	225	+740	+380	+260																		
225	250	+820	+420	+280																		
250	280	+920	+480	+300		+190	+110		+56		+17	0		+25	+36	+55	-4+Δ		-20+Δ	-20	-34+Δ	0
280	315	+1 050	+540	+330																		
315	355	+1 200	+600	+360		+210	+125		+62		+18	0		+29	+39	+60	-4+Δ		-21+Δ	-21	-37+Δ	0
355	400	+1 350	+680	+400																		
400	450	+1 500	+760	+440		+230	+135		+68		+20	0		+33	+43	+66	-5+Δ		-23+Δ	-23	-40+Δ	0
450	500	+1 650	+840	+480																		

注:① 公称尺寸小于或等于1 mm时,基本偏差 A 和 B 及大于 IT8 的 N 均不采用。

② 公差带 JS7 至 JS11,若 ITn 值数是奇数,则取偏差 $= \pm \dfrac{ITn-1}{2}$。

③ 对小于或等于 IT8 的 K、M、N 和小于或等于 IT7 的 P 至 ZC,所属 Δ 值从表内右侧选取。例如:18 至 30 mm 段的 K7,Δ=8 μm,所以 ES=−2+8=+6 μm;18 mm 至 30 mm 段的 S6,Δ=4 μm,所以 ES=−35+4=−31 μm。

④ 特殊情况:250 mm 至 315 mm 段的 M6,ES=−9 μm(代替−11 μm)。

基本偏差数值　　　　　　　　　　　　　　　　　　（摘自 GB/T 1800.1—2009）

	\<基\> 本 偏 差 数 值												Δ 值				
	上 偏 差 ES																
	≤IT7	标 准 公 差 等 级 大 于 IT7											标准公差等极				
P至ZC	P	R	S	T	U	V	X	Y	Z	ZA	ZB	ZC	IT3	IT4	IT5	IT6	IT7	IT8
	−6	−10	−14		−18		−20		−26	−32	−40	−60	0	0	0	0	0	0
	−12	−15	−19		−23		−28		−35	−42	−50	−80	1	1.5	1	3	4	6
	−15	−19	−23		−28		−34		−42	−52	−67	−97	1	1.5	2	3	6	7
	−18	−23	−28		−33		−40		−50	−64	−90	−130	1	2	3	3	7	9
						−39	−45		−60	−77	−108	−150						
	−22	−28	−35		−41	−47	−54	−63	−73	−98	−136	−188	1.5	2	3	4	8	12
				−41	−48	−55	−64	−75	−88	−118	−160	−218						
	−26	−34	−43	−48	−60	−68	−80	−94	−112	−148	−200	−274	1.5	3	4	5	9	14
				−54	−70	−81	−97	−114	−136	−180	−242	−325						
	−32	−41	−53	−66	−87	−102	−122	−144	−172	−226	−300	−405	2	3	5	6	11	16
		−43	−59	−75	−102	−120	−146	−174	−210	−274	−360	−480						
	−37	−51	−71	−91	−124	−146	−178	−214	−258	−335	−445	−585	2	4	5	7	13	19
		−54	−79	−104	−144	−172	−210	−254	−310	−400	−525	−690						
	−43	−63	−92	−122	−170	−202	−248	−300	−365	−470	−620	−800	3	4	6	7	15	23
		−65	−100	−134	−190	−228	−280	−340	−415	−535	−700	−900						
		−68	−108	−146	−210	−2152	−310	−380	−465	−600	−780	−1 000						
	−50	−77	−122	−165	−236	−284	−350	−425	−520	−670	−880	−1 150	3	4	6	9	17	26
		−80	−130	−180	−258	−310	−385	−470	−575	−740	−960	−1 250						
		−84	−140	−196	−284	−340	−425	−520	−640	−820	−1 050	−1 350						
	−56	−94	−158	−218	−315	−385	−475	−580	−710	−920	−1 200	−1 550	4	4	7	9	20	29
		−98	−170	−240	−350	−425	−525	−650	−790	−1 000	−1 300	−1 700						
	−62	−108	−190	−268	−390	−475	−590	−730	−900	−1 150	−1 500	−1 900	4	5	7	11	21	32
		−114	−208	−294	−435	−530	−660	−820	−1 000	−1 300	−1 650	−2 100						
	−68	−126	−232	−330	−490	−595	−740	−920	−1 100	−1 450	−1 850	−2 400	5	5	7	13	23	34
		−132	−252	−360	−540	−660	−820	−1 000	−1 250	−1 600	−2 109	−2 600						

在大于 IT7 的相应数值上增加一个 Δ 值

由图 3.10 和表 3.2、表 3.3 可见,这些基本偏差的主要特点如下:

① 对于轴的基本偏差:从 a～h 为上偏差 es(为负值或零);从 j～zc 为下偏差 ei(多为正值)。对于孔的基本偏差:从 A～H 为下偏差 EI(为正值或零);从 J～ZC 为上偏差 ES(多为负值)。

② H 和 h 的基本偏差均为零,即 H 的下偏差 EI=0,h 的上偏差 es=0。由前述可知,H 和 h 分别为基准孔和基准轴的基本偏差代号。

③ JS 和 js 在各个公差等级中,公差带完全对称于零线,因此,它们的基本偏差可以是上偏差(+ITn/2),也可以是下偏差(-ITn/2)。当公差等级为 7～11 级且公差值为奇数时,上、下偏差为±(ITn-1)/2。

J 和 j 为近似对称于零线,但在国标中,孔仅保留 J6、J7、J8,轴仅保留 j5、j6、j7,而且将用 JS 和 js 逐渐代替 J 和 j,因此,在基本偏差系列图中将 J 和 j 放在 JS 和 js 的位置上。

④ 基本偏差是公差带位置标准化的唯一参数,除去上述的 JS 和 js,以及 k、K、M、N 以外,原则上讲基本偏差与公差等级无关。

3.2.3 极限与配合的表示及其在图样中的标注

1.孔、轴公差带代号

孔、轴公差带代号由孔、轴基本偏差代号与标准公差等级代号中的阿拉伯数字组成。

例如:D9、F8、JS7、R6 等为孔公差带代号;h7、k6、n7、s6 等为轴公差带代号。

2.尺寸公差带在零件图中的标注形式

(1)标注公称尺寸和极限偏差值。如 $\phi 25^{-0.007}_{-0.020}$、$\phi 50^{+0.025}_{0}$ 等,适于单件或小批量生产的产品零件图上,应用较广泛,如图 3.11(a)所示。

(2)标注公称尺寸,公差带代号和极限偏差值。如 $\phi 25g6(^{-0.007}_{-0.020})$、$\phi 50H7(^{+0.025}_{0})$,适于中、小批量的产品零件图上,如图 3.11(b)所示。

(3)标注公称尺寸和公差带代号。如 $\phi 25g6$、$\phi 50H7$,适于大批量生产的产品零件图上,如图 3.11(c)所示。

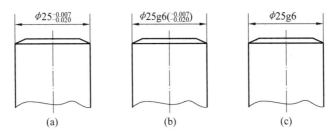

图 3.11　极限偏差和公差带在图样上的标注

3. 配合代号及其在装配图中的标注

把孔和轴的公差带组合,就构成孔、轴配合代号,如 $\dfrac{H8}{f7}$ 或 H8/f7,分子为孔公差带代号,分母为轴公差带代号。在装配图中,标注公称尺寸和配合代号或公称尺寸、配合代号和极限偏差值,如 $\phi30\dfrac{H8}{f7}$ 或 $\phi30\dfrac{H8}{f7}\left(\dfrac{+0.033}{0}\Big/\dfrac{-0.020}{-0.041}\right)$,如图 3.12 所示。

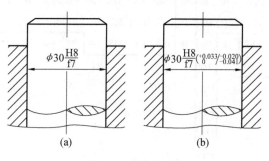

图 3.12　配合的标注

3.3　孔、轴公差带与配合

GB/T 1800.1—2009 规定了 20 个标准公差等级和 28 种基本偏差,在 28 种基本偏差中,j 仅保留 j5、j6、j7,J 仅保留 J6、J7、J8,由此得到轴公差带有 543 种,孔公差带有 543 种,这些孔、轴公差带又可以组成很多不同的配合。这么多的公差带和配合若都使用,显然是不经济的。

为了减少定值刀具、量具和工艺装备的数量和规格,考虑一般机械产品的使用需要,有必要对孔、轴公差带的选择加以限制,并选用适当的孔和轴公差带组成配合。

3.3.1　孔、轴优先、常用和一般用途公差带

GB/T 1801—2009 推荐了孔、轴优先,常用和一般用途公差带。图 3.13 和图 3.14 分别为公称尺寸 ≤500 的孔、轴优先,常用和一般用途的公差带。对于孔:一般用途的公差带 105 种,常用公差带 44 种(框里)、优先选用公差带 13 种(圈里);对于轴:一般用途的公差带 116 种,常用公差带 59 种(框里),优先选用公差带 13 种(圈里)。

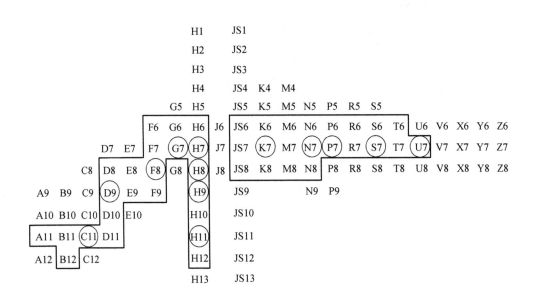

图 3.13　公称尺寸 ≤ 500 的优先、常用和一般用途孔公差带（摘自 GB/T 1801—2009）

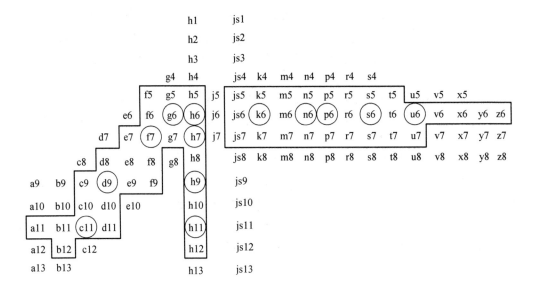

图 3.14　公称尺寸 ≤ 500 的优先、常用和一般用途轴公差带（摘自 GB/T 1801—2009）

3.3.2　孔、轴极限偏差

1. 孔、轴极限偏差表

GB/T 1800.2—2009 给出了孔、轴极限偏差数值，表 3.4 和表 3.5 摘录了孔和轴的优先、常用公差带的极限偏差。

表 3.4　孔的优先、常用公差带的极限偏差

（摘自 GB/T 1800.2—2009）μm

公称尺寸 /mm	公 差 带									
	A11	B11	B12	C11	D8	D9	D10	D11	E8	E9
>24 ~ 30	+430 +300	+290 +160	+370 +160	+240 +110	+98 +65	+117 +65	+149 +65	+195 +65	+73 +40	+92 +40
>30 ~ 40	+470 +310	+330 +170	+420 +170	+280 +120	+119 +80	+142 +80	+180 +80	+240 +80	+89 +50	+112 +50
>40 ~ 50	+480 +320	+340 +180	+430 +180	+290 +130						
>50 ~ 65	+530 +340	+380 +190	+490 +190	+330 +140	+146 +100	+174 +100	+220 +100	+290 +100	+106 +60	+134 +60
>65 ~ 80	+550 +360	+390 +200	+500 +200	+340 +150						
>80 ~ 100	+600 +380	+440 +220	+570 +220	+390 +170	+174 +120	+207 +120	+260 +120	+340 +120	+125 +72	+159 +72
>100 ~ 120	+630 +410	+460 +240	+590 +240	+400 +180						
>120 ~ 140	+710 +460	+510 +260	+660 +260	+450 +200	+208 +145	+245 +146	+305 +145	+395 +145	+148 +85	+185 +85
>140 ~ 160	+770 +520	+530 +280	+680 +280	+460 +210						
>160 ~ 180	+830 +580	+560 +310	+710 +310	+480 +230						

公称尺寸 /mm	公 差 带									
	F6	F7	F8	F9	G6	G7	H6	H7	H8	H9
>24 ~ 30	+33 +20	+41 +20	+53 +20	+72 +20	+20 +7	+28 +7	+13 +0	+21 0	+33 0	+52 0
>30 ~ 40	+41 +25	+50 +25	+64 +25	+87 +25	+25 +9	+34 +9	+16 +0	+25 0	+39 0	+62 0
>40 ~ 50										
>50 ~ 65	+49 +30	+60 +30	+76 +30	+104 +30	+29 +10	+40 +10	+19 +0	+30 0	+46 0	+74 0
>65 ~ 80										
>80 ~ 100	+58 +36	+71 +36	+90 +36	+123 +36	+34 +12	+47 +12	+22 +0	+35 0	+54 0	+87 0
>100 ~ 120										

续表 3.4

公称尺寸 /mm	公 差 带									
	F6	F7	F8	F9	G6	G7	H6	H7	H8	H9
>120 ~ 140	+68	+83	+106	+143	+39	+54	+25	+40	+63	+100
>140 ~ 160	+43	+43	+43	+43	+14	+14	+0	0	0	0
>160 ~ 180										

公称尺寸 /mm	公 差 带									
	H10	H11	H12	JS6	JS7	JS8	K6	K7	K8	M6
>24 ~ 30	+84 0	+130 0	+210 +0	±6.5	±10	±16	+2 −11	+6 −15	+10 −23	−4 −17
>30 ~ 40	+100 0	+160 0	+250 +0	±8	±12	±19	+3 −13	+7 −18	+12 −27	−4 −20
>40 ~ 50										
>50 ~ 65	+120 0	+190 0	+300 +0	±9.5	±15	±23	+4 −15	+9 −21	+14 −32	−5 −24
>65 ~ 80										
>80 ~ 100	+140 0	+220 0	+350 +0	±11	±17	±27	+4 −18	+10 −25	+16 −38	−6 −28
>100 ~ 120										
>120 ~ 140	+160 0	+250 0	+400 +0	±12.5	±20	±31	+4 −21	+12 −28	+20 −43	−8 −33
>140 ~ 160										
>160 ~ 180										

公称尺寸 /mm	公 差 带						
	M7	M8	N6	N7	N8	P6	P7
>24 ~ 30	0 −21	+24 −29	−11 −24	−7 −28	−3 −36	−18 −31	−14 −35
>30 ~ 40	0 −25	+5 −34	−12 −28	−8 −33	−3 −42	−21 −37	−17 −42
>40 ~ 50							
>50 ~ 65	0 −30	+5 +41	−14 −33	−9 −39	−4 −50	−26 −45	−21 −51
>65 ~ 80							
>80 ~ 100	0 −35	+6 −48	−16 −38	−10 −45	−4 −58	−30 −52	−24 −59
>100 ~ 120							

续表 3.4

公称尺寸	公 差 带						
/mm	M7	M8	N6	N7	N8	P6	P7
>120 ~ 140							
>140 ~ 160	0 −40	+8 −55	−20 −45	−12 −52	−4 −67	−36 −61	−23 −68
>160 ~ 180							

公称尺寸	公 差 带						
/mm	R6	R7	S6	S7	T6	T7	U7
>24 ~ 30	−24 −37	−20 −41	−31 −44	−27 −48	−37 −50	−33 −54	−40 −61
>30 ~ 40	−29 −45	−25 −50	−38 −54	−34 −59	−43 −59	−39 −64	−51 −76
>40 ~ 50					−49 −65	−45 −70	−61 −86
>50 ~ 65	−35 −54	−30 −60	−47 −66	−42 −72	−60 −79	−55 −85	−76 −106
>65 ~ 80	−37 −56	−32 −62	−53 −72	−48 −78	−69 −88	−64 −94	−91 −121
>80 ~ 100	−44 −66	−38 −73	−64 −86	−58 −93	−84 −106	−78 −113	−111 −146
>100 ~ 120	−47 −69	−41 −76	−72 −94	−66 −101	−97 −119	−91 −126	−131 −166
>120 ~ 140	−56 −81	−48 −88	−85 −110	−77 −117	−115 −140	−107 −147	−155 −195
>140 ~ 160	−58 −83	−50 −90	−93 −118	−85 −125	−127 −152	−119 −159	−175 −215
>160 ~ 180	−61 −86	−53 −93	−101 −126	−93 −133	−139 −164	−131 −171	−195 −235

表 3.5　轴的优先、常用公差带的极限偏差

（摘自 GB/T 1800.2—2009）μm

公称尺寸 /mm	公差带										
	a11	b11	b12	c9	c10	c11	d8	d9	d10	d11	e7
>24～30	−300 −430	−160 −290	−160 −370	−110 −162	−110 −194	−110 −240	−65 −98	−65 −117	−65 −149	−65 −195	−40 −61
>30～40	−310 −470	−170 −330	−170 −420	−120 −182	−120 −220	−120 −280	−80 −119	−80 −142	−80 −180	−80 −240	−50 −75
>40～50	−320 −480	−180 −340	−180 −430	−130 −192	−130 −230	−130 −290					
>50～65	−340 −530	−190 −380	−190 −490	−140 −214	−140 −260	−140 −330	−100 −146	−100 −174	−100 −220	−100 −290	−60 −90
>65～80	−360 −550	−200 −390	−200 −500	−150 −224	−150 −270	−150 −340					
>80～100	−380 −600	−220 −440	−220 −570	−170 −257	−170 −310	−170 −390	−120 −174	−120 −207	−120 −260	−120 −340	−72 −107
>100～120	−410 −630	−240 −460	−240 −590	−180 −267	−180 −320	−180 −400					
>120～140	−460 −710	−260 −510	−260 −660	−200 −300	−200 −360	−200 −450	−145 −208	−145 −245	−145 −305	−145 −395	−85 −125
>140～160	−520 −770	−280 −530	−280 −680	−210 −310	−210 −370	−210 −460					
>160～180	−580 −830	−310 −560	−310 −710	−230 −330	−230 −390	−230 −480					

公称尺寸 /mm	公差带									
	e8	e9	f5	f6	f7	f8	f9	g5	g6	g7
>24～30	−40 −73	−40 −92	−20 −29	−20 −33	−20 −41	−20 −53	−20 −72	−7 −16	−7 −20	−7 −28
>30～40	−50 −89	−50 −112	−25 −36	−25 −41	−25 −50	−25 −64	−25 −87	−9 −20	−9 −25	−9 −34
>40～50										
>50～65	−60 −106	−60 −134	−30 −43	−30 −49	−30 −60	−30 −76	−30 −104	−10 −23	−10 −29	−10 −40
>65～80										
>80～100	−72 −126	−72 −159	−36 −51	−36 −58	−36 −71	−36 −90	−36 −123	−12 −27	−12 −34	−12 −47
>100～120										

续表 3.5

公称尺寸 /mm	公差带									
	e8	e9	f5	f6	f7	f8	f9	g5	g6	g7
>120 ~ 140	−85	−85	−43	−43	−43	−43	−43	−14	−14	−14
>140 ~ 160	−148	−185	−61	−68	−83	−106	−143	−32	−39	−54
>160 ~ 180										

公称尺寸 /mm	公差带									
	h5	h6	h7	h8	h9	h10	h11	h12	js5	js6
>24 ~ 30	0	0	0	0	0	0	0	0	±4.5	±6.5
	−9	−13	−21	−33	−52	−84	−130	−210		
>30 ~ 40	0	0	0	0	0	0	0	0	±5.5	±8
>40 ~ 50	−11	−16	−25	−39	−62	−100	−160	−250		
>50 ~ 65	0	0	0	0	0	0	0	0	±6.5	±9.5
>65 ~ 80	−13	−19	−30	−46	−74	−120	−190	−300		
>80 ~ 100	0	0	0	0	0	0	0	0	±7.5	±11
>100 ~ 120	−15	−22	−35	−54	−87	−140	−220	−350		
>120 ~ 140	0	0	0	0	0	0	0	0	±9	±12.5
>140 ~ 160	−18	−25	−40	−63	−100	−160	−250	−400		
>160 ~ 180										

公称尺寸 /mm	公差带									
	js7	k5	k6	k7	m5	m6	m7	n5	n6	n7
>24 ~ 30	±10	+11	+15	+23	+17	+21	+29	+24	+28	+36
		+2	+2	+2	+8	+8	+8	+15	+15	+15
>30 ~ 40	±12	+13	+18	+27	+20	+25	+34	+28	+33	+42
>40 ~ 50		+2	+2	+2	+9	+9	+9	+17	+17	+17
>50 ~ 65	+15	+15	+21	+32	+24	+30	+41	+33	+39	+50
>65 ~ 80		+2	+2	+2	+11	+11	+11	+20	+20	+20
>80 ~ 100	±17	+18	+25	+38	+28	+35	+48	+38	+45	+58
>100 ~ 120		+3	+3	+3	+13	+13	+13	+23	+23	+23
>120 ~ 140	±20	+21	+28	+43	+33	+40	+55	+45	+52	+67
>140 ~ 160		+3	+3	+3	+15	+15	+15	+27	+27	+27
>160 ~ 180										

续表 3.5

公称尺寸 /mm	公差带								
	p5	p6	p7	r5	r6	r7	s5	s6	s7
>24～30	+31 +22	+35 +22	+43 +22	+37 +28	+41 +28	+49 +28	+44 +35	+48 +35	+56 +35
>30～40	+37 +26	+42 +26	+51 +26	+45 +34	+50 +34	+59 +34	+54 +43	+59 +43	+68 +43
>40～50									
>50～65	+45 +32	+51 +32	+62 +32	+54 +41	+60 +41	+71 +41	+66 +53	+72 +53	+83 +53
>65～80				+56 +43	+62 +43	+73 +43	+72 +59	+78 +59	+89 +59
>80～100	+52 +37	+59 +37	+72 +37	+66 +51	+73 +51	+86 +51	+86 +71	+93 +71	+106 +71
>100～120				+69 +54	+76 +54	+89 +54	+94 +79	+101 +79	+114 +79
>120～140	+61 +43	+68 +43	+83 +43	+81 +63	+88 +63	+103 +63	+110 +92	+117 +92	+132 +92
>140～160				+83 +65	+90 +65	+105 +65	+118 +100	+125 +100	+140 +100
>160～180				+86 +68	+93 +68	+108 +68	+126 +108	+133 +108	+148 +108

公称尺寸 /mm	公差带							
	t5	t6	t7	u6	u7	v6	x6	y6	z6
>24～30	+50 +41	+54 +41	+62 +41	+61 +48	+69 +48	+68 +55	+77 +64	+88 +75	+101 +88
>30～40	+59 +48	+64 +48	+73 +48	+76 +60	+85 +60	+84 +68	+96 +80	+110 +94	+128 +112
>40～50	+65 +54	+70 +54	+79 +54	+86 +70	+95 +70	+97 +81	+113 +97	+130 +114	+152 +136
>50～65	+79 +66	+85 +66	+96 +66	+106 +87	+117 +87	+121 +102	+141 +122	+163 +144	+191 +172
>65～80	+88 +75	+94 +75	+105 +75	+121 +102	+132 +102	+139 +120	+165 +146	+193 +174	+229 +210

续表 3.5

公称尺寸 /mm	公差带								
	t5	t6	t7	u6	u7	v6	x6	y6	z6
>80 ~ 100	+106 +91	+113 +91	+126 +91	+146 +124	+159 +124	+168 +146	+200 +178	+236 +214	+280 +258
>100 ~ 120	+119 +104	+126 +104	+139 +104	+166 +144	+179 +144	+194 +172	+232 +210	+276 +254	+332 +310
>120 ~ 140	+162 +122	+195 +170	+210 +170	+227 +202	+273 +248	+325 +300	+390 +365	+140 +122	+147 +122
>140 ~ 160	+174 +134	+215 +190	+230 +190	+253 +228	+305 +280	+365 +340	+440 +415	+152 +134	+159 +134
>160 ~ 180	+186 +146	+235 +210	+250 +210	+277 +252	+335 +310	+405 +380	+490 +465	+164 +146	+171 +146

2. 孔、轴极限偏差确定

孔、轴极限偏差可以由两种方法得到:①直接查表法;②查表与计算结合法。

(1)直接查表法

对于孔、轴公称尺寸≤180 mm 的优先和常用公差带的极限偏差可由表3.4、表3.5直接获得。

【例3.7】　确定孔 $\phi 65K7$、轴 $\phi 40d9$ 的极限偏差,并写出在图样上的标注形式。

解　对于 $\phi 65K7$,由表3.4,得 $ES = +0.009$ mm,$EI = -0.021$ mm;

对于 $\phi 40d9$,由表3.5,得 $es = -0.080$ mm,$ei = -0.142$ mm。

在图样上的标注形式为

$$\phi 65K7 = \phi 65^{+0.009}_{-0.021}$$

$$\phi 40d9 = \phi 40^{-0.080}_{-0.142}$$

(2)查表与计算结合法

查表3.2或表3.3,得到轴或孔的基本偏差值(上偏差或下偏差),然后查表3.1,得到轴或孔的公差值,通过式(3.4)计算轴或孔的另一个极限偏差(上偏差或下偏差)。这种方法可以确定孔、轴公称尺寸≤500 的所有公差带的极限偏差。

【例3.8】　确定孔 $\phi 15P8$ 和轴 $\phi 200n8$ 的极限偏差,并写出在图样上的标注形式。

解　对于 $\phi 15P8$,由表3.3,得 $ES = -18$ μm,由表3.1,得 $\phi 15$ 的 IT8 $= 27$ μm,其 EI 为

$$EI/\mu m = ES - IT8 = -18 - 27 = -45$$

对于 $\phi 200n8$,由表3.2,得 $ei = +31$ μm,表3.1,得 $\phi 200$ 的 IT8 $= 72$ μm,其 es 为

$$es/\mu m = IT8 + ei = 72 + 31 = 103$$

在图样上的标注形式为

$$\phi 15 P8 = \phi 15^{-0.018}_{-0.045}$$

$$\phi 200\, n8 = \phi 200^{+0.103}_{+0.031}$$

另外,由表 3.3 可见,对于标准公差等级 $\leqslant$ IT8 的 K、M、N 孔的基本偏差,需要在相应数值上加一个 Δ 值;对于标准公差等级 $\leqslant$ IT7 的 P 至 ZC 孔的基本偏差,需要在大于 IT7 的相应数值上增加一个 Δ 值。

【例 3.9】 确定孔 ϕ250M7 和孔 ϕ300P7 的极限偏差,并写出在图样上的标注形式。

解 对于 ϕ250M7,由表 3.3,得 ES $= -17 + \Delta$, $\Delta = +17$ μm,其上偏差 ES 为

$$ES/\mu m = -17 + 17 = 0$$

由表 3.1,得 ϕ250 的 IT7 $= 46$ μm,其下偏差 EI 为

$$EI/\mu m = ES - IT7 = 0 - 46 = -46$$

对于 ϕ300P7,由表 3.3,得相应数值为 -56 μm, $\Delta = +20$ μm,其上偏差 ES 为

$$ES/\mu m = -56 + \Delta = -56 + 20 = -36$$

由表 3.1,得 ϕ300 的 IT7 $= 52$ μm,其下偏差 EI 为

$$EI/\mu m = ES - IT7 = -36 - 52 = -88$$

在图样上的标注形式为

$$\phi 250 M7 = \phi 250^{0}_{-0.046}$$

$$\phi 300 P7 = \phi 300^{-0.036}_{-0.088}$$

3.3.3 孔、轴优先和常用配合

GB/T 1801—2009 推荐了孔、轴优先配合和常用配合。其中,基孔制优先配合 13 种,常用配合 59 种,见表 3.6;基轴制优先配合 13 种,常用配合 47 种,见表 3.7。

表 3.6 基孔制优先、常用配合　　　　（摘自 GB/T 1801—2009）

基准孔	轴																				
	a	b	c	d	e	f	g	h	js	k	m	n	p	r	s	t	u	v	x	y	z
	间隙配合								过渡配合				过盈配合								
H6						$\frac{H6}{f5}$	$\frac{H6}{g5}$	$\frac{H6}{h5}$	$\frac{H6}{js5}$	$\frac{H6}{k5}$	$\frac{H6}{m5}$	$\frac{H6}{n5}$	$\frac{H6}{p5}$	$\frac{H6}{r5}$	$\frac{H6}{s5}$	$\frac{H6}{t5}$					
H7						$\frac{H7}{f6}$	$\frac{H7}{g6}$	$\frac{H7}{h6}$	$\frac{H7}{js6}$	$\frac{H7}{k6}$	$\frac{H7}{m6}$	$\frac{H7}{n6}$	$\frac{H7}{p6}$	$\frac{H7}{r6}$	$\frac{H7}{s6}$	$\frac{H7}{t6}$	$\frac{H7}{u6}$	$\frac{H7}{v6}$	$\frac{H7}{x6}$	$\frac{H7}{y6}$	$\frac{H7}{z6}$
H8				$\frac{H8}{e7}$	$\frac{H8}{f7}$	$\frac{H8}{g7}$	$\frac{H8}{h7}$	$\frac{H8}{js7}$	$\frac{H8}{k7}$	$\frac{H8}{m7}$	$\frac{H8}{n7}$	$\frac{H8}{p7}$	$\frac{H8}{r7}$	$\frac{H8}{s7}$	$\frac{H8}{t7}$	$\frac{H8}{u7}$					
				$\frac{H8}{d8}$	$\frac{H8}{e8}$	$\frac{H8}{f8}$		$\frac{H8}{h8}$												
H9			$\frac{H9}{c9}$	$\frac{H9}{d9}$	$\frac{H9}{e9}$	$\frac{H9}{f9}$		$\frac{H9}{h9}$												
H10			$\frac{H10}{c10}$	$\frac{H10}{d10}$				$\frac{H10}{h10}$												
H11	$\frac{H11}{a11}$	$\frac{H11}{b11}$	$\frac{H11}{c11}$	$\frac{H11}{d11}$				$\frac{H11}{h11}$												
H12		$\frac{H12}{b12}$						$\frac{H12}{h12}$												

注:① $\frac{H6}{n5}$、$\frac{H7}{p6}$ 在公称尺寸小于或等于 3 mm 和 $\frac{H8}{r7}$ 在公称尺寸小于或等于 100 mm 时,为过渡配合。

② 标注▼的配合为优先配合。

表 3.7 基轴制优先、常用配合　　　　（摘自 GB/T 1801—2009）

基准轴	孔																			
	A	B	C	D	E	F	G	H	JS	K	M	N	P	R	S	T	U	V	X	Y	Z
	间隙配合								过渡配合				过盈配合								
h5						$\frac{F6}{h5}$	$\frac{G6}{h5}$	$\frac{H6}{h5}$	$\frac{JS6}{h5}$	$\frac{K6}{h5}$	$\frac{M6}{h5}$	$\frac{N6}{h5}$	$\frac{P6}{h5}$	$\frac{R6}{h5}$	$\frac{S6}{h5}$	$\frac{T6}{h5}$					
h6						$\frac{F7}{h6}$	$\frac{G7}{h6}$	$\frac{H7}{h6}$	$\frac{JS7}{h6}$	$\frac{K7}{h6}$	$\frac{M7}{h6}$	$\frac{N7}{h6}$	$\frac{P7}{h6}$	$\frac{R7}{h6}$	$\frac{S7}{h6}$	$\frac{T7}{h6}$	$\frac{U7}{h6}$				
h7					$\frac{E8}{h7}$	$\frac{F8}{h7}$		$\frac{H8}{h7}$	$\frac{JS8}{h7}$	$\frac{K8}{h7}$	$\frac{M8}{h7}$	$\frac{N8}{h7}$									
h8				$\frac{D8}{h8}$	$\frac{E8}{h8}$	$\frac{F8}{h8}$		$\frac{H8}{h8}$												
h9				$\frac{D9}{h9}$	$\frac{E9}{h9}$	$\frac{F9}{h9}$		$\frac{H9}{h9}$												

续表 3.7　　　　　　　　　　　　　　　　　（摘自 GB/T 1801—2009）

基准轴	孔																				
	A	B	C	D	E	F	G	H	JS	K	M	N	P	R	S	T	U	V	X	Y	Z
	间隙配合								过渡配合				过盈配合								
h10				$\dfrac{D10}{h10}$				$\dfrac{H10}{h10}$													
h11	$\dfrac{A11}{h11}$	$\dfrac{B11}{h11}$	▼$\dfrac{C11}{h11}$	$\dfrac{D11}{h11}$				▼$\dfrac{H11}{h11}$													
h12		$\dfrac{B12}{h12}$						$\dfrac{H12}{h12}$													

注：标注▼的配合为优先配合。

3.3.4　孔、轴配合的极限间隙或极限过盈

1. 孔、轴优先配合的极限间隙或极限过盈表

GB/T 1801—2009 中给出了基孔制和基轴制优先、常用配合的极限间隙或极限过盈，表 3.8 摘录了优先配合的极限间隙或极限过盈。

表 3.8　基孔制与基轴制优先配合的极限间隙或极限过盈

（摘自 GB/T 1801—2009）　µm

基孔制	$\dfrac{H7}{g6}$	$\dfrac{H7}{h6}$	$\dfrac{H8}{f7}$	$\dfrac{H8}{h7}$	$\dfrac{H9}{d9}$	$\dfrac{H9}{h9}$	$\dfrac{H11}{c11}$	$\dfrac{H11}{h11}$	$\dfrac{H7}{k6}$	$\dfrac{H7}{n6}$	$\dfrac{H7}{p6}$	$\dfrac{H7}{s6}$	$\dfrac{H7}{u6}$
基轴制	$\dfrac{G7}{h6}$	$\dfrac{H7}{h6}$	$\dfrac{F8}{h7}$	$\dfrac{H8}{h7}$	$\dfrac{D9}{h9}$	$\dfrac{H9}{h9}$	$\dfrac{C11}{h11}$	$\dfrac{H11}{h11}$	$\dfrac{K7}{h6}$	$\dfrac{N7}{h6}$	$\dfrac{P7}{h6}$	$\dfrac{S7}{h6}$	$\dfrac{U7}{h6}$
公称尺寸 /mm													
>24~30	+41 / +7	+34 / 0	+74 / +20	+54 / 0	+169 / +65	+104 / 0	+370 / +110	+260 / 0	+19 / -15	+6 / -28	-1 / -35	-14 / -48	-27 / -61
>30~40	+50	+41	+89	+64	+204	+124	+440 / +120	+320	+23	+8	-1	-18	-35 / -76
>40~50	+9	0	+25	0	+80	0	+450 / +130	0	-18	-33	-42	-59	-45 / -86
>50~65	+59	+49	+106	+76	+248	+148	+520 / +140	+380	+28	+10	-2	-23 / -72	-57 / -106
>65~80	+10	0	+30	0	+100	0	+530 / +150	0	-21	-39	-51	-29 / -78	-72 / -121
>80~100	+69	+57	+125	+89	+294	+174	+610 / +170	+440	+32	+12	-2	-36 / -93	-89 / -146
>100~120	+12	0	+36	0	+120	0	+620 / +180	0	-25	-45	-59	-44 / -101	-109 / -166
>120~140	+79	+65	+146	+103	+345	+200	+700 / +200	+500	+37	+13	-3	-52 / -117	-130 / -195
>140~160							+710 / +210					-60 / -125	-150 / -215
>160~180	+14	0	+43	0	+145	0	+730 / +230	0	-28	-52	-68	-68 / -133	-170 / -235

2. 孔、轴极限间隙或极限过盈的确定

孔、轴配合的极限间隙或极限过盈可以用两种方法得到：①直接查表法（见表 3.8）；②计算法（根据式（3.5）～式（3.10））。

【例 3.10】 分别（1）利用标准公差数值表（表 3.1）和基本偏差数值表（表 3.2 和表 3.3），或（2）利用孔、轴极限偏差表（表 3.4 和表 3.5）和配合的极限间隙或极限过盈表（表 3.8）确定 $\phi30H8/f7$ 和 $\phi30F8/h7$ 配合中孔、轴的极限偏差和两对配合的极限间隙并绘制公差带图。

解 （1）利用标准公差数值和基本偏差数值表

①确定 $\phi30H8/f7$ 配合中的孔与轴的极限偏差。

公称尺寸 $\phi30$ 属于大于 $18～30$ mm 尺寸段，由表 3.1 得 IT7 = 21 μm，IT8 = 33 μm。

对于基准孔 H8 的 EI = 0，其 ES 为

$$ES/μm = EI + IT8 = 0 + 33 = +33$$

对于 f7，由表 3.2 得 es = −20 μm，其 ei 为

$$ei/μm = es - IT7 = -20 - 21 = -41$$

由此可得

$$\phi30H8 = \phi30^{+0.033}_{0}, \quad \phi30f7 = \phi30^{-0.020}_{-0.041}$$

②确定 $\phi30F8/h7$ 配合中孔与轴的极限偏差。

对于 F8，由表 3.3 得 EI = +20 μm，其 ES 为

$$ES/μm = EI + IT8 = +20 + 33 = +53$$

对基准轴 h7 的 es = 0，其 ei 为

$$ei/μm = es - IT7 = 0 - 21 = -21$$

由此可得

$$\phi30F8 = \phi30^{+0.053}_{+0.020}, \quad \phi30h7 = \phi30^{0}_{-0.021}$$

③计算 $\phi30H8/f7$ 和 $\phi30F8/h7$ 配合的极限间隙。

对于 $\phi30H8/f7$

$$X_{max}/μm = ES - ei = +33 - (-41) = +74$$
$$X_{min}/μm = EI - es = 0 - (-20) = +20$$

对于 $\phi30F8/h7$

$$X'_{max}/μm = ES - ei = +53 - (-21) = +74$$
$$X'_{min}/μm = EI - es = +20 - 0 = +20$$

④用上面计算的极限偏差和极限间隙值绘制公差带图（图 3.15）。

（2）利用孔、轴极限偏差表和配合的极限间隙或极限过盈表

①确定 $\phi30H8/f7$ 和 $\phi30F8/h7$ 配合中的孔、轴极限偏差。

对 $\phi30H8/f7$，由表 3.4 得 $\phi30H8 = \phi30^{+0.033}_{0}$，由

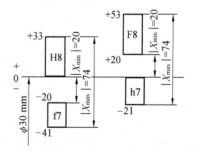

图 3.15　$\phi30H8/f7$ 和 $\phi30F8/h7$ 公差带图

表 3.5 得 $\phi30f7 = \phi30^{-0.020}_{-0.041}$。

对 $\phi30F8/h7$，由表 3.4 得 $\phi30F8 = \phi30^{+0.053}_{+0.020}$，由表 3.5 得 $\phi30h7 = \phi30^{\ 0}_{-0.021}$。

②确定 $\phi30H8/f7$ 和 $\phi30F8/h7$ 配合的极限间隙。

对 $\phi30H8/f7$，由表 3.8 得 $X_{max} = +74\ \mu m$，$X_{min} = +20\ \mu m$。

对 $\phi30F8/h7$，得 $X'_{max} = +74\ \mu m$，$X'_{min} = +20\ \mu m$。

由上述计算、查表结果和从图 3.15 中可见，$\phi30H8/f7$ 和 $\phi30F8/h7$（基孔制的 f 和基轴制的 F 为同名配合）两对配合的最大间隙和最小间隙均相等，即 $\phi30H8/f7$ 和 $\phi30F8/h7$ 配合性质相同。

3.4　尺寸精度的设计

尺寸精度的设计是机械产品设计中的重要部分，它对机械产品的使用精度、性能和加工成本的影响很大。尺寸精度的设计内容包括配合制、标准公差等级和配合等三方面的选用，下面分别叙述。

3.4.1　配合制的选用

选用配合制应从结构、工艺和经济效益等方面综合考虑，应遵照下列不同原则进行。

1. 一般情况下应优先选用基孔制配合

在机械制造中，一般优先选用基孔制配合，主要从工艺上和宏观经济效益来考虑。用钻头、铰刀等定值刀具加工小尺寸高精度的孔，每把刀具只能加工某一尺寸的孔，而用同一把车刀或一个砂轮可以加工大小不同尺寸的轴。因此，改变轴的极限尺寸在工艺上所产生的困难和增加的生产费用，同改变孔的极限尺寸相比要小得多。因此，采用基孔制配合，可以减少定值刀具（钻头、铰刀、拉刀）和定值量具（例如塞规）的规格和数量，可以获得显著的经济效益。

2. 下列情况应选用基轴制配合

（1）在农业机械和纺织机械中，有时采用 IT9 ~ IT11 的冷拉钢材直接做轴（不经切削加工）。此时采用基轴制配合可避免冷拉钢材的尺寸规格过多，而且节省加工费用。

（2）加工尺寸小于 1 mm 的精密轴比同级孔要困难，因此在仪器制造、钟表生产、无线电工程中，常使用经过光轧成型的钢丝直接做轴，这时采用基轴制较经济。

（3）在同一轴与公称尺寸相同的几个孔相配合，且配合性质不同的情况下，应考虑采用基轴制配合。如图 3.16(a)所示发动机活塞部件活塞销 1 与活塞 2 及连杆 3 的配合。根据使用要求，活塞销 1 和活塞 2 应为过渡配合，活塞销 1 与连杆 3 应为间隙配合。如采用基轴制配合，活塞销可制成一根光轴，既便于生产，又便于装配，如图 3.16(b)所示。如采用基孔制，三个孔的公差带一样，活塞销却要制成中间小的阶梯形，如图 3.16(c)所示，这样做既不便于加工，又不利于装配。另外，活塞销两端直径大于活塞孔径，装配时会刮伤轴和孔的表面，还要影响配合质量。

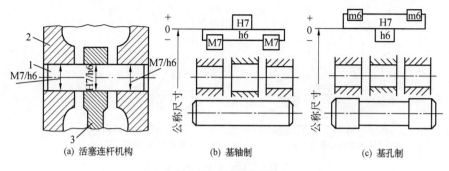

图 3.16　活塞连杆机构

1—活塞销;2—活塞;3—连杆

3. 若与标准件(零件或部件)配合时,应以标准件为基准来选择配合制

例如,滚动轴承内圈与轴的配合应采用基孔制配合,滚动轴承外圈与外壳孔的配合应采用基轴制配合。图 3.17 为滚动轴承与轴和外壳孔的配合情况,轴颈应按 $\phi 40k6$ 制造,外壳孔应按 $\phi 90J7$ 制造。

4. 为满足配合的特殊要求,允许采用任一适当的孔、轴公差带组成的配合

例如图 3.17 中,轴承端盖与外壳孔的

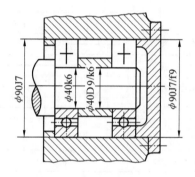

图 3.17　滚动轴承的配合

配合为 $\phi 90J7/f9$,隔圈孔与轴颈的配合为 $\phi 40D9/k6$,都属于任意适当的孔、轴公差带组成的配合。

3.4.2　标准公差等级的选用

标准公差等级的选用是一项重要的,同时又是比较困难的工作,因为公差等级的高低直接影响产品使用性能和加工的经济性。公差等级过低,产品质量得不到保证;公差等级过高,将使制造成本增加。所以,必须考虑矛盾的两方面,正确合理地选用公差等级。

选用标准公差等级的原则是:在充分满足使用要求的前提下,考虑工艺的可能性,尽量选用精度较低的公差等级。图3.18为在一定的工艺条件下,零件加工的相对成本、废品率与公差的关系曲线。由图可见:尺寸精度越高,加工成本越增加;高精度时,精度稍微提高,成本和废品率都会急剧地增加。因此,选用高精度零件公差时,应特别慎重。

选用公差等级时,可采用类比法,即应从工艺、配合及有关零件、部件或机构等的特点,并参考已被实践证明合理的实例来考虑。表 3.9 为 20 个公差等级的应用范围,表3.10为各种加工方法可能达到的公差等级范围,可供选用时参考。

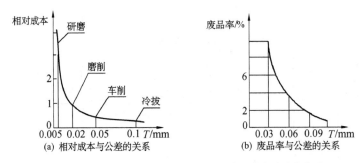

图 3.18 零件的相对成本、废品率与公差的关系

表 3.9 标准公差等级的应用范围

应 用	公 差 等 级 (IT)																		
	01	0	1	2	3	4	5	6	7	8	9	10	11	12	13	14	15	16	17	18
块 规	■	■	■																	
量 规			■	■	■	■														
配合尺寸							■	■	■	■	■	■	■	■						
特别精密零件的配合				■	■	■	■													
非配合尺寸（大制造公差）														■	■	■	■	■	■	■
原材料公差										■	■	■	■	■	■	■				

表 3.10 各种加工方法可能达到的标准公差等级

加 工 方 法	公 差 等 级 (IT)																	
	01	0	1	2	3	4	5	6	7	8	9	10	11	12	13	14	15	16
研 磨	■	■	■	■	■	■	■											
珩 磨						■	■	■	■									
圆 磨							■	■	■	■								
平 磨							■	■	■	■								
金刚石车							■	■	■									
金刚石镗							■	■	■									
拉 削							■	■	■	■								
铰 孔								■	■	■	■	■						
车									■	■	■	■						

续表 3.10

加工方法	公差等级 (IT)																	
	01	0	1	2	3	4	5	6	7	8	9	10	11	12	13	14	15	16
镗									▬	▬	▬	▬	▬					
铣										▬	▬	▬	▬					
刨、插												▬	▬					
钻孔												▬	▬	▬				
滚压、挤压												▬	▬					
冲压												▬	▬	▬				
压铸													▬	▬				
粉末冶金成型								▬	▬									
粉末冶金烧结									▬	▬								
砂型铸造、气割																	▬	▬
锻造															▬	▬	▬	

应用类比法选择公差等级时,还应考虑以下几个问题。

(1)同一配合中的孔和轴的工艺等价性

工艺等价性是指同一配合中的孔和轴的加工难易程度大致相同。

标准公差等级为 7 级或高于 7 级的孔应与高一级的轴配合;标准公差等级为 9 级或低于 9 级时,孔和轴同级配合;标准公差等级为 8 级时,孔比轴或低一个等级配合或同级配合。参见表 3.6 和表 3.7。

(2)考虑相配件或相关件的结构或精度

例如:与滚动轴承内、外圈配合的轴颈和外壳孔的标准公差等级决定于相配件滚动轴承的类型、公差等级以及配合尺寸的大小。参见图 3.17。

(3)考虑配合性质和加工成本

过盈配合、过渡配合和间隙较小的间隙配合中,孔和轴的标准公差等级应分别不低于 8 级和 7 级;而间隙较大的间隙配合中,孔和轴的标准公差等级可以为 9 级或低于 9 级。参见表 3.6 和表 3.7。

间隙较大的间隙配合中,轴或孔由于某种原因,必须选用较高的标准公差等级,则与之相配合的孔或轴,在满足使用要求的前提下,标准公差等级可以低 2~3 级,以降低加工成本。参见图 3.17,隔圈孔与轴颈的配合为 $\phi40D9/k6$,外壳孔与轴承端盖的配合为 $\phi90J7/f9$。

如果某些配合有可能根据使用要求确定其间隙或过盈的允许变化范围时，可采用计算法，即利用式(3.12)~(3.14)和标准公差数值表3.1确定其公差等级，下面举例说明。

【例3.11】 某一公称尺寸为 $\phi 95$ mm 的滑动轴承机构，根据使用要求，其允许的最大间隙为 $[X_{\max}] = +55$ μm，最小间隙为 $[X_{\min}] = +10$ μm，试确定该轴承机构的轴颈和轴瓦所构成的轴、孔标准公差等级。

解 (1)计算允许的配合公差 $[T_f]$

由配合公差计算公式(3.12)得

$$[T_f]/\mu m = |[X_{\max}] - [X_{\min}]| = |55 - 10| = 45$$

(2)计算查表确定孔、轴的标准公差等级

按要求

$$[T_f] \geqslant [T_D] + [T_d]$$

式中 $[T_D]$、$[T_d]$——配合的孔、轴的允许公差。

由表3.1得：IT5 = 15 μm，IT6 = 22 μm，IT7 = 35 μm。

如果孔、轴公差等级都选6级，则配合公差 $T_f = 2IT6 = 44$ μm < 45 μm，虽然未超过其要求的允许值，但不符合6、7、8级的孔与5、6、7级的轴相配合的规定。

若孔选IT7，轴选IT6，其配合公差为 $T_f/\mu m = IT5 + IT7 = 22 + 35 = 57 > 45$，已超过配合公差的允许值，故不符合配合要求。

因此，最好轴选IT5，孔选IT6。其配合公差 $T_f/\mu m = IT5 + IT6 = 15 + 22 = 37 < 45$，虽然距要求的允许值减小(8 μm)较多，给加工带来一定的困难，但配合精度有了一定的储备，而且选用标准规定的公差等级，可选用标准的原材料、刀具和量具，对降低加工成本有利。

3.4.3 配合的选用

配合的选用主要是根据使用要求确定配合类别和配合种类。

1. 配合类别的选用

标准规定有间隙、过渡和过盈三大类配合。在机械精度设计中选用哪类配合，主要决定于使用要求，如孔、轴间有相对运动要求时，应选间隙配合；当孔、轴间无相对运动时，应根据具体工作条件不同，可以从三大类配合中选取：若要求传递足够大的扭矩，且又不要求拆卸时，一般应选过盈配合；当需要传递一定的扭矩，但又要求能够拆卸的情况下，应选过渡配合；有些配合，对同轴度要求不高，只是为了装配方便，应选间隙较大的间隙配合。后两种情况应该加键，以保证传递扭矩。

2. 配合种类的选用

配合种类的选用就是在确定配合制和标准公差等级后，根据使用要求确定与基准件配合的轴或孔的基本偏差代号。

(1)配合种类选用的基本方法

配合种类的选用通常有计算法、试验法和类比法三种。

计算法可用于滑动轴承的间隙配合，它可以根据液体润滑理论来计算允许的最小间隙，从标准中选择适当的配合种类。完全靠过盈来传递负荷的过盈配合，可以根据要传递负荷的大小，按弹塑性变形理论，计算出必须的最小过盈，选择合适的过盈配合，再按此验算最大过盈是否会使工件材料损坏。由于影响配合间隙和过盈的因素很多，理论计算也是近似的,所以,在实际应用时还需经过试验来确定。

试验法用于重要的、关键性配合。如机车车轴与轴轮的配合,就是用试验法来确定的。一般采用试验法较为可靠,但需进行大量试验,成本较高。

类比法就是以经过生产验证的且类似的机械、机构和零部件为样板,来选用配合种类。类比法是确定机械和仪器配合种类最常用的方法。

(2)尽量选用常用公差带及优先、常用配合

在选配合时,应考虑尽量采用 GB/T1801—2009 中规定的公差带与配合。

在机械设计时,应该首先采用优先配合,不能满足要求时,再从常用配合中选。还可以依次从优先、常用和一般用途的公差带中,选择孔、轴公差带组成要求的配合。甚至还可以选用任一适当的孔、轴公差带组成满足特殊要求的配合。

3. 选用配合示例

如上所述,配合的选择,应先根据使用要求定类别,再按主要条件选出某种配合,包括选孔、轴的基本偏差代号和公差等级。

(1)计算法确定配合

【例 3.12】　设有一滑动轴承机构,公称尺寸为 ϕ40 mm 的配合,经计算确定极限间隙为(+20 ～ +90) μm,若已决定采用基孔制配合,试确定此配合的孔、轴公差带和配合代号,画出其尺寸公差带图,并指出是否属于优先或常用的公差带与配合。

解　①确定孔、轴标准公差等级。

按例 3.11 的方法可确定孔、轴标准公差等级为: T_D =IT8 =39 μm, T_d =IT7 =25 μm。

②确定孔、轴公差带。

因采用基孔制,故孔为基准孔,其公差带代号为 ϕ40H8,EI=0,ES=+39 μm。

因采用基孔制间隙配合,所以轴的基本偏差应从 a ～ h 中选取,其基本偏差为上偏差。

选出轴的基本偏差应满足下述三个条件

$$\begin{cases} X_{\min}=EI-es \geqslant \left[X_{\min} \right] & ① \\ X_{\max}=ES-ei \leqslant \left[X_{\max} \right] & ② \\ es-ei=T_d=IT7 & ③ \end{cases}$$

式中　$\left[X_{\min} \right]$——允许的最小间隙;

$\left[X_{\max} \right]$——允许的最大间隙。

解①、②和③式得

$$es \leqslant EI-\left[X_{\min} \right] \qquad ④$$

$$es \geqslant ES+IT7-\left[X_{\max} \right] \qquad ⑤$$

将已知的 EI、ES、IT7、$\left[X_{\max} \right]$、$\left[X_{\min} \right]$ 的数值分别代入式④、⑤,得

$$es/\mu m \leqslant 0-20 = -20$$

$$es/\mu m \geqslant 39+25-90 = -26$$

即　　　　　　　　　　$$-26 \ \mu m \leqslant es \leqslant -20 \ \mu m$$

按公称尺寸 ϕ40 和 $-26 \ \mu m \leqslant es \leqslant -20 \ \mu m$ 的要求查表 3.2,得轴的基本偏差代号为 f,故公差带的代号为 ϕ40f7,其 es = -25 μm,ei = es $- T_d$ = -50 μm。

③确定配合代号为 ϕ40H8/f7。

④ϕ40H8/f7 的孔、轴尺寸公差带图(图 3.19)。

⑤由图 3.13 和图 3.14 可见,孔 ϕ40H8 和轴 ϕ40f7 均为优先用途的公差带。

由表 3.6 可见,ϕ40H8/f7 的配合为优先配合。

⑥利用孔、轴极限偏差表(表 3.4 和表 3.5)和配合的极限间隙或极限过盈表(表 3.8)确定孔、轴公差带与配合代号。

由题意采用基孔制。

由表 3.8 得公称尺寸为 ϕ 40 mm,且满足

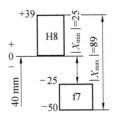

图 3.19 ϕ40H8/f7 公差带图

极限间隙为(+20 ~ +90) μm 要求的基孔制配合代号为 ϕ40H8/f7((+25 ~ +89) μm)。由表 3.4 得 ϕ40H8 孔的极限偏差为:ES = +39 μm,EI = 0。由表 3.5 得 ϕ40f7 轴的极限偏差为:es = −25 μm,ei = −50 μm。由此可见,查表结果与上述计算的结果相同。

【例 3.13】 设某一公称尺寸为 ϕ60 mm 的配合,经计算,为保证连接可靠,其最小过盈的绝对值不得小于 20 μm。为保证装配后孔不发生塑性变形,其最大过盈的绝对值不得大于 55 μm。若已决定采用基轴制配合,试确定此配合的孔、轴的公差带和配合代号,画出其尺寸公差带图,并指出是否属于优先的或常用的公差带与配合。

解 ①确定孔、轴公差等级。

由题意可知,此孔、轴结合为过盈配合,其允许的配合公差为

$$[T_f]/\mu m = |[Y_{min}] - [Y_{max}]| = |-20 - (-55)| = 35$$

按例 3.11 的方法确定孔的公差等级为 6 级,轴的公差等级为 5 级,即

$$T_D = IT6 = 19 \ \mu m, \quad T_d = IT5 = 13 \ \mu m$$

②确定孔、轴公差带。

因采用基轴制配合,故轴为基准轴,其公差带代号为 ϕ60h5,es = 0,ei = −13 μm。

因选用基轴制过盈配合,所以孔的基本偏差代号可从 P ~ ZC 中选取,其基本偏差为上偏差 ES,若选出的孔的上偏差 ES 能满足配合要求,则应符合下列三个条件,即

$$\begin{cases} Y_{min} = ES - ei \leq [Y_{min}] & ① \\ Y_{max} = EI - es \geq [Y_{max}] & ② \\ ES - EI = IT6 & ③ \end{cases}$$

解①、②和③式得出

$$ES \leq [Y_{min}] + ei \qquad ④$$

$$ES \geq es + IT6 + [Y_{max}] \qquad ⑤$$

将已知的 es、ei、IT6、$[Y_{max}]$ 和 $[Y_{min}]$ 数值代入式④、⑤得

$$ES/\mu m \leq -20 + (-13) = -33$$

$$ES/\mu m \geq 0 + 19 + (-55) = -36$$

$$-36 \ \mu m \leq ES \leq -33 \ \mu m$$

按公称尺寸 ϕ60 和 −36μm ≤ ES ≤ −33 μm 的要求查表 3.3,得孔的基本偏差代号为 R,公差带代号为 ϕ60R6,其 ES = −35 μm,EI = ES − T_D = −54 μm。

③确定配合代号为 $\phi60R6/h5$。

④$\phi60R6/h5$ 的孔、轴尺寸公差带图(图 3.20)。

⑤由图 3.13 和图 3.14 可见,孔的公差带 $\phi60R6$ 和轴的公差带 $\phi60h5$ 都为常用公差带。

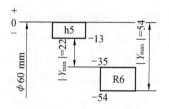

图 3.20　$\phi60R6/h5$ 公差带

由表 3.7 所见,$\phi60R6/h5$ 配合为常用配合。

(2)类比法确定配合

在生产实践中,有时工作条件所要求的间隙或过盈量往往很难用定量的允许值来表示,此时应采用类比法选择配合。

为了便于在工程设计中应用类比法进行选用配合,将上述的各种基本偏差应用说明列于表 3.11,将基孔制、基轴制的优先配合应用说明列于表 3.12 中,供参考。

但是,只按使用要求选择配合种类是不够的,因为工程实践的具体工作情况对配合间隙和过盈有影响,所以,注意在选择配合时应根据实际工作情况进行修正,见表 3.13。

表 3.11　各种基本偏差的应用说明

配合	基本偏差	配 合 特 性 及 应 用
间隙配合	a、b (A、B)	可得到特别大的间隙,应用很少
	c (C)	可得到很大的间隙,一般用于缓慢、松弛的可动配合,用于工作条件较差(如农业机械)、受力变形,或为了便于装配而必须保证有较大的间隙。推荐优先配合为 H11/c11。较高等级的配合,如 H8/c7 适用于轴在高温工作的紧密动配合,例如内燃机排气阀导管配合
	d (D)	一般用于 IT7~IT11。适用于松的传动配合,如密封盖、滑轮空转皮带轮等与轴的配合。也适用大直径滑动轴承配合,例如透平机、球磨机、轧滚成型和重型弯曲机及其他重型机械中的一些滑动支承配合
	e (E)	多用于 IT7~IT9。通常适用于要求有明显间隙,易于转动的支承用的配合,如大跨距支承、多支点支承等配合。高等级的 e 适用于大的、高速、重载支承,如涡轮发电机、大电动机的支承,也适用于内燃机主要轴承、凸轮轴支承、摇臂支承等配合
	f (F)	多用于 IT6~IT8 的一般转动配合。当温度影响不大时,被广泛用于普通的润滑油(或润滑脂)润滑的支承,如齿轮箱、小电动机、泵等的转轴与滑动支承的配合
	g (G)	多用于 IT5~IT7。配合间隙很小,制造成本高,除很轻负荷的精密装置外,不推荐用于转动配合。最适合不回转的精密滑动配合,也用于插销等定位配合。如精密连杆轴承、活塞及滑阀、连杆销等
	h (H)	多用于 IT4~IT11。广泛用于无相对转动的零件,作为一般的定位配合。若没有温度、变形影响,也用于精密滑动配合

续表 3.11

配合	基本偏差	配合特性及应用
过渡配合	js (JS)	为完全对称偏差(±IT/2),平均起来稍有间隙的配合,多用于 IT4～IT7,要求间隙比 h 轴配合时小,并允许有过盈的定位配合,如联轴节。要用手或木槌装配
	k (K)	平均起来是没有间隙的配合,适用于 IT4～IT7。推荐用于要求稍有过盈的定位配合,例如为了消除振动用的定位配合。一般用木槌装配
	m (M)	平均起来具有不大过盈的过渡配合,适用于 IT4～IT7。用于精度较高的定位配合。一般可用木槌装配,但在最大过盈时,要求相当的压力
	n (N)	平均过盈比较大的配合,很少得到间隙,适用于 IT4～IT7。用锤或压力机装配。通常推荐用于紧密的组件配合。H6 和 n5 配合时为过盈配合
过盈配合	p (P)	与 H6 或 H7 孔配合时是过盈配合,而与 H8 孔配合时则为过渡配合。对非铁类零件,为较轻的过盈配合,当需要时易于拆卸。对钢、铸铁或钢、钢部件装配是标准的过盈配合
	r (R)	对铁类零件为中等过盈配合;对非铁类零件为较轻过盈配合,当需要时可以拆卸;与 H8 孔配合直径在 100 mm 以上时为过盈配合,直径小时为过渡配合
	s (S)	用于钢和铁制零件的永久性和半永久性装配,可产生相当大的结合力。当用弹性材料,如轻合金时,配合性质与铁类零件的 p 轴相当。例如套环压装在轴上、阀座等配合。尺寸较大时,为避免损伤配合表面,需用热胀冷缩法装配
	t (T)	是过盈量较大的配合,对于钢和铸铁件适于作永久性的结合,不用键可传递扭矩,需用热胀冷缩法装配
	u (U)	这种配合过盈量大,一般应经过验算在最大过盈时工件材料是否会损坏。要用热胀冷缩法装配。例如火车轮毂与轴的配合
	v、x (V、X) y、z (Y、Z)	这些基本偏差所组成的配合过盈量更大,目前使用的经验和资料还很少,须经试验后才应用。一般不推荐采用

表 3.12 优先配合的应用说明

优先配合		说明
基孔制	基轴制	
$\dfrac{H11}{c11}$	$\dfrac{C11}{h11}$	间隙非常大,用于很松的、转动很慢的配合;要求大公差与间隙的外露组件;要求装配方便的、很松的配合
$\dfrac{H9}{d9}$	$\dfrac{D9}{h9}$	间隙很大的自由转动配合,用于公差等级不高时,或有大的温度变动、高转速或小的轴颈压力时
$\dfrac{H8}{f7}$	$\dfrac{F8}{h7}$	间隙不大的转动配合,用于中等转速与中等轴颈压力的精确转动;也用于较易装配的中等定位配合
$\dfrac{H7}{g6}$	$\dfrac{G7}{h6}$	间隙很小的滑动配合,用于不希望自由转动,但可自由移动和滑动并精密定位时;也可用于要求明确的定位配合

续表 3.12

优先配合		说　　　　明
基孔制	基轴制	
$\dfrac{H7}{h6}$	$\dfrac{H7}{h6}$	均为间隙定位配合,零件可自由装拆,而工作时一般相对静止不动。在最大实体条件下的间隙为零,在最小实体条件下的间隙由标准公差等级决定
$\dfrac{H8}{h7}$	$\dfrac{H8}{h7}$	
$\dfrac{H9}{h9}$	$\dfrac{H9}{h9}$	
$\dfrac{H11}{h11}$	$\dfrac{H11}{h11}$	
$\dfrac{H7}{k6}$	$\dfrac{K7}{h6}$	过渡配合,用于精密定位
$\dfrac{H7}{n6}$	$\dfrac{N7}{h6}$	过渡配合,允许有较大过盈的更精密定位
$\dfrac{H7}{p6}$	$\dfrac{P7}{h6}$	过盈定位配合,即小过盈配合。用于定位精度特别重要时,能以最好的定位精度达到部件的刚性及对中性要求,而对内孔承受压力无特殊要求,不依靠配合的紧固件传递负荷
$\dfrac{H7}{s6}$	$\dfrac{S7}{h6}$	中等过盈配合。适用于一般钢件;或用于薄壁件的冷缩配合;用于铸铁件可得到最紧的配合
$\dfrac{H7}{u6}$	$\dfrac{U7}{h6}$	过盈配合。适用于可以受高压力的零件或不宜承受大压力的冷缩配合

表 3.13　按具体情况考虑间隙或过盈的修正

具　体　工　作　情　况	间隙应增或减	过盈应增或减
材料许用应力小	—	减
经常拆卸	—	减
有冲击负荷	减	增
工作时孔的温度高于轴的温度	减	增
工作时孔的温度低于轴的温度	增	减
配合长度较大	增	减
零件形状误差较大	增	减
装配中可能歪斜	增	减
转速高	增	增
有轴向运动	增	—
润滑油黏度大	增	—
表面粗糙度值大	减	增
装配精度高	减	减

下面举例说明用类比法确定配合在生产实际中的应用。

①间隙配合。属于间隙配合一类的基本偏差代号由 a 至 h(或 A 至 H)共 11 种,它们大至应用于以下五个方面:

a. 精密定心和精密定位机构中的配合。这类配合定心性要求高,配合间隙变动范围要求小,一般最小间隙可以为零,而最大间隙受同轴度限制又不能太大,因此,对于具有这样要求的机构多用 H/h,公差等级一般为 IT5 ~ IT7。例如图 3.21 所示的车床尾座顶尖套筒与尾座即选用 H6/h5 配合。

b. 往复运动和滑动的精密配合。这类配合要求有一定的运动精度和运动的灵活性,必须给予一定的间隙。其间隙的大小主要取决于单位时间内移动的次数、长度以及导向性的要求,通常选用 H/g,公差等级一般为 IT5 ~ IT7 级。例如图 3.22 所示为凸轮机构中导杆与衬套即选用 H7/g6 配合。

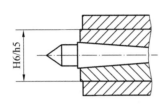
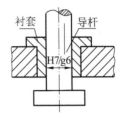

图 3.21　车床尾座和顶尖套筒的配合　　　　图 3.22　凸轮导杆和衬套的配合

c. 滑动轴承机构中用配合。对正常工作条件下的滑动轴承,给定的间隙必须保证形成良好的润滑油层,形成液体摩擦状态。因此,所选配合的最小间隙应大于形成最小油层的厚度,而最大间隙则应保证轴承机构有足够的同轴度、旋转精度和使用寿命等,常用的配合有 H/d、H/c、II/f,公差等级一般为 IT6 ~ IT8 级。表 3.14 为几种可供参考滑动轴承所用间隙配合的例子。

表 3.14　滑动轴承用间隙配合

配合	适用范围
H8/f7	车床、铣床、钻床等各传动部分的轴承、汽车发动机中的曲拐轴和连杆机构用轴承,减速器和涡轮传动中的轴承
H8/e8	传动轴支座或同一轴上有几个座(不少于 2 个)的轴承
H8/d8	精密的传动装置和联结轴、发电机和其他磨损机械的轴承
H8/f8	蒸汽机和内燃机中的曲拐轴和连杆机构用轴承,偏心轴、动力机械、离心水泵和通风机等上用的轴承
H9/d9 或 H10/d10	车辆、农业机械以及传动装置中的轴承

d. 大间隙和在高温下工作的配合。对于一些处于高温、高速工作条件下的滑动轴承,例如大型汽轮机、泵、压缩机和轧钢机的高速重载轴承,因为它们的工作温度变化较大,为了补偿由于温度变化引起的误差,并保证其正常工作,应选用大间隙配合。对于高温工作条件下的滑动轴承一般用 H/c 的配合,公差等级一般为 IT7 ~ IT9 级。此外,工作条件差的农业机械中用的滑动轴承一般用 H/b、H/c,公差等级一般为 IT10 ~ IT12 级。例如图 3.23 所示为内燃机汽门导杆与衬套用 H8/c7 配合。

e. 仅考虑装配方便的配合。对于这种类型的配合应尽量选取间隙较大的配合,以补偿较大的几何误差,保证装配方便。一般用 H/b、H/c、H/d,公差等级一般为 IT10 ~ IT12 级。例如图 3.24 所示为管道法兰连接即选用 H12/b12。

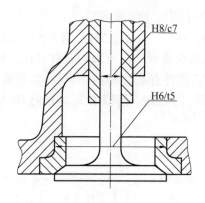

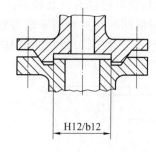

图 3.23　内燃机汽门导杆和衬套的配合　　　　图 3.24　管道法兰连接用配合

②过渡配合。属于过渡配合一类的基本偏差代号由 js、j 至 n(或 JS,J 至 N)共 5 种。

过渡配合的特点是同一配合的一批配件装后,有的得到间隙,有的得到过盈。因此不能保证自由运动,也不能保证传递载荷,只用于要求定心而又定期拆卸的定位配合,若需要传递扭矩,应加紧固件,例如紧固螺钉、平键等。这类配合的公差等级一般为 IT5 ~ IT8。但应注意,公差等级为 IT5 级时,H/n 多为过盈配合。

根据生产中的使用要求,各种过渡配合主要用于以下情况:

其中 H/js、H/j 获得间隙的机会较多,定心性也好,用于要求多次装拆、容易破坏的精密零件。例如图 3.25 所示为齿圈和轮辐用 H7/js6 配合,图 3.17 所示为滚动轴承外圈与座孔用 J7 配合。

H/k 获得的平均间隙接近于零,定心较好,装配后零件受到接触应力也较小,能拆卸,用于中修要拆卸的定位配合。它在过渡配合中应用最广。例如图 3.17 所示为滚动轴承内圈与轴用 k6 配合。

H/m、H/n 获得过盈的机会较多,定心好,装配较紧。

例如图 3.26 所示为齿轮与轴用 H7/m6 配合,图 3.27 所示为蜗轮青铜轮缘与轮辐用 H7/n6(或 H7/m6)配合。

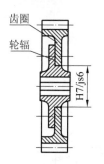

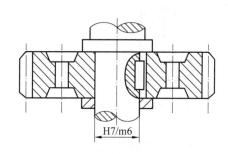

图 3.25　齿圈和钢轮辐的配合　　　　　　图 3.26　齿轮和轴的配合 1

③过盈配合。属于过盈配合一类的基本偏差代号有 p 至 zc(或 P 至 ZC)共 12 种。

过盈配合用来传递扭矩或轴向力,是一种不可拆连接。传递扭矩的大小主要靠足够的过盈量来保证,一般不需加紧固件,仅在少数情况下,为保证连接可靠,才需加紧固件,如加平键或紧固螺钉等。这类配合的公差等级一般为 IT5 ~ IT7 级。

根据生产中的适用的要求,各种过盈配合主要用于以下情况:

H/p、H/r:这两种配合在公差等级为 IT6 ~ IT7 时为过盈配合,而 IT8 时为过渡配合,但在装配时,获得过盈的机会较多,得到间隙的机会很少。可以用锤打或压力机装配,只宜在大修时拆卸。它主要用于定心精度很高、零件有足够的刚性、受冲击负载的定位配合。例如图 3.28 所示齿轮与轴用 H7/p6 配合,图 3.29 所示为蜗轮与轴用 H7/r6 配合。

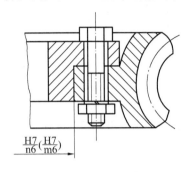

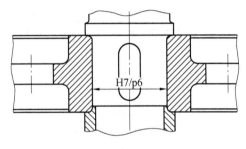

图 3.27　蜗轮青铜轮缘和轮辐的配合　　　　　　　　图 3.28　齿轮和轴的配合 2

H/s、H/t:这两种属于中等过盈配合。它用于钢铁件的永久或半永久结合,不用辅助件,依靠过盈产生的结合力可以直接传递中等负荷,一般用压力法装配,也有用冷轴或热套法装配的。如铸铁轮与轴的装配,柱、销、轴、套等压入孔中的配合。例如图 3.30 所示,曲柄销与曲拐用 H6/s5 配合,图 3.31 所示为联轴节与轴用的 H7/t6 配合。H/u、H/v、H/x、H/y、H/z 这几种配合过盈较大,且依次增大,过盈与直径之比在 0.001 以上。适用于传递大的扭矩或承受大的冲击载荷、完全依靠过盈产生的结合力保证牢固联结的配合,通过采用热套或冷轴法装配。例如图 3.32 所示为火车的铸钢车轮与轴用 H6/u5 配合。因为过盈大,要求零件材料刚性好、强度高,否则会将零件挤裂。采用这样的配合要慎重,必须经过试验才能投入生产。装配前往往还要进行挑选,使一批配件的过盈量尽量一致且适中。

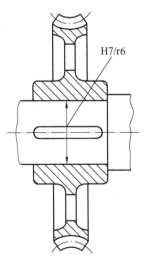

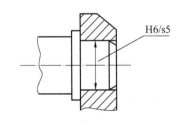

图 3.29　蜗轮和轴的配合　　　　　　　图 3.30　曲柄销和曲拐的配合

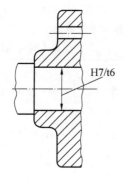

图 3.31 联轴节和轴的配合

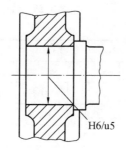

图 3.32 火车轮毂和轴的配合

3.4.4 线性尺寸的未注公差的选用

线性尺寸的未注公差(也称一般公差)是指在车间普通工艺条件下,机床设备一般加工能力可达到的公差(在正常维护和操作情况下,它代表车间一般加工精度)。它主要用于精度较低的非配合尺寸和功能上允许的公差等于或大于一般公差的尺寸。按 GB/T 1804—2000 的规定,采用一般公差的线性尺寸后不单独注出极限偏差,但是,当要素的功能要求比一般公差更小的公差或允许更大的公差,而该公差更为经济时,应在尺寸后直接注出极限偏差。

1. 图样上采用未注公差的原因

(1)简化制图,使图样清晰易读。

(2)节省图样设计时间。设计人员只要熟悉一般公差的规定并加以应用,可不必详细计算其公差值。

(3)明确了哪些要素可由一般工艺水平保证,可简化对这些要素的检验要求而有助于质量管理。

(4)突出了图样上注出公差的尺寸。这些要素大多是重要且需要控制的,以便在加工和检验时引起重视,并利于生产上的安排及检验要求的分析。

(5)由于明确了图样上尺寸的一般公差要求,便于供需双方达成加工和销售合同协议,交货时也可避免不必要的争议。

2. 线性尺寸的未注公差的公差等级和极限偏差

(1)未注公差的公差等级:按照 GB/T 1804—2000 规定,一般公差分 f、m、c 和 v 四个公差等级,分别表示精密级、中等级、粗糙级和最粗级。

(2)线性尺寸未注公差的极限偏差:线性尺寸未注公差的极限偏差数值列于表 3.15;倒圆半径和倒角高度的极限偏差数值列于表 3.16。

由表 3.15 和表 3.16 可见,线性尺寸的极限偏差取值,不论孔、轴还是长度,一律取对称分布。这样规定,除了与国际标准(ISO)和各国标准一致外,较单向偏差还有以下优点:对于非配合尺寸,其公称尺寸一般是设计要求的尺寸,所以,以公称尺寸为分布中心是合理的;从尺寸链分析,对称的极限偏差可以减小封闭环的累积偏差;从标注来看,比用单向偏差方便、简单;另外,还可以避免对孔、轴尺寸的理解不一致而带来不必要的纠纷。

表 3.15　线性尺寸的极限偏差的数值

（摘自 GB/T 1804—2000）　mm

公差等级	公 称 尺 寸 分 段							
	0.5 ~ 3	>3 ~ 6	>6 ~ 30	>30 ~ 120	>120 ~ 400	>400 ~ 1000	>1000 ~ 2000	>2000 ~ 4000
f(精密级)	±0.05	±0.05	±0.1	±0.15	±0.2	±0.3	±0.5	–
m(中等级)	±0.1	±0.1	±0.2	±0.3	±0.5	±0.8	±1.2	±2
c(粗糙级)	±0.2	±0.3	±0.5	±0.8	±1.2	±2	±3	±4
v(最粗级)	–	±0.5	±1	±1.5	±2.5	±4	±6	±8

表 3.16　倒圆半径与倒角高度尺寸的极限偏差的数值

（摘自 GB/T 1804—2000）　mm

公 差 等 级	公 称 尺 寸 分 段			
	0.5 ~ 3	>3 ~ 6	>6 ~ 30	>30
f(精密级)	±0.2	±0.5	±1	±2
m(中等级)				
c(粗糙级)	±0.4	±1	±2	±4
v(最粗级)				

注:倒圆半径与倒角高度的含义参见 GB/T 6403.4《零件倒圆与倒角》。

3. 一般公差的图样表示法

一般公差在图样上只标注公称尺寸,不标注极限偏差,但应在图样标题栏附近或技术要求、技术文件(如企业标准)中注出标准号及公差等级代号。例如选取中等级时,标注为

　　　　　GB/T 1804—m

【例 3.14】　试查表确定图 3.33 零件图中线性尺寸的未注公差极限偏差数值。

解　由图 3.33 可见,该零件图中未注公差线性尺寸有 φ225、φ200、φ120、70、61、5×45°和 R3 七个,其中前五个为线性尺寸,后两个分别为倒角高度和倒圆半径,以上尺寸的公差等级,由图中技术要求可知为 f 级,即精密级。

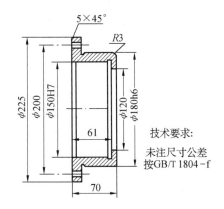

技术要求:

未注尺寸公差按GB/T 1804 -f

图 3.33　线性尺寸未注公差的标注

根据公称尺寸和 f 查表 3.15 得前五个线性尺寸的极限偏差分别为:φ225±0.2、φ200±0.2、φ120±0.15、70±0.15、61±0.15。根据倒角(高度 5 mm)和倒圆(半径 3 mm)尺寸的 f 查表 3.16 得(5±0.5)×45°和(R3±0.2)。

对于一般公差的线性尺寸是在正常车间精度保证的情况下加工出来的,所以一般可以不检验。若生产方和使用方有争议时,应以上述查得的极限偏差作为判据来判断其合

格性。

3.5　尺寸精度的检测

3.5.1　用通用计量器具测量

制造厂在车间的环境条件下,用通用计量器具测量工件,应参照 GB/T 3177—2009《光滑工件尺寸检验》进行。

1. 测量的误收与误废

由于各种测量误差的存在,若按零件的上极限尺寸、下极限尺寸验收,当零件的实际尺寸处于上或下极限尺寸附近时,有可能将本来处于零件公差带内的合格品判为废品,或将本来处于零件公差带以外的废品误判为合格品,前者称为"误废",后者称为"误收"。

测量误差越大,则误收、误废的概率也越大;反之,测量误差越小,则误收、误废的概率也越小。因此,必须正确地选择计量器具(控制一定的测量不确定度)和确定验收极限,才能更好地保证产品质量和降低生产成本。

2. 验收原则、安全裕度与验收极限的确定

由于计量器具和计量系统都存在误差,故任何测量都不能测出真值。另外,多数计量器具通常只用于测量尺寸,不测量工件上可能存在的形状误差。因此,对要求符合包容要求(其概念见本书4.3节)的尺寸,工件的完善检验还应测量形状误差(如圆度、直线度),并把这些形状误差的测量结果与尺寸的测量结果综合起来,以判定工件表面各部位是否超越最大实体尺寸 MMS(孔或轴具有材料量最多时的极限尺寸)。

考虑到车间实际情况,通常,工件的形状误差取决于加工设备及工艺装备的精度,工件合格与否,只按一次测量来判断,对于温度、压陷效应,以及计量器具和标准器的系统误差等均不进行修正,因此,任何检验都存在误判,即产生误收或误废。

然而,国家标准规定的验收原则是:所用验方方法原则上是应只接收位于规定的尺寸极限之内的工件,亦即只允许有误废而不允许有误收。

为了保证上述验收原则的实现,采取规定验收极限的方法。验收极限是检验工件尺寸时判断合格与否的尺寸界限。国标 GB/T 3177 规定:验收极限可以按照下列两种方法之一确定。

方法 1:验收极限是从规定的最大实体尺寸 MMS(孔或轴具有材料量最多时的极限尺寸)和最小实体尺寸 LMS(孔或轴具有材料量最少时的极限尺寸)分别向工件公差带内移动一个安全裕度(A)来确定的,如图3.34所示。A 值按工件公差(T)的 1/10 确定,其数值在表 3.17 中给出。

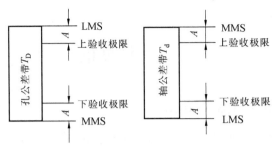

图 3.34　安全裕度 A

表 3.17　安全裕度(A)与计量器具的测量不确定度允许值(u_1)

（摘自 GB/T 3177—2009）　μm

公差等级		6					7					8					9				
公称尺寸/mm		T	A	u_1			T	A	u_1			T	A	u_1			T	A	u_1		
大于	至			I	II	III			I	II	III			I	II	III			I	II	III
—	3	6	0.6	0.54	0.9	1.4	10	1.0	0.9	1.5	2.3	14	1.4	1.3	2.1	3.2	25	2.5	2.3	3.8	5.6
3	6	8	0.8	0.72	1.2	1.8	12	1.2	1.1	1.8	2.7	18	1.8	1.6	2.7	4.1	30	3.0	2.7	4.5	6.8
6	10	9	0.9	0.81	1.4	2.0	15	1.5	1.4	2.3	3.4	22	2.2	2.0	3.3	5.0	36	3.6	3.3	5.4	8.1
10	18	11	1.1	1.0	1.7	2.5	18	1.8	1.7	2.7	4.1	27	2.7	2.4	4.1	6.1	43	4.3	3.9	6.5	9.7
18	30	13	1.3	1.2	2.0	2.9	21	2.1	1.9	3.2	4.7	33	3.3	3.0	5.0	7.4	52	5.2	4.7	7.8	12
30	50	16	1.6	1.4	2.4	3.6	25	2.5	2.3	3.8	5.6	39	3.9	3.5	5.9	8.8	62	6.2	5.6	9.3	14
50	80	19	1.9	1.7	2.9	4.3	30	3.0	2.7	4.5	6.8	46	4.6	4.1	6.9	10	74	7.4	6.7	11	17
80	120	22	2.2	2.0	3.3	5.0	35	3.5	3.2	5.3	7.9	54	5.4	4.9	8.1	12	87	8.7	7.8	13	20
120	180	25	2.5	2.3	3.8	5.6	40	4.0	3.6	6.0	9.0	63	6.3	5.7	9.5	14	100	10	9.0	15	23
180	250	29	2.9	2.6	4.4	6.5	46	4.6	4.1	6.9	10	72	7.2	6.5	11	16	115	12	10	17	26

续表 3.17

公差等级		10					11					12				13			
公称尺寸/mm		T	A	u_1			T	A	u_1			T	A	u_1		T	A	u_1	
大于	至			I	II	III			I	II	III			I	II			I	II
—	3	40	4.0	3.6	6.0	9.0	60	6.0	5.4	9.0	14	100	10	9.0	15	140	14	13	21
3	6	48	4.8	4.3	7.2	11	75	7.5	6.8	11	17	120	12	11	18	180	18	16	27
6	10	58	5.8	5.2	8.7	13	90	9.0	8.1	14	20	150	15	14	23	220	22	20	33
10	18	70	7.0	6.3	11	16	110	11	10	17	25	180	18	16	27	270	27	24	41
18	30	84	8.4	7.6	13	19	130	13	12	20	29	210	21	19	32	330	33	30	50
30	50	100	10	9.0	15	23	160	16	14	24	36	250	25	23	38	390	39	35	59
50	80	120	12	11	18	27	190	19	17	29	43	300	30	27	45	460	46	41	69
80	120	140	14	13	21	32	220	22	20	33	50	350	35	32	53	540	54	49	81
120	180	160	16	15	24	36	250	25	23	38	56	400	40	36	60	630	63	57	95
180	250	185	18	17	28	42	290	29	26	44	65	460	46	41	69	720	72	65	110

孔尺寸的验收极限为

$$上验收极限 = 最小实体尺寸(LMS) - 安全裕度(A)$$

$$下验收极限 = 最大实体尺寸(MMS) + 安全裕度(A)$$

轴尺寸的验收极限为

$$上验收极限 = 最大实体尺寸(MMS) - 安全裕度(A)$$
$$下验收极限 = 最小实体尺寸(LMS) + 安全裕度(A)$$

方法 2：验收极限等于规定的最大实体尺寸(MMS)和最小实体尺寸(LMS)，即安全裕度 A 值等于零。

验收极限方式的选择，要结合尺寸功能要求及其重要程度、尺寸公差等级、测量不确定度和工艺能力等因素综合考虑。具体原则是：

① 对符合包容要求的尺寸，公差等级高的尺寸，其验收极限按方法 1 确定。

② 工艺能力指数 $C_p \geq 1$ 时，其验收极限可以按方法 2 确定。但对要求符合包容要求的尺寸，其最大实体尺寸一边的验收极限仍按方法 1 确定。

这里的工艺能力指数 C_p 值是工件公差(T)值与加工设备工艺能力($C\sigma$)的比值，C 为常数，工件尺寸遵循正态分布 $C = 6$，σ 为加工设备的标准偏差。显然，当工件遵循正态分布时，$C_p = T/6\sigma$。

③ 对偏态分布的尺寸，其验收极限可以仅对尺寸偏向的一边按方法 1 确定。

④ 对非配合和一般的尺寸，其验收极限按方法 2 确定。

3. 计量器具的选择

为了保证测量的可靠性和量值的统一，标准中规定，按照计量器具所引起的测量不确定度允许值(u_1)选择计量器具。u_1 值约为测量不确定度 u 的 90%，u_1 值列在表 3.17 中。u_1 值大小分为 Ⅰ、Ⅱ、Ⅲ 挡，分别约为工件公差的 1/10、1/6、1/4。对于 IT6 至 IT11，u_1 值分为 Ⅰ、Ⅱ、Ⅲ 挡；对于 IT12 至 IT18，u_1 值分为 Ⅰ、Ⅱ 挡。选用时，一般情况下，优先选用 Ⅰ 挡，其次选用 Ⅱ、Ⅲ 挡。

表 3.18 和表 3.19 给出了在车间条件下，常用的千分尺、游标卡尺和比较仪的不确定度。在选择计量器具时，所选用的计量器具的不确定度应小于或等于计量器具不确定度允许值(u_1)。

【例 3.15】 被检验零件尺寸为轴 $\phi35e9$ Ⓔ，试确定验收极限、选择适当的计量器具。

解 ① 由表 3.5 查得 $\phi35e9 = \phi35^{-0.050}_{-0.112}$，画出尺寸公差带图，如图 3.35 所示。

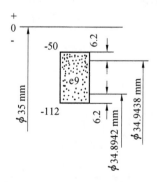

图 3.35　$\phi35e9$ 公差带图

② 由表 3.17 中查得安全裕度 $A = 6.2\ \mu m$，因为此工件尺寸遵守包容要求，应按照方法 1 的原则确定验收极限，如图 3.35 所示，则

上验收极限/mm＝$\phi35-0.050-0.006\ 2=\phi34.943\ 8$

下验收极限/mm＝$\phi35-0.112+0.006\ 2=\phi34.894\ 2$

③由表3.17中按优先选用Ⅰ挡的原则查得计量器具测量不确定度允许值 $u_1=$ 5.6 μm。由表3.18查得分度值为 0.01 mm 的外径千分尺,在尺寸范围大于 0 ~ 50 mm 内,不确定度数值为 0.004 mm,因 0.004 μm < u_1 = 0.005 6 μm,故可满足使用要求。

表 3.18 千分尺和游标卡尺的不确定度 mm

尺 寸 范 围		计 量 器 具 类 型			
		分度值 0.01 外径千分尺	分度值 0.01 内径千分尺	分度值 0.02 游标卡尺	分度值 0.05 游标卡尺
大于	至	不 确 定 度			
0	50	0.004			
50	100	0.005	0.008		0.05
100	150	0.006		0.020	
150	200	0.007			
200	250	0.008	0.013		
250	300	0.009			
300	350	0.010			
350	400	0.011	0.020		0.100
400	450	0.012			
450	500	0.013	0.025		
500	600				
600	700		0.030		
700	1000				0.150

注:当采用比较测量时,千分尺的不确定度可小于本表规定的数值,一般可减小40%。

表 3.19 比较仪的不确定度 mm

尺 寸 范 围		所 使 用 的 计 量 器 具			
		分度值为 0.000 5 (相当于放大倍数 为 2 000)的比较仪	分度值为 0.001 (相当于放大倍数 为 1 000)的比较仪	分度值为 0.002 (相当于放大倍数 为 400)的比较仪	分度值为 0.005 (相当于放大倍数 为 250)的比较仪
大于	至	不 确 定 度			
	25	0.000 6	0.001 0	0.001 7	
25	40	0.000 7			
40	65	0.000 8	0.001 1	0.001 8	0.003 0
65	90	0.000 8			
90	115	0.000 9	0.001 2	0.001 9	
115	165	0.001 0	0.001 3		
165	215	0.001 2	0.001 4	0.002 0	
215	265	0.001 4	0.001 6	0.002 1	0.003 5
265	315	0.001 6	0.001 7	0.002 2	

注:测量时,使用的标准器由4块1级(或4等)量块组成。

【例 3.15】　被检验零件为孔 $\phi150H10$ Ⓔ，工艺能力指数 $C_p=1.2$，试确定验收极限，并选择适当的计量器具。

解　① 由表 3.4 查得，$\phi150H10=\phi150^{+0.16}_{0}$，画出尺寸公差带图，如图 3.36 所示。

②由表 3.17 中查得安全裕度 $A=16\ \mu m$，因 $C_p=1.2$ >1，其验收极限可以按方法 2 确定，即一边 $A=0$，但因该零件尺寸遵守包容要求，因此其最大实体尺寸一边的验收极限仍按方法 1 确定，如图 3.26 所示，则有

上验收极限/mm $=\phi(150+0.16)=\phi150.16$

下验收极限/mm $=\phi(150+0+0.016)=\phi150.016$

③由表 3.17 中按优先选用 Ⅰ 挡的原则，查得计量器具测量不确定度允许值 $u_1=15\ \mu m$，由表 3.18 查得，分度值为 0.01 mm 的内径千分尺在尺寸 100～150 mm 范围内，不确定度为 0.008 $\mu m < u_1=0.015\ \mu m$，故可满足使用要求。

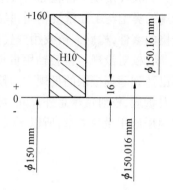

图 3.36　例 3.15 公差带图

3.5.2　用光滑极限量规检验

1. 量规的作用

光滑极限量规（以下简称量规）是一种没有刻度的定值专用检验工具。用量规检验零件时，只能判断零件是否合格，而不能测出零件的实际尺寸数值，但是对于成批、大量生产的零件来说，只要是能够判断出零件的作用尺寸和实际尺寸均在尺寸公差带以内就足够了，因此，用量规检验很方便，而且由于量规的结构简单，检验效率高，因而生产中得到了广泛应用。

图 3.37 所示为量规检验工件的示意图。量规都是成对使用的，孔用量规和轴用量规都有通规和止规。如果通规能够通过被检工件，止规不能通过被检工件，即可确定被检工件是合格品；反之，如果通规不能通过被检工件，或者止规通过了被检工件，即可确定被检工件是不合格品。检验孔的量规称为塞规；检验轴的量规称为环规或卡规。

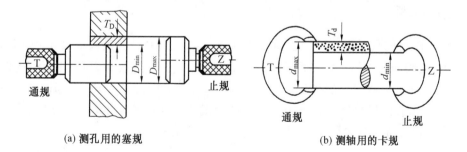

(a) 测孔用的塞规　　　　　　　　　　　(b) 测轴用的卡规

图 3.37　光滑极限量规

2. 量规的分类

根据量规的使用场合不同，量规可分为以下三类：

①工作量规。在零件制造过程中，操作者对零件进行检验所使用的量规称为工作量

规,通规用"T"表示,止规用"Z"表示。为了保证加工零件的精度,操作者应该使用新的或者磨损较小的通规。

②验收量规。检验部门或用户代表在验收产品时所使用的量规称为验收量规。验收量规的类型与工作量规相同,只是其磨损较多,但未超过磨损极限。这样,由操作者自检合格的零件,检验人员或用户代表验收时也一定合格,从而保证了零件的合格率。

③校对量规。检验轴用量规(环规或卡规)在制造时是否符合制造公差、在使用中是否已达到磨损极限的量规称为校对量规。由于轴用量规是内尺寸,不易检验,所以才设立校对量规,校对量规是外尺寸,可以用通用量仪检测。孔用量规本身是外尺寸,可以较方便地用通用量仪测量,所以不设校对量规。

习　题　三

一、思考题

1.对孔、轴结合的使用要求有哪些?为什么要制订《极限与配合》标准?其标准的基本结构如何?

2.什么是标准公差?国家标准规定了多少个标准公差等级?

3.什么是基本偏差?为什么要规定基本偏差?轴和孔的基本偏差是如何确定的?

4.什么叫配合?分为哪几类配合?各用于什么场合?

5.什么是配合制?为什么要规定配合制?为什么优先采用基孔制配合?在什么情况下采用基轴制配合?

6.选用标准公差等级的原则是什么?是否公差等级越高越好?

7.如何选用配合类别?确定配合的非基准件的基本偏差有哪些方法?

8.为什么要规定优先、常用和一般孔、轴公差带以及优先、常用配合?设计时是否一定要从中选取?

9.什么叫一般公差?未注公差的线性尺寸规定几个公差等级?在图样上如何表示?

二、作业题

1.设某配合的孔径为 $\phi 45^{+0.005}_{-0.034}$,轴径为 $\phi 45^{0}_{-0.025}$,试分别计算其极限尺寸、极限偏差、尺寸公差、极限间隙(或过盈)及配合公差,画出其尺寸公差带图,并说明其配合类别。

2.若已知某孔轴配合的公称尺寸为 $\phi 30$ mm,最大间隙 $X_{max}=+23$ μm,最大过盈 $Y_{max}=-10$ μm,孔的尺寸公差 $T_D=20$ μm,轴的上偏差 es=0,试画出其尺寸公差带图。

3.根据已经提供的数据,填写表3.20中的各项数值。

表 3.20 作业题 3 表

零件图样的要求					测量结果		结论
公称尺寸 /mm	极限尺寸 /mm	极限偏差 /μm	公差值 /μm	尺寸标注 /mm	实际尺寸 /mm	实际偏差 /μm	是否合格
孔 $\phi30$	$\phi30.028$ $\phi30.007$	ES = EI =				+12	
孔 $\phi40$		ES = EI = 0	62		$\phi40.040$		
轴 $\phi60$		es = ei =		$\phi60^{-0.010}_{-0.056}$		0	
轴 $\phi70$		es = 0 ei = −46			$\phi69.950$		

4. 已知两轴，其中 $d_1 = \phi5$ mm，其公差值 $T_{d_1} = 5$ μm，$d_2 = 180$ mm，其公差值 $T_{d_2} = 25$ μm。试比较以上两轴加工的难易程度。

5. 试用标准公差、基本偏差数值表查出下列公差带的上、下偏差数值，并写出在零件图中，采用极限偏差的标注形式。

（1）轴：①$\phi32d8$，②$\phi70h11$，③$\phi28k7$，④$\phi80p6$，⑤$\phi120v7$。

（2）孔：①$\phi40C8$，②$\phi300M6$，③$\phi30JS6$，④$\phi6J6$，⑤$\phi35P8$。

6. 查表或（和）计算下列配合的极限间隙或过盈，求出配合公差并指出配合类别。

（1）$\phi40\ \dfrac{M8}{h7}$；　（2）$\phi24\ \dfrac{H8}{f7}$；　（3）$\phi50\ \dfrac{JS6}{h5}$；　（4）$\phi12\ \dfrac{H7}{r6}$。

7. 试查标准公差和基本偏差数值表确定下列孔、轴公差带代号。

①轴 $\phi40^{+0.033}_{+0.017}$；②轴 $\phi18^{+0.046}_{+0.028}$；③孔 $\phi65^{-0.03}_{-0.06}$；④孔 $\phi240^{+0.285}_{+0.170}$。

8. 设孔、轴公称尺寸和使用要求如下：

（1）$D(d) = \phi35$ mm，$X_{max} \leqslant +120$ μm，$X_{min} \geqslant +50$ μm；

（2）$D(d) = \phi40$ mm，$Y_{max} \geqslant -80$ μm，$Y_{min} \leqslant -35$ μm；

（3）$D(d) = \phi60$ mm，$X_{max} \leqslant +50$ μm，$Y_{max} \geqslant -32$ μm。

试确定各组的配合制、公差等级及其配合，并画出尺寸公差带图。

9. 如图 3.38 所示为蜗轮零件。蜗轮的轮缘由青铜制成，而轮毂由铸铁制成。为了使轮缘和轮毂结合成一体，在设计上可以有两种结合形式，图 3.38（a）为螺钉紧固，图 3.38（b）为无紧固件。若蜗轮工作时承受负荷不大，且有一定的对中性要求，试按类比法确定 $\phi90$ mm 和 $\phi120$ mm 处的配合。

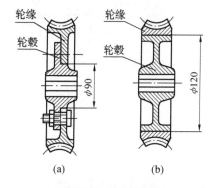

图 3.38 作业题 9 图

10. 如图 3.39 所示为一机床传动轴配合简图，齿轮 1 与轴 2 用键联接，与轴承 4 内圈配合的轴采用 $\phi50k6$，与轴承外圈配合的基座 6 采用 $\phi110J7$，试选用①、②、③处的配合代号，并说明选用的理由。

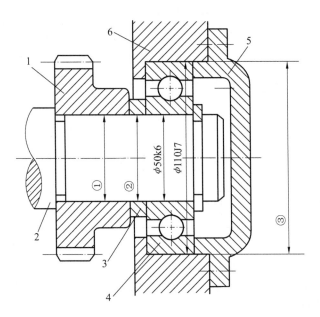

图 3.39　作业题 10 图

1—齿轮;2—轴;3—套筒;4—轴承;5—轴承端盖;6—基座

11. 如图 3.40 所示为钻床夹具简图。根据下列已知条件选择配合种类:

配合部位①的结合面处有定心要求,不可拆的固定联接;

配合部位②的结合面处有定心要求,可拆联接(钻套磨损后可更换);

配合部分③的结合面处有定心要求,安装和取出定位套时有轴向移动;

配合部位④的结合面处有导向要求,且钻头能在转动状态下进入钻套。

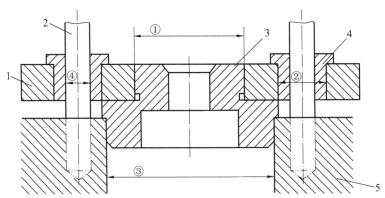

图 3.40　作业题 11 图

1—钻模板;2—钻头;3—定位套;4—钻套;5—工件

12. 被检验零件轴尺寸为 $\phi60f9$ Ⓔ,试确定验收极限,并选择适当的计量器具。

13. 被检验零件为孔 $\phi100H9$ Ⓔ,工艺能力指数为 $C_p = 1.3$,试确定验收极限,并选择适当的计量器具。

第 4 章

几何精度设计与检测

4.1 概　述

4.1.1　几何误差的产生及其影响

对机械零件几何要素规定合理的形状、方向和位置等精度(简称几何精度)要求,用以限制其形状、方向和位置误差(简称几何误差),从而保证零件的装配要求和保证产品的工作性能。

图样上给出的零件都是没有误差的理想几何体,但是,由于在加工中机床、夹具、刀具和工件所组成的工艺系统本身存在各种误差,以及加工过程中出现受力变形、振动、磨损等各种干扰,致使加工后的零件的实际形状、方向和相互位置,与理想几何体的规定形状、方向和线、面相互位置存在差异,这种形状上的差异就是形状误差,方向上的差异就是方向误差,而相互位置的差异就是位置误差,统称为几何误差。

图 4.1 为一阶梯轴图样,要求 ϕd_1 表面为理想圆柱面,ϕd_1 轴线应与 ϕd_2 左端面相垂直。图 4.2 为图 4.1 所示阶梯轴加工后的实际零件,ϕd_1 表面的圆柱度不好,ϕd_1 轴线与端面也不垂直,前者称为形状误差,后者称为方向误差。

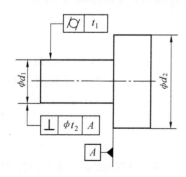

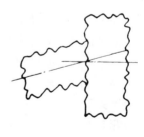

图 4.1　零件的几何公差要求　　　　　　　　图 4.2　零件的几何误差

零件的几何误差对零件使用性能的影响可归纳为以下三个方面:

1. 影响零件的功能要求

例如机床导轨表面的直线度、平面度不好,将影响机床刀架的运动精度。齿轮箱上各轴承孔存在的位置误差,将影响齿轮传动的齿面接触精度和齿侧间隙。

2. 影响零件的配合性质

例如圆柱结合的间隙配合,圆柱表面的形状误差会使间隙大小分布不均,当配合件有相对转动时,磨损加快,降低零件的工作寿命和运动精度。

3. 影响零件的自由装配性

例如轴承盖上各螺钉孔的位置不正确,在用螺栓往机座上紧固时,就有可能影响其自由装配。

总之,零件的几何误差对其工作性能的影响不容忽视,它是衡量机器、仪器产品质量的重要指标。

4.1.2　几何误差的研究对象——几何要素

任何机械零件都是由点、线、面组合而成的,这些构成零件几何特征的点、线、面称为几何要素。图4.3所示的零件就是由多种几何要素组成的。

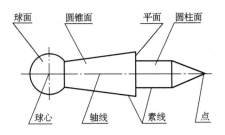

图 4.3　零件的几何要素

为了便于研究几何公差和几何误差,零件的几何要素可以按不同的角度进行分类。

1. 按结构特征分

(1)组成要素(轮廓要素)

组成要素是指零件的表面或表面上的线。例如图4.3中的球面、圆锥面、平面和圆柱面及素线。

(2)导出要素(中心要素)

导出要素是指由一个或几个组成要素得到的中心点、中心线或中心面。例如图4.3中球心是由组成要素球面得到的导出要素(中心点),轴线是由组成要素圆柱面和圆锥面得到的导出要素(中心线)。

2. 按检测关系分

(1)被测要素

被测要素是指图样上给出了几何公差要求的要素,也就是需要研究和测量的要素。如图4.1中 ϕd_1 表面及其轴线为被测要素。

被测要素按其功能要求又可分为:

①单一要素——单一要素是指对要素本身提出形状公差要求的被测要素。如图

4.1 中 ϕd_1 表面为单一要素。

②关联要素——关联要素是指相对基准要素有方向、位置或（和）跳动公差功能要求而给出方向公差和位置公差要求的被测要素。如图 4.1 中 ϕd_1 轴线为关联要素。

（2）基准要素

基准要素是指图样上规定用来确定被测要素的方向或位置的要素。理想的基准要素称为基准。如图 4.1 中 ϕd_2 的左端面为基准要素。

应当指出，基准要素按本身功能要求可以是单一要素，也可以是关联要素。

4.1.3　几何公差的几何特征、符号和附加符号

几何公差的类型、几何特征及其符号见表 4.1。

表 4.1　几何公差的几何特征符号　　　　（摘自 GB/T 1182—2008）

公差类型	几何特征项目	符　号	有无基准
形状公差	直线度	—	无
	平面度	▱	无
	圆　度	○	无
	圆柱度	⌭	无
	线轮廓度	⌒	无
	面轮廓度	⌓	无
方向公差	平行度	//	有
	垂直度	⊥	有
	倾斜度	∠	有
	线轮廓度	⌒	有
	面轮廓度	⌓	有
位置公差	位置度	⊕	有或无
	同心度（用于中心点）	◎	有
	同轴度（用于轴线）	◎	有
	对称度	⟌	有
	线轮廓度	⌒	有
	面轮廓度	⌓	有
跳动公差	圆跳动	↗	有
	全跳动	↗↗	有

几何公差分形状公差、方向公差、位置公差和跳动公差四种类型。其中形状公差是对单一要素提出的几何特征项目，因此，无基准要求；方向公差、位置公差和跳动公差是对关

联要素提出的几何特征项目,因此,在大多数情况下都有基准要求。

几何公差的附加符号见表4.2。

表4.2　几何公差的附加符号　　（摘自 GB/T 1182—2008）

说　明	符　号	说　明	符号
被测要素	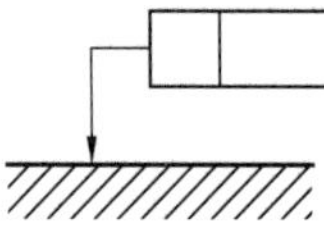	最小实体要求	Ⓛ
		自由状态条件(非刚性零件)	Ⓕ
		全周(轮廓)	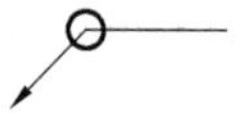 ⊙
基准要素	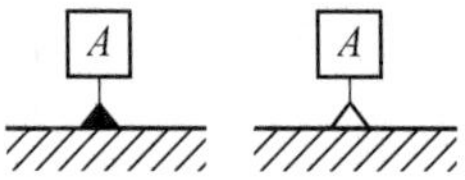 A　　A	包容要求	Ⓔ
		公共公差带	CZ
		小径	LD
基准目标	φ2/A1	大径	MD
		中径、节径	PD
理论正确尺寸	50	线素	LE
延伸公差带	Ⓟ	不凸起	NC
最大实体要求	Ⓜ	任意横截面	ACS

注:如需标注可逆要求,可采用符号Ⓡ,见 GB/T 16671。

4.2　几何公差的标注方法及几何公差带

4.2.1　几何公差的标注方法

在技术图样中,几何公差采用符号标注。进行几何公差标注时,应绘制公差框格,注明几何公差数值,并使用表4.1和表4.2中的有关符号。

1. 公差框格

用公差框格标注时,公差要求标注在划分成两格或多格的矩形框格内。框格中的内容从左至右顺序填写(图4.4):

(1)几何特征项目符号;

(2)公差值,以线性尺寸单位(mm)表示的量值。如果公差带为圆形或圆柱形,公差值前应加注符号"ϕ",如图4.4(d)所示;如果公差带为圆球形,公差值前应加注符号"$S\phi$",如图4.4(e)所示;

(3)基准符号,用一个字母表示单一基准或用几个字母表示多基准或公共基准,如图4.4(b)～(f)所示。

(4)几何公差补充要求的注写位置:

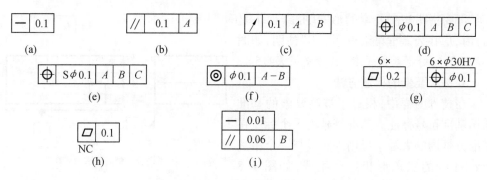

图 4.4　公差框格

当某项公差应用于几个相同被测要素时,应在公差框格的上方被测要素的尺寸之前注明被测要素的个数,并在两者之间加上符号"×",如图 4.4(g)所示;如果需要限制被测要素在公差带内的形状,应在公差框格的下方注明,如图 4.4(h)所示,"NC"为被测要素的平面度误差不允许凸起;如果需要就某个要素给出几种几何特征项目的公差,可将一个公差框格放在另一个的下面,如图 4.4(i)所示。

2. 被测要素的标注方法

(1)被测要素为组成要素的标注

用带箭头的指引线从框格的任意一侧引出,并且必须垂直该框格,它的箭头与被测要素相连。指引线引向被测要素时,可以弯折,一般只弯折一次。

当公差涉及轮廓线或轮廓面(组成要素)时,箭头指向该要素的轮廓线或其延长线(应与尺寸线明显错开),如图 4.5(a)、(b)所示;箭头也可指向引出线的水平线,引出线引自被测面,如图 4.5(c)所示。

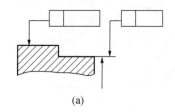
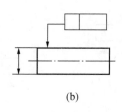
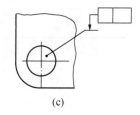

图 4.5　被测要素为组成要素

(2)被测要素为导出要素的标注

当导出的中心线、中心面或中心点有公差要求时,箭头应位于相应尺寸线的延长线上,如图 4.6(a)~(c)所示。

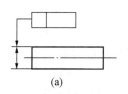
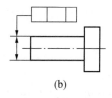
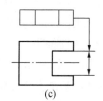

图 4.6　被测要素为导出要素

(3)被测要素为线素的标注

需要指明被测要素的形式(是线而不是面)时,应在公差框格附近用"LE"注明,如图4.7所示被测要素为线素(其含义见表4.5)。

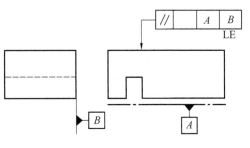

图4.7 被测要素为线素

3. 基准要素的标注方法

在技术图样中,相对于被测要素的基准采用基准符号标注。基准符号由一个标注在基准方框内的大写字母用细实线与一个涂黑(或空白)的三角形相连而组成,如图4.8(a)、(b)所示(涂黑的和空白的基准三角形含义相同)。表示基准的字母也要标注在相应被测要素的公差框格内。在图样中,无论基准要素的方向如何,基准方格中的字母都应水平书写,如图4.8(c)、(d)所示。

(1)基准要素为组成要素的标注

当基准要素是轮廓线或轮廓面(组成要素)时,基准三角形放置在要素的轮廓线或其延长线上(与尺寸线明显错开),如图4.9(a)所示。基准三角形也可放置在该轮廓面引出线的水平线上,如图4.9(b)所示。

| (a) | (b) | (c) | (d) |

图4.8 基准符号

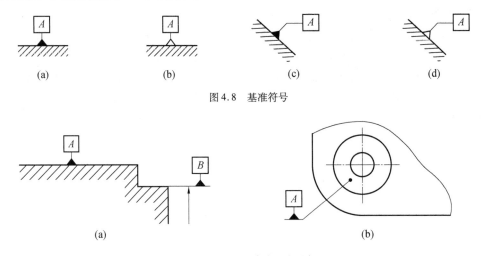

图4.9 基准要素为组成要素

(2)基准要素为导出要素的标注

当基准是导出的中心线、中心面或中心点时,基准三角形应放置在该尺寸线的延长线上,如图4.10所示。如果没有足够的位置标注基准要素尺寸的两个尺寸箭头,则其中一个箭头可用基准三角形代替,如图4.10(b)、(c)所示。

(3)基准种类

根据需要,关联要素的方向或位置由基准或基准体系来确定。基准分单一基准、公共基准(组合基准)和三基面体系三类。

单一基准是由单个要素建立的基准,用一个大写字母表示,如4.11(a)所示。

公共基准是由两个要素建立的一个组合基准,用中间加连字符的两个大字字母表示,如图4.11(b)所示。

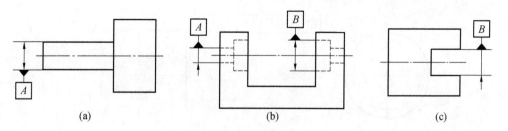

图 4.10　基准要素为导出要素

多基准是由两个或三个基准建立的基准体系,表示基准的大写字母按基准的优先顺序自左至右填写在公差框格内,如图 4.11(c)所示。

图 4.11　基准种类

4. 附加规定的标注方法

（1）全周符号的标注

如果轮廓度特征适用于横截面的整周轮廓或由轮廓所示的整周表面时,应采用全周符号表示,如图 4.12 中(a)、(c)所示。全周符号并不包括整个工件的所有表面,只包括由轮廓和公差标注所表示的各个表面,如图 4.12 中(b)、(d)所示。

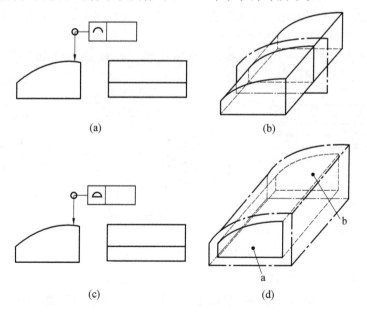

图 4.12　全周符号

注:图中长画、短画线表示所涉及的要素,不涉及图中的表面 a 和表面 b。

（2）螺纹、齿轮和花键轴线的标注

如果以螺纹轴线为被测要素或基准要素时,默认为螺纹中径圆柱的轴线,否则应另有说明,例如用"MD"表示大径,用"LD"表示小径,如图 4.13 所示。

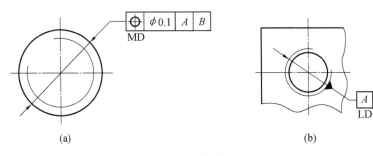

图 4.13　螺纹轴线的标注

以齿轮、花键轴线为被测要素或基准要素时,需说明所指的要素,如用"PD"表示中径或节径,用"MD"表示大径,用"LD"表示小径。

（3）限定性规定的标注

如果需要对整个被测要素上任意限定范围标注同样几何特征的公差时,可在公差值的后面加注限定范围的线性尺寸值,并在两者间用斜线隔开,如图 4.14(a)所示。

如果标注的是两项或两项以上同样几何特征的公差,可直接在整个要素公差框格的下方放置另一个公差框格,如图 4.14(b)所示。

图 4.14　框格中限定性规定

如果给出的公差仅适用于要素的某一指定局部,应采用粗点画线示出该局部的范围,并加注尺寸,如图 4.15(a)、(b)所示。

如果只以要素的某一局部做基准,则应用粗点画线示出该部分并加注尺寸,如图 4.15(c)所示。

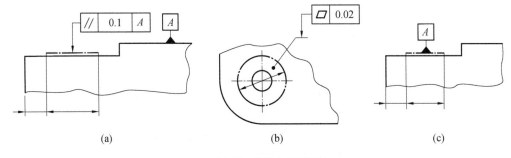

图 4.15　图样中局部限定

（4）理论正确尺寸的标注

当给出一个或一组要素的位置、方向或轮廓度公差时,分别用来确定其理论正确位置、方向或轮廓的尺寸,这种尺寸称为理论正确尺寸(TED)。理论正确尺寸没有公差,并标注在一个方框中,如图 4.16 所示。实际要素的位置、方向或轮廓由其框格中的公差限定。

（5）延伸公差带

延伸公差带的含义是将被测要素的公差带延伸到工件实体之外,控制工件外部的公差,以保证相配零件与该零件配合时能顺利装入。延伸公差带用规范的附加符号 Ⓟ 表示,并注出其延伸的范围,如图 4.17 所示。

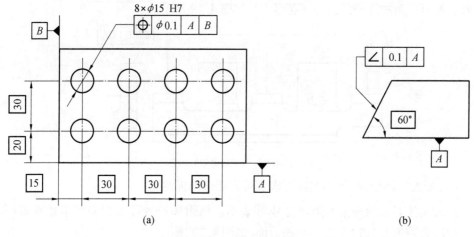

图 4.16　理论正确尺寸的标注

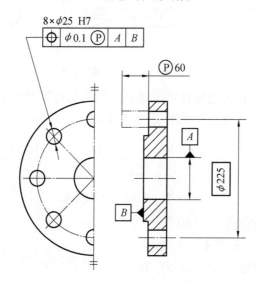

图 4.17　延伸公差带的标注

(6)简化标注

用一个公差框格可以表示具有相同几何特征和公差值的若干个分离要素,如图 4.18 所示。

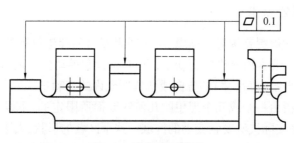

图 4.18　分离要素的标注

用一个公共公差带可以表示若干个分离要素给出的单一公差带,标注时,应在公差框格内公差值后面加注公共公差带符号 CZ,如图 4.19 所示。

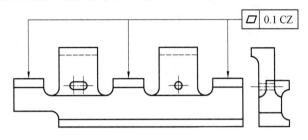

图 4.19　公共公差带的标注

(7)最大实体要求、最小实体要求和可逆要求的标注

最大实体要求用规范的附加符号 Ⓜ 表示。该附加符号可根据需要单独或者同时标注在相应公差值和(或)基准字母的后面,如图 4.20 所示。

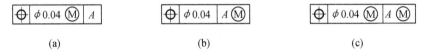

(a)　　　　　　　　(b)　　　　　　　　(c)

图 4.20　最大实体要求的标注

最小实体要求用规范的附加符号 Ⓛ 表示。该附加符号可根据需要单独或者同时标注在相应公差值和(或)基准字母的后面,如图 4.21 所示。

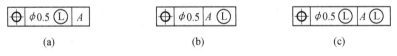

(a)　　　　　　　　(b)　　　　　　　　(c)

图 4.21　最小实体要求的标注

可逆要求用规范的附加符号 Ⓡ 表示。

当可逆要求用于最大实体要求时,应在被测要素公差框格中的公差值后面标注双重符号 Ⓜ Ⓡ,如图 4.22(a)所示。

(a)　　　　　(b)

图 4.22　可逆要求的标注

当可逆要求用于最小实体要求时,应在被测要素公差框格中的公差值后面标注双重符号 Ⓛ Ⓡ,如图 4.22(b)所示。

4.2.2　几何公差带

几何公差是实际被测要素对其理想形状、理想方向和理想位置的允许变动量。即形状公差是指实际单一要素所允许的变动量;方向、位置和跳动公差是指实际关联要素相对于基准(或基准和理论正确尺寸)的方向或位置所允许的变动量。

几何公差带是指由一个或几个理想的几何线或面所限定的、由线性公差值表示其大小的区域,它是限制实际被测要素变动的区域。这个区域的形状、大小和方位取决于被测要素和设计要求,并以此评定几何误差。若被测实际要素全部位于公差带内,则零件合格,反之则不合格。几何公差带具有形状、大小、方向和位置四个特征,该四个特征将在标注中体现出来。

公差带形状由被测要素的几何形状、几何特征项目和标注形式决定。表 4.3 列出了几何公差带的九种主要形状。

表 4.3　几何公差带的九种主要形状

形　状	说　明	形　状	说　明
	两平行直线之间的区域		一个圆柱内的区域
	两等距曲线之间的区域		两同轴线圆柱面之间的区域
	两同心圆之间的区域		两平行平面之间的区域
	一个圆内的区域		两等距曲面之间的区域
	一个圆球面内的区域		

公差带大小是用它的宽度或直径表示,由给定的公差值(t 或 ϕt)决定。

公差带方向(即公差带的宽度方向)为被测要素的法向。如另有说明时除外,如图 4.23 中斜向圆跳动公差带方向要求与基准轴线成 α 角。对于圆度公差带的方向应垂直于轴线,如图 4.23 中的圆度公差带方向垂直于圆锥的轴线。

公差带位置由基准和特征项目决定。

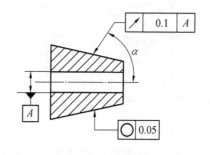

图 4.23　公差带方向不是被测要素法向的标注

被测要素的形状精度、定向精度、定位精度和跳动精度可以用一个或几个几何特征项目来控制,见表 4.1。

4.2.3　几何公差标注示例及解释

1. 形状公差

形状公差是控制被测要素为线或面的形状误差,包括直线度、平面度、圆度和圆柱度等主要几何特征项目,其标注示例及解释见表 4.4。

表 4.4   直线度、平面度、圆度和圆柱度公差标注示例及解释   （摘自 GB/T 1182—2008）

特征项目	标注示例及解释	特征项目	标注示例及解释
直线度公差	在任一平行于图示投影面的平面内,上平面的提取(实际)线应限定在间距等于0.1的两平行直线之间 — 0.1 提取(实际)的棱边应限定在间距等于0.1的两平行平面之间 — 0.1 外圆柱面的提取(实际)中心线应限定在直径等于 $\phi0.08$ 的圆柱面内 — $\phi0.08$	平面度公差 圆度公差 圆柱度公差	提取(实际)表面应限定在间距等于0.08的两平行平面之间 ▱ 0.08 在圆柱面和圆锥面的任意横截面内,提取(实际)圆周应限定在半径差等于0.03的两共面同心圆之间 ○ 0.03 提取(实际)圆柱面应限定在半径差等于0.1的两同轴圆柱面之间 ⌭ 0.1

2. 方向公差

方向公差是控制被测要素为线或面的方向误差。方向公差有平行度、垂直度和倾斜度等主要几何特征项目。方向公差是指实际关联要素相对于基准要素的理想方向的允许变动量。因为方向公差有基准要求,所以它们有:被测要素为平面,基准要素也为平面(面对面);被测要素为平面,基准要素为直线(面对线);被测要素为直线,基准要素为平面(线对面);被测要素为直线,基准要素也为直线(线对线)四种形式。

方向公差能把同一被测要素的形状误差控制在方向公

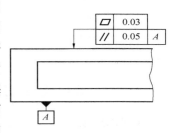

图 4.24   对某一被测要素同时有定向公差和形状公差要求的示例

差范围内。因此,对某一被测要素给出方向公差后,仅在对其形状精度有进一步要求时,才另外给出形状公差,但形状公差值必须小于方向公差值,如图 4.24 所示。

常用平行度、垂直度和倾斜度公差标注示例及解释见表 4.5。

表 4.5　常用平行度、垂直度和倾斜度公差标注示例及解释　　　　　　(摘自 GB/T 1182—2008)

特征项目	标注示例及解释	特征项目	标注示例及解释
平行度公差	面对基准面的平行度公差 — 提取(实际)表面应限定在间距等于 0.1、平行于基准 D 的两平行平面之间 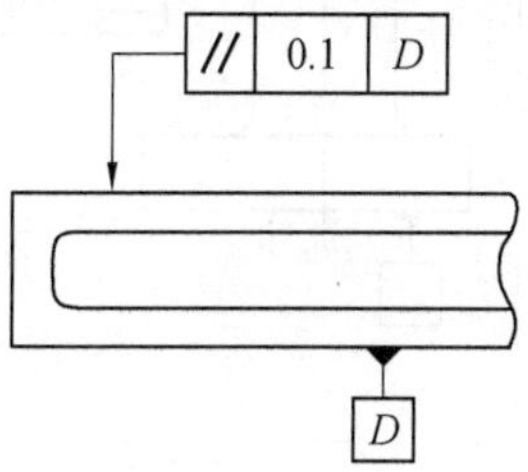	线对基准线的平行度公差 — 提取(实际)中心线应限定在平行于基准轴线 A、直径等于 φ0.03 的圆柱面内 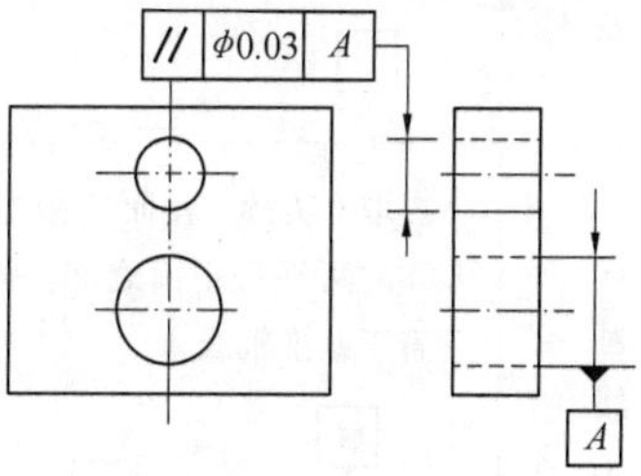
	面对基准线的平行度公差 — 提取(实际)表面应限定在间距等于 0.1、平行于基准轴线 C 的两平行平面之间 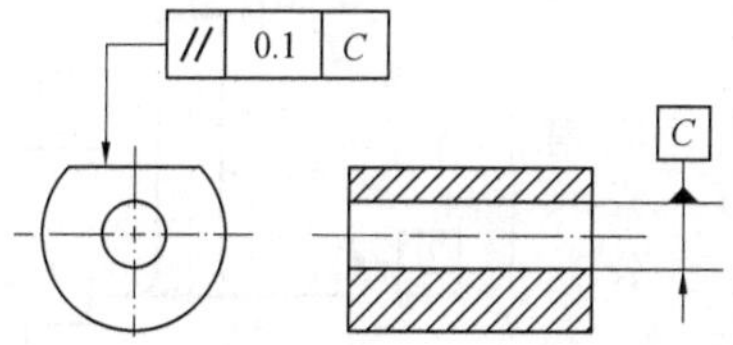	线对基准体系的平行度公差 — 提取(实际)中心线应限定在间距等于 0.1、平行于基准轴线 A 和基准平面 B 的两平行平面之间 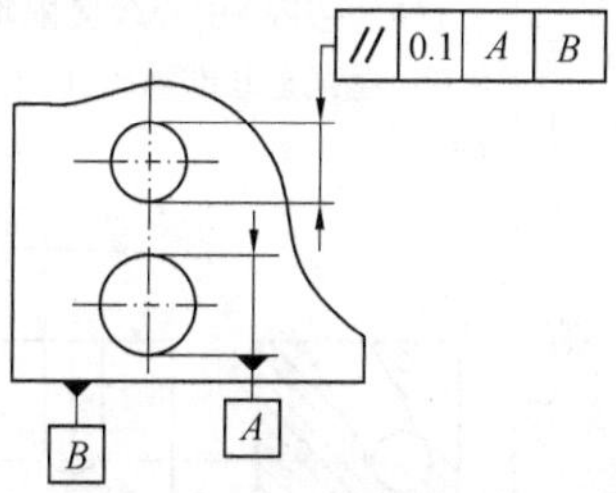
	线对基准面的平行度公差 — 提取(实际)中心线应限定在平行于基准平面 B、间距等于 0.01 的两平行平面之间 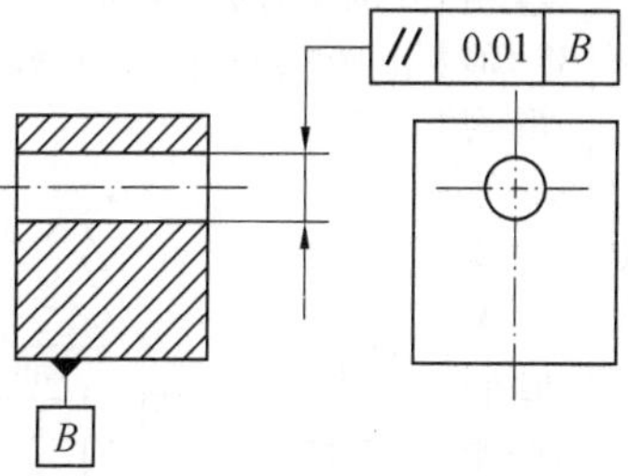	线对基准体系的平行度公差 — 提取(实际)线应限定在间距等于 0.02 的两平行直线之间。该两平行直线平行于基准平面 A、且处于基准平面 B 的平面内 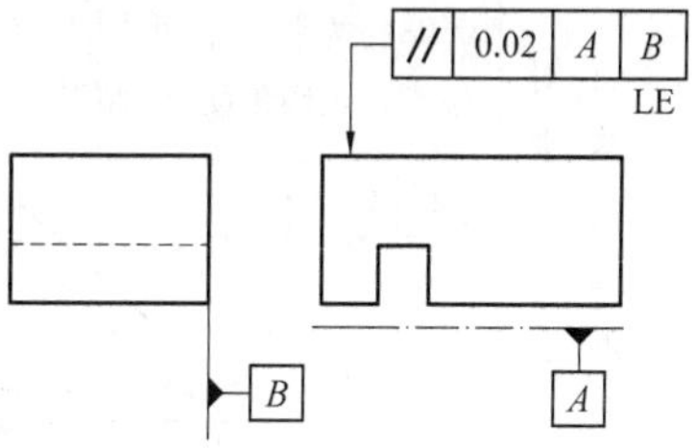

续表 4.5

特征项目		标注示例及解释	特征项目		标注示例及解释
垂直度公差	面对基准面的直度公差	提取(实际)表面应限定在间距等于0.08、垂直于基准平面 A 的两平行平面之间 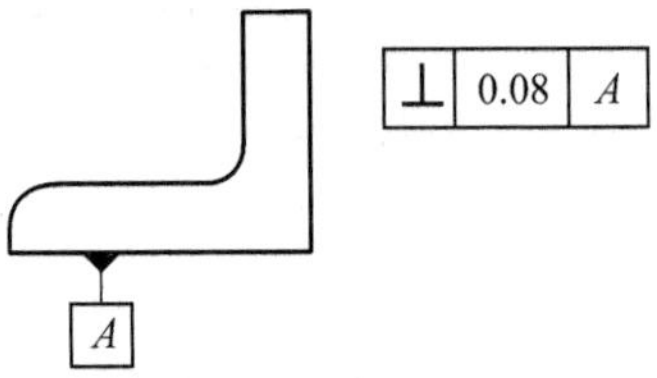 ⊥ 0.08 A A	垂直度公差	线对基准面的直度公差	圆柱面的提取(实际)中心线应限定在直径等于 $\phi0.01$、垂直于基准平面 A 的圆柱面内 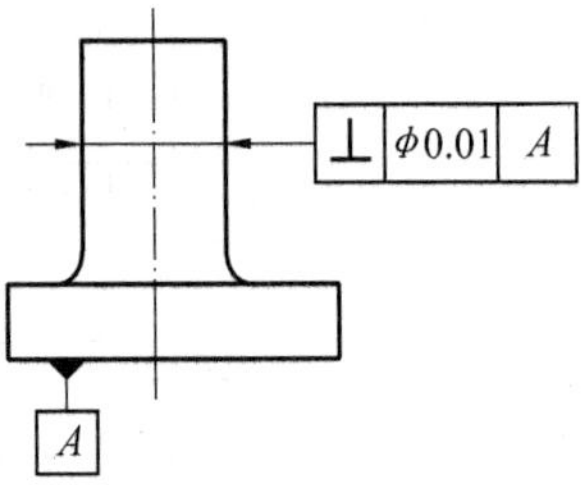 ⊥ $\phi0.01$ A A
	面对基准线的直度公差	提取(实际)表面应限定在间距等于0.08的两平行平面之间。该两平行平面垂直于基准轴线 A A ⊥ 0.08 A 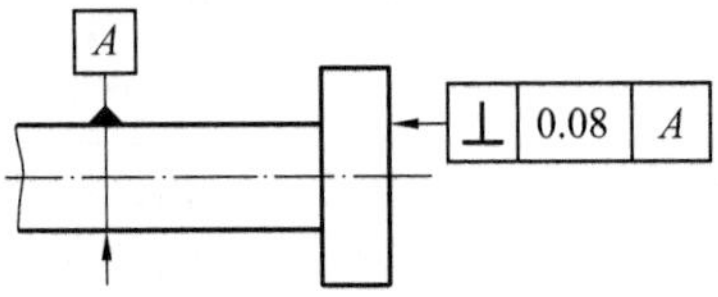		线对基准体系的垂直度公差	圆柱面的提取(实际)中心线应限定在间距等于0.1的两平行平面之间。该两平行平面垂直于基准平面 A,且平行于基准平面 B 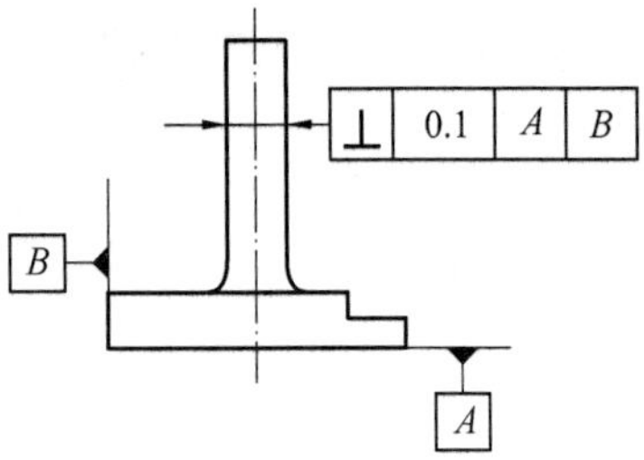 ⊥ 0.1 A B B A
	线对基准线的直度公差	提取(实际)中心线应限定在间距等于0.06、垂直于基准轴线 A 的两平行平面之间 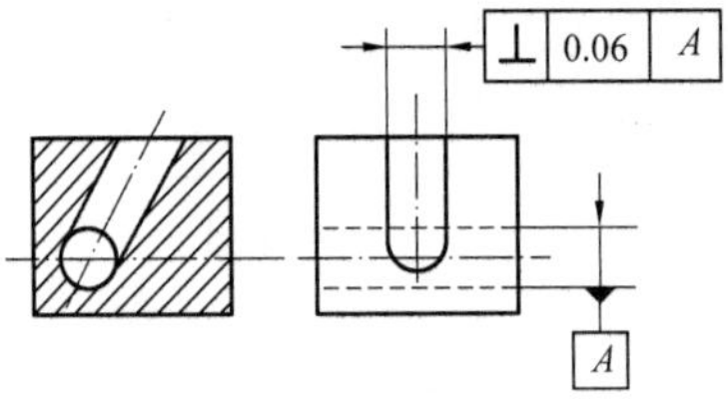 ⊥ 0.06 A A			
倾斜度公差	面对基准面的斜度公差	提取(实际)表面应限定在间距等于0.08的两平行平面之间。该两平行平面按理论正确角度40°倾斜于基准平面 A ∠ 0.08 A 40° A 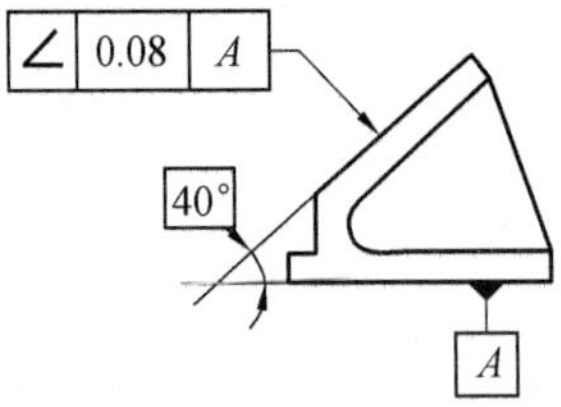	倾斜度公差	线对基准线的倾斜度公差(被测线与基准线在同一平面上)	提取(实际)中心线应限定在间距等于0.08的两平行平面之间。该两平行平面按理论正确角度60°倾斜于公共基准轴线 $A-B$ 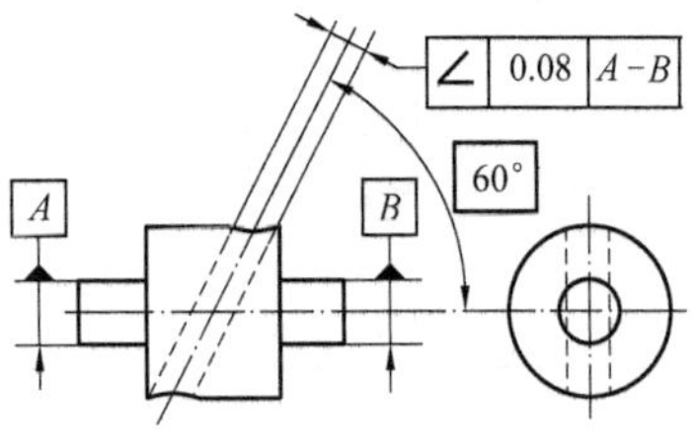 ∠ 0.08 $A-B$ A B 60°

3. 位置公差

位置公差主要有同心度、同轴度、对称度和位置度等几何特征项目。

常用同轴度、同心度、对称度和位置度标注示例及解释见表4.6。

表4.6　常用同心度、同轴度、对称度和位置度公差标注示例及解释

（摘自 GB/T 1182—2008）

特征项目		标注示例及解释	特征项目		标注示例及解释
同心度公差	点的心公度差	在任意横截面（ACS）内，内圆的提取（实际）中心应限定在直径等于于 $\phi0.1$，以基准点 A 为圆心的圆周内 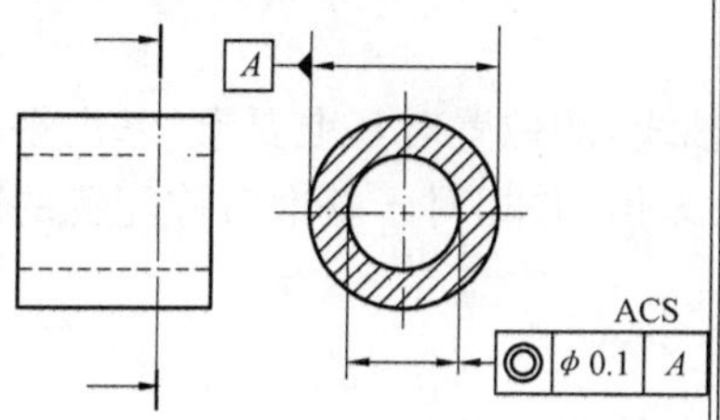 	点的位置度公差		提取（实际）球心应限定在直径等于 $S\phi0.3$ 的圆球面内。该圆球面的中心由基准平面 A、基准平面 B、基准中心平面 C 和理论正确尺寸30、25确定 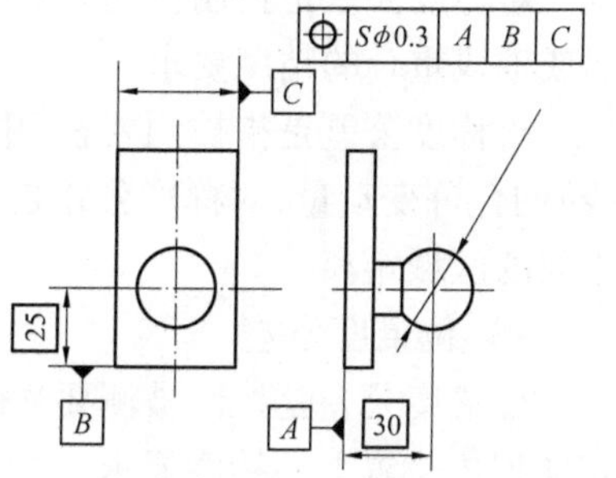
同轴度公差	轴线的轴度公差	大圆柱面的提取（实际）中心线应限定在直径等于 $\phi0.1$、以基准轴线 A 为轴线的圆柱面内 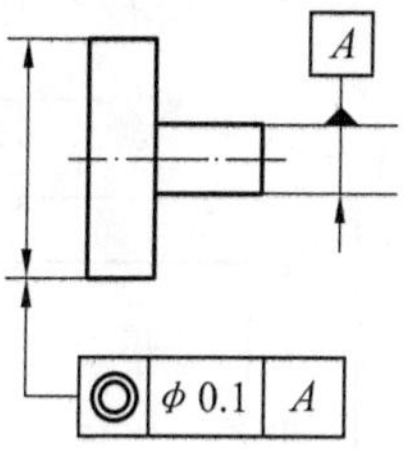 	位置度公差	线的位置度公差	各条刻线的提取（实际）中心线应限定在间距等于0.1、对称于基准平面 A、B 和理论正确尺寸25、10确定的理论正确位置的两平行平面之间 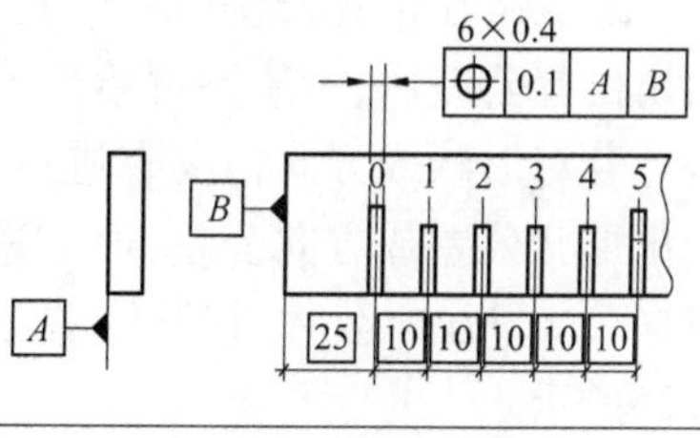
位置度公差	中心面的对称度公差	提取（实际）中心面应限定在间距等于0.08、对称于公共基准中心平面 $A-B$ 的两平行平面之间 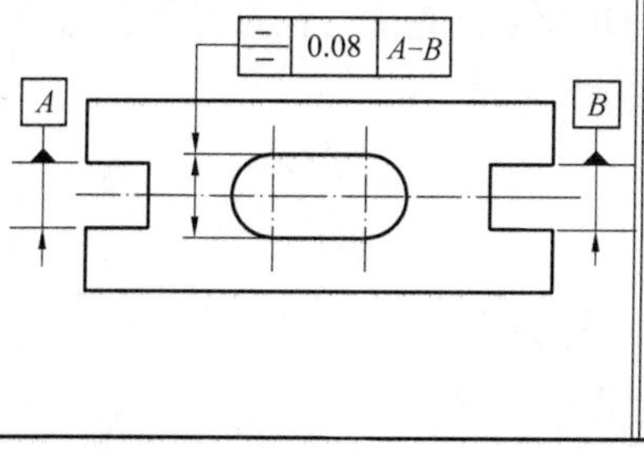 		轮廓平面的位置度公差	提取（实际）表面应限定在间距等于0.05、且对称于被测面的理论正确位置的两平行平面之间。该两平行平面对称于由基准平面 A、基准轴线 B 和理论正确尺寸15、理论正确角度105°确定的理论正确位置 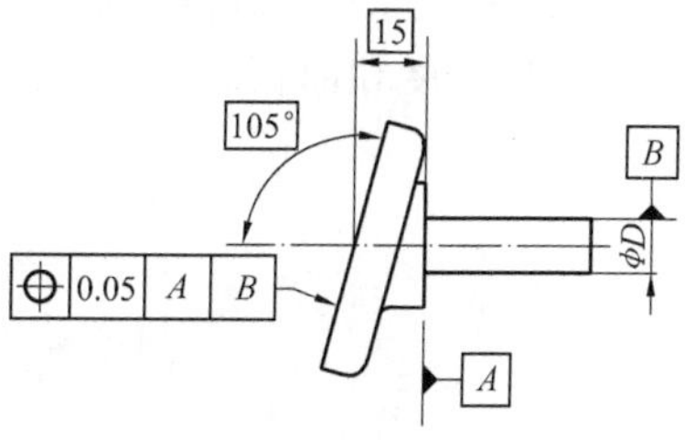

（1）同心度和同轴度公差

同心度公差是控制被测要素为圆心，即被测圆心与基准圆心重合程度的精度要求。

点的同心度公差是指被测圆心对基准圆心的允许变动量，即与基准圆心同心圆的直径。

同轴度公差是控制被测要素（圆柱面和圆锥面的）为轴线，即被测轴线与基准轴线重合程度的精度要求。

线的同轴度公差是指被测轴线对基准轴线的允许变动量，即与基准轴线同轴线的圆柱面的直径。

（2）对称度公差

对称度公差是控制被测要素的中心平面或轴线，即被测的中心平面或轴线与基准平面或轴线重合的精度要求。

对称度公差是指被测要素（中心平面或轴线）的位置对基准要素（基准平面或基准轴线）的允许变动量，对称度公差是指距离为公差值，并相对于基准对称配置的两平行平面之间的区域距离。

（3）位置度公差

位置度公差是控制被测要素的点、线或面，被测要素相对于基准和理论正确尺寸所确定的理想位置上的精度要求。

位置度公差是指被测要素的实际位置对其理想位置的允许变动量，位置度公差相对于理想位置对称配置。

位置公差能把同一被测要素形状误差和方向误差都控制在位置公差内。因此，对某一被测要素给出位置公差后，一般不再给出形状公差和方向公差。若对形状或方向精度有进一步要求时，才另行给出形状公差或方向公差，而应遵守形状公差小于方向公差，方向公差小于位置公差的原则，如图4.25所示。

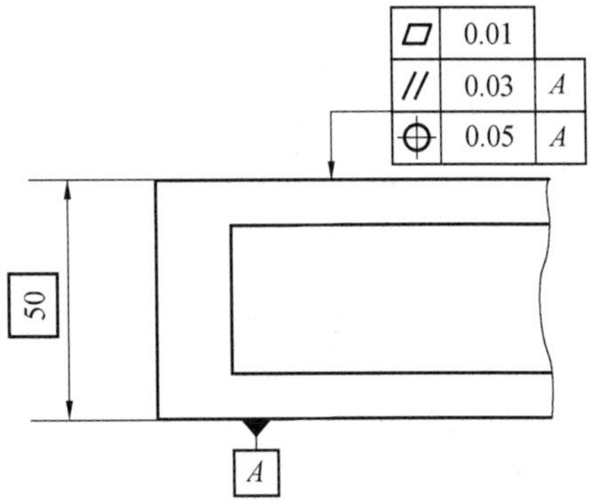

4. 轮廓度公差

轮廓度公差是控制被测要素的为曲线或曲面的轮廓度误差。轮廓度公差分线轮廓度和面轮廓度公差两种几何特征项目。

图4.25 对同一被测要素同时给出形状、方向和位置公差

无基准要求的轮廓度公差为形状公差，有基准要求的轮廓公差为方向公差或位置公差。

线轮廓度和面轮廓度公差标注示例及解释见表4.7。

表 4.7　线、面轮廓度公差标注示例及解释　（摘自 GB/T 1182—2008）

特征项目			标注示例及解释	特征项目			标注示例及解释
线轮廓度公差	无基准的线轮廓度公差		在任一平行于图示投影面的截面内，提取(实际)轮廓线应限定在直径等于0.04，圆心位于被测要素理论正确几何形状上的一系列圆的两包络线之间 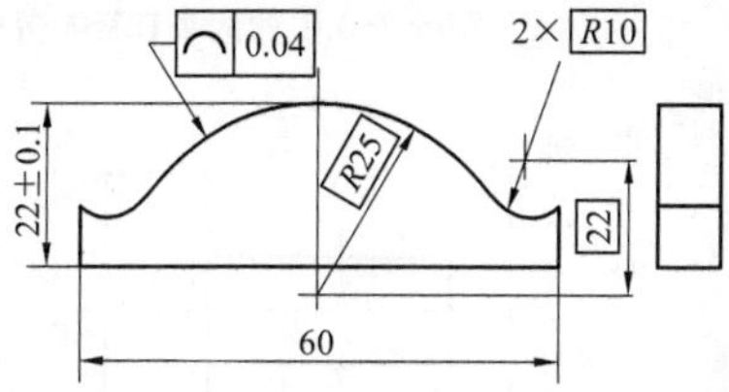	面轮廓度公差	无基准的面轮廓度公差		提取(实际)轮廓面应限定在直径等于0.02，球心位于被测要素理论正确几何形状上的一系列圆球的两等距包络面之间 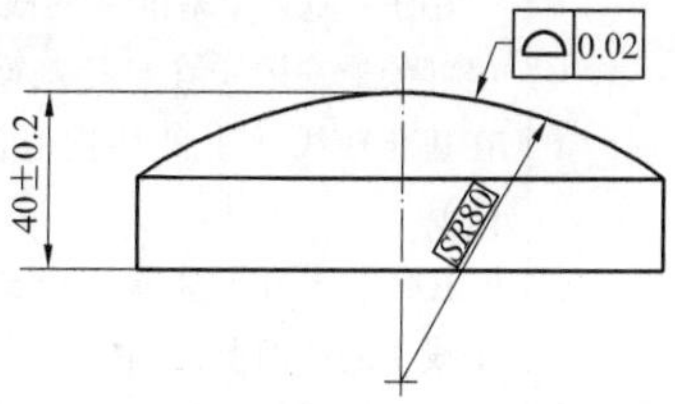
	相对于基准体系的线轮廓度公差		在任一平行于图示投影平面的截面内，提取(实际)轮廓线应限定在直径等于0.04、圆心位于由基准平面 A 和基准平面 B 确定的被测要素理论正确几何形状上的一系列圆的两等距包络线之间 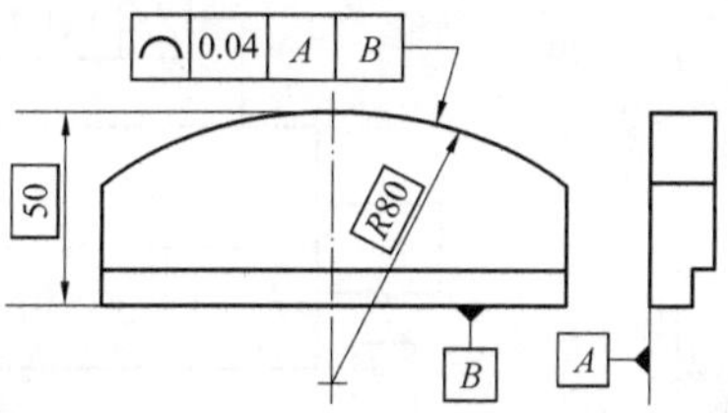		相对于基准的面轮廓公差		提取(实际)轮廓面应限定在直径等于0.1、球心位于由基准平面 A 确定的被测要素理论正确几何形状上的一系列圆球的两等距包络面之间 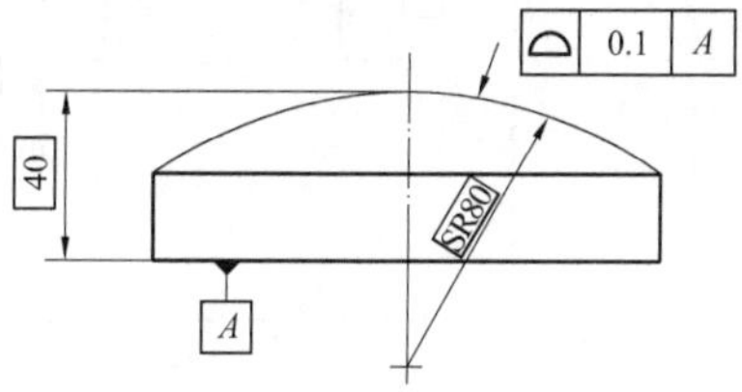

5. 跳动公差

跳动公差是按特定的测量方法定义的综合几何公差。

跳动公差是控制被测要素为圆柱体的圆柱面、端面，圆锥体的圆锥面和曲面等组成要素(轮廓要素)。跳动公差的基准要素为轴线。

跳动公差分圆跳动和全跳动。

（1）圆跳动

圆跳动是指实际被测的组成要素(轮廓要素)绕基准轴线在无轴向移动的条件下转一转过程中，由固定的指示表在给定的测量方向上对该实际被测要素测得的最大与最小示值之差。圆跳动公差是指上述测得示值之差的允许变动量。

根据测量方向，圆跳动分为径向圆跳动(测杆轴线垂直于基准轴线)、轴向圆跳动(测杆轴线平行于基准轴线)和斜向圆跳动(测杆轴线倾斜于基准轴线)。

（2）全跳动

全跳动是指实际被测的组成要素(轮廓要素)绕基准轴线在无轴向移动的条件下连续旋转，并且指示表与实际被测要素做相对运动过程中，由指示表在给定的测量方向上对该实际被测要素测得的最大与最小示值之差。全跳动公差是指上述测得示值之差的允许变动量。

全跳动公差分为径向全跳动和轴向全跳动。

常用跳动公差标注示例及解释见表4.8。

表4.8　常用跳动公差标注示例及解释　　（摘自 GB/T 1182—2008）

特征项目	标注示例及解释	特征项目	标注示例及解释
圆跳动公差 — 径向圆跳动公差	在任一垂直于基准 A 的横截面内,提取（实际）圆应限定在半径差等于 0.1,圆心在基准轴线 A 上的两同心圆之间,见图(a) 在任一平行于基准平面 B、垂直于基准轴线 A 的截面上,提取（实际）圆应限定在半径差等于 0.1,圆心在基准轴线 A 上的两同心圆之间,见图(b) (a)　　(b)	圆跳动公差 — 斜向圆跳动公差	在与基准轴线 C 同轴线的任一圆锥截面上,提取（实际）线应限定在素线方向间距等于 0.1 的两个直径不等的圆之间
圆跳动公差 — 轴向圆跳动公差	在与基准轴线 D 同轴线的任一圆柱形截面上,提取（实际）圆应限定在轴向距离等于 0.1 的两个等直径圆之间	全跳动公差 — 径向全跳动公差	提取（实际）表面应限定在半径差等于 0.1,与公共基准轴线 A–B 同轴线的两圆柱面之间
		全跳动公差 — 轴向全跳动公差	提取（实际）表面应限定在间距等于 0.1、垂直于基准轴线 D 的两平行平面之间

跳动公差能综合控制同一被测要素的形状、方向和位置误差。例如径向圆跳动公差可以同时控制同轴度误差和圆度误差;径向全跳动公差可以同时控制同轴度误差和圆柱度误差;轴向全跳动公差可以同时控制端面对基准轴线的垂直度误差和平面度误差。

对某要素采用跳动公差时,若不能满足功能要求时,则可另行给出形状、方向和位置公差,其公差值应遵循形状公差小于方向公差,方向公差小于位置公差,位置公差小于跳动公差的原则。

4.3 公差原则与公差要求

机械零件的同一被测要素既有尺寸公差要求,又有几何公差要求,处理两者之间关系的原则,称为公差原则。按照几何公差与尺寸公差有无关系,将公差原则分为独立原则和相关要求。

4.3.1 有关公差原则的一些术语和定义

1. 体外作用尺寸(EFS)

体外作用尺寸(EFS)是指在被测要素的给定长度上,与实际内表面(孔)体外相接的最大理想面(最大理想轴)或与外表面(轴)体外相接的最小理想面(最小理想孔)的直径或宽度。内、外表面(孔、轴)的体外作用尺寸分别用符号 D_{fe}、d_{fe} 表示,如图 4.26(a)所示为单一要素的体外作用尺寸。

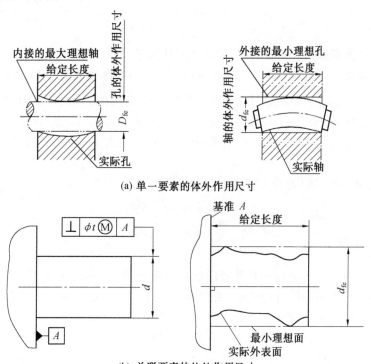

(a) 单一要素的体外作用尺寸

(b) 关联要素的体外作用尺寸

图 4.26 体外作用尺寸

对于关联要素,体现其体外作用尺寸理想面的轴线(或中心平面),必须与基准保持图样上规定的方向或位置关系。例如图 4.26(b)所示体现理想面的轴线必须垂直基准平面 A。

由图 4.26 可见,有几何误差 $f_{几何}$ 的内表面(孔)的体外作用尺寸小于其实际尺寸,有几何误差 $f_{几何}$ 的外表面(轴)的体外作用尺寸大于其实际尺寸,可表示为

$$D_{fe} = D_a - f_{几何} \tag{4.1}$$

$$d_{fe} = d_a + f_{几何} \tag{4.2}$$

2. 最大实体状态(MMC)和最大实体尺寸(MMS)

最大实体状态(MMC)是指实际要素在给定长度上处处位于尺寸公差带内并具有实体最大(即材料最多、重量最重)的状态。实际要素在最大实体状态下的极限尺寸称为最大实体尺寸 MMS。内、外表面(孔、轴)的最大实体尺寸分别用符号 D_M、d_M 表示。

内、外表面(孔、轴)的最大实体尺寸分别为

$$D_M = D_{min} \tag{4.3}$$

$$d_M = d_{max} \tag{4.4}$$

3. 最小实体状态(LMC)和最小实体尺寸(LMS)

最小实体状态(LMC)是指实际要素在给定长度上处处位于尺寸公差带内并具有实体最小(即材料最少、重量最轻)的状态。实际要素在最小实体状态下的极限尺寸称为最小实体尺寸(LMS)。内、外表面(孔、轴)的最小实体尺寸分别用符号 D_L、d_L 表示。

内、外表面(孔、轴)的最小实体尺寸分别为

$$D_L = D_{max} \tag{4.5}$$

$$d_L = d_{min} \tag{4.6}$$

4. 最大实体实效状态(MMVC)和最大实体实效尺寸(MMVS)

最大实体实效状态(MMVC)是指在给定长度上,实际要素处于最大实体状态(具有最大实体尺寸)且其导出要素(中心要素)的几何误差 $f_{几何}$ 等于图样上给出公差值 $t_{几何}$ Ⓜ 时的综合极限状态,如图 4.20(a)、(c)所示。在最大实体实效状态下的体外作用尺寸称为最大实体实效尺寸(MMVS),内、外表面(孔、轴)的最大实体实效尺寸分别用符号 D_{MV}、d_{MV} 表示。

内、外表面(孔、轴)的最大实体实效尺寸可表示为

$$D_{MV} = D_M - t_{几何} Ⓜ \tag{4.7}$$

$$d_{MV} = d_M + t_{几何} Ⓜ \tag{4.8}$$

5. 边界

边界是指由设计给定的具有理想形状的极限包容面(圆柱面或两平行平面)。单一要素的边界没有方向和位置的约束,关联要素的边界应与基准保持图样上给定的方向或位置关系。该极限包容面的直径或宽度称为边界尺寸(BS)。

根据设计要求,按照边界尺寸分为:最大实体边界(MMB)、最小实体边界(LMB)、最大实体实效边界(MMVB)三种。例如,最大实体边界(MMB)是指具有理想形状且边界尺寸为最大实体尺寸(MMS)的包容面,要素的实际轮廓不得超出 MMB。

【例 4.1】 按图 4.27(a)、(b)(该图中几何公差值后面省略标注了 Ⓜ)加工轴、孔零件,测得直径尺寸为 $\phi16$,其轴线的直线度误差为 $\phi0.02$;按图 4.27(c)、(d)(该图中几何公差值后面省略标注了 Ⓜ)加工轴、孔零件,测得直径尺寸为 $\phi16$,其轴线的垂直度误差为 $\phi0.08$。试求出最大实体尺寸、最小实体尺寸、体外作用尺寸、最大实体实效尺寸。

解 (1)按图 4.27(a)加工零件,根据有关公式可计算出:$d_M/mm = d_{max}/mm = 16$;$d_L/mm = d_{min}/mm = 16 + (-0.07) = 15.93$;$d_{fe}/mm = d_a + f_{几何} = 16 + 0.02 = 16.02$;

$$d_{MV}/\mathrm{mm}=d_{M}+t_{\text{几何}}\;Ⓜ=16+0.04=16.04_{\circ}$$

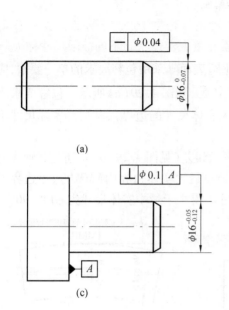

(a)

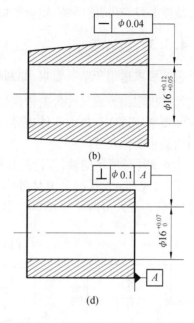

(b)

(c)

(d)

图 4.27　例 4.1 图

（2）按图 4.27（b）加工零件，同理可算出：

$$D_{M}/\mathrm{mm}=D_{\min}/\mathrm{mm}=16.05;$$

$$D_{L}/\mathrm{mm}=D_{\max}/\mathrm{mm}=16.12;$$

$$D_{\mathrm{fe}}/\mathrm{mm}=D_{\mathrm{a}}-f_{\text{几何}}=16-0.02=15.98$$

$$D_{MV}/\mathrm{mm}=D_{M}-t_{\text{几何}}\;Ⓜ=16.05-0.04=16.01$$

（3）按图 4.27（c）加工零件，同理可算出：$d_{M}=15.95$ mm；$d_{L}=15.88$ mm；$d_{\mathrm{fe}}=$ 16.08 mm；$d_{MV}=16.05$ mm。

（4）按图 4.27（d）加工零件，可得：$D_{M}=16$ mm；$D_{L}=16.07$ mm；$D_{\mathrm{fe}}=15.92$ mm；$D_{MV}=$ 15.9 mm。

4.3.2　独立原则

独立原则是确定尺寸公差和几何公差相互关系应遵循的基本原则。图样上给定的尺寸公差与几何公差要求均是各自独立，彼此无关，应分别满足各自的公差要求。

图 4.28 为独立原则的示例。轴的局部实际尺寸应在上极限尺寸与下极限尺寸之间，即 $\phi149.96 \sim \phi150$ 之间，轴的素线直线度误差不得超过 0.012，其圆度误差不得超过 0.008。

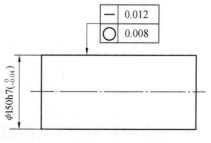

图 4.28　独立原则

独立原则一般用于对零件的几何公差有其特殊的功能要求的场合。例如,机床导轨的直线度公差、平行度公差,检验平板的平面度公差等。

4.3.3 包容要求

包容要求适用于单一要素,如圆柱表面或两平行表面。采用包容要求的单一要素,应在其尺寸极限偏差或尺寸公差带代号之后加注符号 Ⓔ,如图4.29(a)所示。包容要求表示实际要素应遵守其最大实体边界(即尺寸为最大实体尺寸的边界),其局部实际尺寸不得超出最小实体尺寸。

图4.29(a)所示的轴,不论是其圆柱表面有形状误差(见图4.29(b)),还是其轴线有形状误差(见图4.29(c)),其体外作用尺寸均必须在最大实体边界内(MMB),该边界的尺寸(BS)为最大实体尺寸 $\phi 150$。其局部实际尺寸不得小于最小实体尺寸为 $\phi 149.96$。

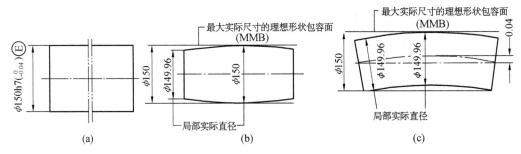

图4.29 包容要求

对轴或孔有包容要求时,其合格判据由式(4.9)~式(4.12)给出。

其中轴的合格判据由式(4.9)或式(4.10)给出

$$\begin{cases} d_{fe} \leqslant d_M \\ d_a \geqslant d_L \end{cases} \tag{4.9}$$

将式(4.2)、(4.4)、(4.6)分别代入式(4.9),则

$$\begin{cases} d_{fe} = d_a + f_{形} \leqslant d_M = d_{max} \\ d_a \geqslant d_L = d_{min} \end{cases} \tag{4.10}$$

孔的合格判据由式(4.11)或式(4.12)给出

$$\begin{cases} D_{fe} \geqslant D_M \\ D_a \leqslant D_L \end{cases} \tag{4.11}$$

将式(4.1)、(4.3)、(4.5)分别代入式(4.11),则

$$\begin{cases} D_{fe} = D_a - f_{形} \geqslant D_M = D_{min} \\ D_a \leqslant D_L = D_{max} \end{cases} \tag{4.12}$$

【例4.2】 按尺寸 $\phi 50_{-0.039}^{0}$ Ⓔ 加工一个轴,图样上该尺寸按包容要求加工,加工后测得该轴的实际尺寸 $d_a = \phi 49.97$ mm,其轴线直线度误差 $f_{形} = \phi 0.02$ mm,判断该零件是否合格。

解 按包容要求来判断。

依题意可得 $d_{max} = \phi 50$ mm, $d_{min} = \phi 49.961$ mm

由式(4.10)

$$d_{fe}/mm = d_a + f_形 = \phi 49.97 + \phi 0.02 = \phi 49.99 < d_M = d_{max} = \phi 50 \ mm$$

$$d_a/mm = \phi 49.97 \ mm > d_L = d_{min} = \phi 49.961 \ mm$$

满足式(4.10),故该零件合格。

【例 4.3】 按尺寸 $\phi 50^{+0.039}_{0}$ Ⓔ加工一个孔,图样上该尺寸按包容要求加工,加工后测得该孔实际尺寸 $D_a = \phi 50.02 \ mm$,其轴线直线度误差 $f_形 = \phi 0.01 \ mm$,判断该零件是否合格。

解　按包容要求来判断。

依题意可得　　　　　　　$D_{max} = \phi 50.039 \ mm, \quad D_{min} = \phi 50 \ mm$

由式(4.12)

$$D_{fe}/mm = D_a - f_形 = \phi 50.02 - \phi 0.01 = \phi 50.01 > D_M/mm = D_{min}/mm = \phi 50$$

$$D_a/mm = \phi 50.02 < D_L/mm = D_{max}/mm = \phi 50.039$$

满足式(4.12),故该零件合格。

包容要求常常用于有配合性质要求的场合,若配合的轴、孔均采用包容要求,则不会因为轴、孔的形状误差影响配合性质。

4.3.4　最大实体要求

最大实体要求适用于中心要素有几何公差的综合要求的情况。它是控制被测要素的实际轮廓处于其最大实体实效边界(即尺寸为最大实体实效尺寸的边界)之内的一种公差要求。当其实际尺寸偏离最大实体尺寸时,允许其中心要素的几何误差值超出给出的公差值。最大实体要求既适用于被测要素也适用于基准要素,此时应在图样上标注符号Ⓜ,标注示例如图 4.20 所示。

当其中心要素的几何误差小于给出的几何公差,又允许其实际尺寸超出最大实体尺寸时,即允许几何公差补偿给尺寸公差,称为可逆要求,可将可逆要求应用于最大实体要求。此时应在其几何公差框格中最大实体要求的符号Ⓜ后标注符号Ⓡ。具体标注示例如图 4.22(a)所示。

应注意,可逆要求不能单独使用,必须与最大实体要求(或最小实体要求)一起使用,它是最大实体要求(或最小实体要求)的附加要求,表示尺寸公差可以在实际几何误差小于几何公差之间的差值范围内增大。

图 4.30 为最大实体要求应用于被测要素为单一要素的例子。当轴的实际尺寸偏离最大实体状态时,直线度公差可以得到尺寸的补偿,偏离多少补偿多少。例如,轴的实际

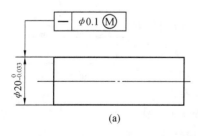

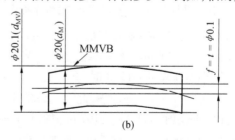

图 4.30　最大实体要求

尺寸 $d_a = \phi19.98$，则此时直线度公差应该为

t/mm = 给定值+补偿值 = $\phi0.1 + (\phi20 - \phi19.98) = \phi0.1 + \phi0.02 = \phi0.12$

显然，允许最大的几何公差值为轴的实际尺寸等于最小实体尺寸时，即

t_{max}/mm = 给定值+最大补偿值 = $\phi0.1 + (\phi20 - \phi19.967) = \phi0.1 + \phi0.033 = \phi0.133$

对轴或孔有最大实体要求时，按 GB/T 8069—1998《功能量规》国家标准设计的综合量规检验。

当被测要素采用最大实体要求，且几何公差为零时，则称为"零几何公差"，它是最大实体要求的特例，如图4.31所示。

零几何公差适合于被测要素是单一要素，包容要求适合于被测要素是关联要素。关联要素采用最大实体要求的零几何公差标注时，要求其实际轮廓处处不得超越最大实体边界，且该边界应与基准保持图样上给定的几何关系，要素实际轮廓的局部实际尺寸不得超越最小实体尺寸。

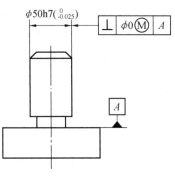

图4.31　零几何公差

对于只要求可装配性的零件，常常采用最大实体要求，这样可以充分利用图样上给出的公差，当被测要素或基准要素偏离最大实体状态时，几何公差可以得到补偿值，从而提高零件的合格率，故有显著的经济效益。但关联要素采用最大实体要求的零几何公差标注时的适用场合与包容要求相同，且可保证可装配性。

4.3.5　最小实体要求

最小实体要求适用于中心要素有几何公差的综合要求的情况。它是控制被测要素的实际轮廓处于其最小实体实效边界之内的一种公差要求。当其实际尺寸偏离最小实体尺寸时，允许其中心要素几何误差值超出给出的公差值。最小实体要求既适用于被测要素也适用于基准要素，此时应在图样上标注符号Ⓛ，标注方法见图4.21。

当其中心要素几何误差小于给出的几何公差，又允许其实际尺寸超出最小实体尺寸时，可将可逆要求应用于最小实体要求。此时应在其几何公差框格中最小实体要求的符号Ⓛ后标注符号Ⓡ。具体标注方法如图4.22(b)所示。

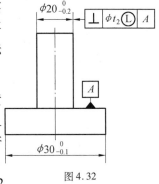

图4.32

图4.32 为被测要素采用最小实体要求的例子。被测要素的实际尺寸应该在 $\phi19.8 \sim \phi20$ 之间。当被测要素的实际尺寸等于最小实体尺寸 $\phi19.8$ 时，允许有垂直度公差为 $\phi0.1$，若被测要素实际尺寸 $d_a = \phi19.9$，此时允许的垂直度公差为

t = 给定值+补偿值 = $\phi0.1 + (\phi19.9 - \phi19.8) = \phi0.1 + \phi0.1 = \phi0.2$

当被测要素处于最大实体尺寸时，有最大的垂直度公差，即

t_{max} = 给定值+最大补偿值 = $\phi0.1 + (\phi20 - \phi19.8) = \phi0.1 + \phi0.2 = \phi0.3$

对轴或孔有最小实体要求时,按 GB/T 8069—1998《功能量规》国家标准设计的综合量规检验。

对于只靠过盈传递扭矩的配合零件,无论在装配中孔、轴中心要素的几何误差发生了什么变化都必须保证一定的过盈量,此时应考虑孔、轴均应满足最小实体要求。

总而言之,在保证功能要求的前提下,力求最大限度地提高工艺性和经济性,这是正确运用公差原则与公差要求的关键所在。

4.4　几何精度的设计

对机械零件几何精度的设计是机械精度设计中的重要内容。对于那些对几何精度有较高要求的要素,如何选择几何公差特征项目、基准要素、公差原则和公差数值,这就是几何精度设计的内容。对于那些用一般加工工艺就能达到的几何精度要求的要素应采用未注几何公差。

4.4.1　几何公差特征项目的选用

选择几何公差特征项目的依据是零件的工作性能要求、零件在加工过程中产生几何误差的可能性以及检验是否方便等。

例如,机床导轨的直线度或平面度公差要求,是为了保证工作台运动时平稳和较高的运动精度。与滚动轴承内孔相配合的轴颈,规定圆柱度公差和轴肩的轴向圆跳动公差,是为了保证滚动轴承的装配精度和旋转精度,同理,对轴承座也有这两项几何公差要求。对齿轮箱体上的轴承孔规定同轴度公差,是为了控制对箱体镗孔加工时容易出现的孔的同轴度误差和位置度误差。对轴类零件规定径向圆跳动或全跳动公差,既可以控制零件的圆度或圆柱度误差,又可以控制同轴度误差,这是从检测方便考虑的。轴向圆跳动公差在忽略平面度误差时,它可以代替端面对轴线垂直度的要求,诸如此类的例子不胜枚举。设计者只有在充分地明确所设计零件的精度要求,熟悉零件的加工工艺和有一定的检测经验的情况下,才能对零件提出合理、恰当的几何公差特征项目。

4.4.2　公差原则和公差要求的选用

对同一零件上同一要素,既有尺寸公差要求又有几何公差要求时,要确定它们之间的关系,即确定选用何种公差原则或公差要求。

如前所述,当对零件有特殊功能要求时,采用独立原则。例如,对测量用的平板要求其工作面平面度要好,因此提出平面度公差。对检验直线度误差用的刀口直尺,要求其刃口直线度公差。独立原则是处理几何公差和尺寸公差关系的基本原则,应用较为普遍。

为了严格保证零件的配合性质,即保证相配合件的极限间隙或极限过盈满足设计要求,对重要的配合常采用包容要求。例如齿轮的内孔与轴的配合,如需严格地保证其配合性质时,则齿轮内孔与轴颈都应采用包容要求。当采用包容要求时,几何误差由尺寸公差来控制,若用尺寸公差控制几何误差仍满足不了要求时,可以在采用包容要求的前提下,对几何公差提出更严格的要求,当然,此时的几何公差值只能占尺寸公差值的一部分。

对于仅需保证零件的可装配性,而为了便于零件的加工制造时,可以采用最大实体要求和可逆要求等。例如,法兰盘上或箱体盖上孔的位置度公差采用最大实体要求,螺钉孔与螺钉之间的间隙可以给孔间位置度公差以补偿值,从而降低了加工成本,利于装配。

对于要保证最小壁厚不小于某个极限值和表面至理想中心的最大距离不大于某个极限等功能要求时,可选用最小实体要求。

4.4.3 基准要素的选用

在确定被测要素的方向、位置和跳动精度时,必须同时确定基准要素。基准要素的选择主要根据零件的功能和设计要求,并兼顾基准统一原则和零件结构特征,通常可以从下面几方面来考虑:

① 从设计考虑,应根据零件形体的功能要求及要素间的几何关系来选择基准。例如,对于旋转的轴件,常选用与轴承配合的轴颈表面或轴两端的中心孔做基准。

② 从加工工艺考虑,应选择零件加工时在工夹具中定位的相应要素做基准。

③ 从测量考虑,应选择零件在测量、检验时在计量器具中定位的相应要素为基准。

④ 从装配关系考虑,应选择零件相互配合、相互接触的表面做基准,以保证零件的正确装配。

比较理想的基准是设计、加工、测量和装配基准选择同一要素,也就是遵守基准统一的原则。

4.4.4 几何公差值的选用

几何公差的国家标准中,对几何公差值分为注出公差和未注公差两类。对于几何公差要求不高,用一般的机械加工方法和加工设备都能保证加工精度,或由线性尺寸公差或角度公差所控制的几何公差已能保证零件的要求时,不必将几何公差在图样上注出,而用未注公差来控制,这样做既可以简化制图,又突出了注出公差的要求。而对于零件几何公差要求较高,或者功能要求允许大于未注公差值,而这个较大的公差值会给工厂带来经济效益时,这个较大的公差值应采用注出公差值。

1. 几何公差未注公差值的规定

对于线轮廓度、面轮廓度、倾斜度、位置度和全跳动的未注几何公差,均由各要素的注出或未注的线性尺寸公差或角度公差控制,对这些项目的未注公差不必作特殊的标注。

圆度的未注公差值等于给出的直径尺寸公差值,但不能大于表4.16中的圆跳动公差值。

对圆柱度的未注公差值不作规定。圆柱度误差由圆度、直线度和相应线的平行度误差组成,而其中每一项误差均由它们的注出公差或未注公差控制。

对于直线度、平面度、垂直度、对称度和圆跳动的未注公差,标准中规定了 H、K、L 三个公差等级,选用时应在技术要求中注出标准号及公差等级代号,如

未注几何公差按 GB/T 1184—K

表 4.9 ~ 4.12 给出了常用的几何公差未注公差的分级和数值。

表 4.9 直线度、平面度未注公差值 (摘自 GB/T 1184—1996) mm

公差 等级	公称长度范围					
	~10	>10 ~30	>30 ~100	>100 ~300	>300 ~1 000	>1 000 ~3 000
H	0.02	0.05	0.1	0.2	0.3	0.4
K	0.05	0.1	0.2	0.4	0.6	0.8
L	0.1	0.2	0.4	0.8	1.2	1.6

注:对于直线度,应按其相应线的长度选择公差值;对于平面度,应按其表面的较长边或圆表面的直径选择公差值。

表4.10 垂直度未注公差值 （摘自 GB/T 1184—1996） mm

公差 等级	公称长度范围			
	~100	>100 ~300	>300 ~1 000	>1 000 ~3 000
H	0.2	0.3	0.4	0.5
K	0.4	0.6	0.8	1
L	0.6	1	1.5	2

注:取形成直角的两边中较长的一边作为基准要素,较短的一边作为被测要素;若两边长度相等,则可取其中任一边作为基准要素。

表4.11 对称度未注公差值 （摘自 GB/T 1184—1996） mm

公差 等级	公称长度范围			
	~100	>100 ~300	>300 ~1 000	>1 000 ~3 000
H	0.5			
K	0.6		0.8	1
L	0.6	1	1.5	2

注:取对称两要素中较长者作为基准要素,较短者作为被测要素;若两要素长度相等,则可取其中任一要素作为基准要素。

表4.12 圆跳动未注公差值 （摘自 GB/T 1184—1996） mm

公 差 等 级	圆 跳 动 公 差 值
H	0.1
K	0.2
L	0.5

注:①本表可用于同轴度的未注公差值,在极限情况下,其未注公差值可等于径向圆跳动的未注公差值。应选两轴线较长者为基准轴线,若两轴线长度相等,则可任选其中一轴线为基准轴线。

②对圆跳动,应以设计或工艺给出的支承面为基准要素,否则应取两要素中较长者为基准要素,若两要素的长度相等,则可取任一要素为基准要素。

2. 几何公差注出公差值的规定

几何公差的注出公差值见表4.13~4.17。

表 4.13　直线度、平面度公差值　（摘自 GB/T 1184—1996）　μm

主参数 L/mm	公差等级											
	1	2	3	4	5	6	7	8	9	10	11	12
≤10	0.2	0.4	0.8	1.2	2	3	5	8	12	20	30	60
>10 ~ 16	0.25	0.5	1	1.5	2.5	4	6	10	15	25	40	80
>16 ~ 25	0.3	0.6	1.2	2	3	5	8	12	20	30	50	100
>25 ~ 40	0.4	0.8	1.5	2.5	4	6	10	15	25	40	60	120
>40 ~ 63	0.5	1	2	3	5	8	12	20	30	50	80	150
>63 ~ 100	0.6	1.2	2.5	4	6	10	15	25	40	60	100	200
>100 ~ 160	0.8	1.5	3	5	8	12	20	30	50	80	120	250
>160 ~ 250	1	2	4	6	10	15	25	40	60	100	150	300
>250 ~ 400	1.2	2.5	5	8	12	20	30	50	80	120	200	400
>400 ~ 630	1.5	3	6	10	15	25	40	60	100	150	250	500

注:棱线和回转表面轴线、素线以其长度的公称尺寸为主参数 L。矩形平面以其较长边、圆平面以其直径的公称尺寸为主参数 L。

表 4.14　圆度、圆柱度公差值　（摘自 GB/T 1184—1996）　μm

主 参 数 d(D)/mm	公 差 等 级												
	0	1	2	3	4	5	6	7	8	9	10	11	12
≤3	0.1	0.2	0.3	0.5	0.8	1.2	2	3	4	6	10	14	25
>3 ~ 6	0.1	0.2	0.4	0.6	1	1.5	2.5	4	5	8	12	18	30
>6 ~ 10	0.12	0.25	0.4	0.6	1	1.5	2.5	4	6	9	15	22	36
>10 ~ 18	0.15	0.25	0.5	0.8	1.2	2	3	5	8	11	18	27	43
>18 ~ 30	0.2	0.3	0.6	1	1.5	2.5	4	6	9	13	21	33	52
>30 ~ 50	0.25	0.4	0.6	1	1.5	2.5	4	7	11	16	25	39	62
>50 ~ 80	0.3	0.5	0.8	1.2	2	3	5	8	13	19	30	46	74
>80 ~ 120	0.4	0.6	1	1.5	2.5	4	6	10	15	22	35	54	87
>120 ~ 180	0.6	1	1.2	2	3.5	5	8	12	18	25	40	63	100
>180 ~ 250	0.8	1.2	2	3	4.5	7	10	14	20	29	46	72	115
>250 ~ 315	1.0	1.6	2.5	4	6	8	12	16	23	32	52	81	130
>315 ~ 400	1.2	2	3	5	7	9	13	18	25	36	57	89	140
>400 ~ 500	1.5	2.5	4	6	8	10	15	20	27	40	63	97	155

注:回转表面、球和圆以其直径的公称尺寸为主参数 d(D)。

表 4.15　平行度、垂直度、倾斜度公差值 （摘自 GB/T 1184—1996）　μm

主参数	公　差　等　级											
L、$d(D)$/mm	1	2	3	4	5	6	7	8	9	10	11	12
≤10	0.4	0.8	1.5	3	5	8	12	20	30	50	80	120
>10~16	0.5	1	2	4	6	10	15	25	40	60	100	150
>16~25	0.6	1.2	2.5	5	8	12	20	30	50	80	120	200
>25~40	0.8	1.5	3	6	10	15	25	40	60	100	150	250
>40~63	1	2	4	8	12	20	30	50	80	120	200	300
>63~100	1.2	2.5	5	10	15	25	40	60	100	150	250	400
>100~160	1.5	3	6	12	20	30	50	80	120	200	300	500
>160~250	2	4	8	15	25	40	60	100	150	250	400	600
>250~400	2.5	5	10	20	30	50	80	120	200	300	500	800
>400~630	3	6	12	25	40	60	100	150	250	400	600	1000

注：① 主参数 L 为给定平行度时轴线或平面的长度的公称尺寸，或给定垂直度、倾斜度时被测要素的长度的公称尺寸。

② 主参数 $d(D)$ 为给定面对线垂直度时，被测要素的轴（孔）直径的公称尺寸。

表 4.16　同轴度、对称度、圆跳动和全跳动公差值 （摘自 GB/T 1184—1996）　μm

主参数	公　差　等　级											
$d(D)$、B、L/mm	1	2	3	4	5	6	7	8	9	10	11	12
≤1	0.4	0.6	1.0	1.5	2.5	4	6	10	15	25	40	60
>1~3	0.4	0.6	1.0	1.5	2.5	4	6	10	20	40	60	120
>3~6	0.5	0.8	1.2	2	3	5	8	12	25	50	80	150
>6~10	0.6	1	1.5	2.5	4	6	10	15	30	60	100	200
>10~18	0.8	1.2	2	3	5	8	12	20	40	80	120	250
>18~30	1	1.5	2.5	4	6	10	15	25	50	100	150	300
>30~50	1.2	2	3	5	8	12	20	30	60	120	200	400
>50~120	1.5	2.5	4	6	10	15	25	40	80	150	250	500
>120~250	2	3	5	8	12	20	30	50	100	200	300	600
>250~500	2.5	4	6	10	15	25	40	60	120	250	400	800

注：① 主参数 $d(D)$ 为给定同轴度时轴直径的公称尺寸，或给定圆跳动、全跳动时轴（孔）直径的公称尺寸。

② 圆锥体斜向圆跳动公差的主参数为圆锥大、小直径的公称尺寸的平均值。

③ 主参数 B 为给定对称度时槽的宽度。

④ 主参数 L 为给定两孔对称度时的孔心距的公称尺寸。

表 4.17　位置度公差值数系 （摘自 GB/T 1184—1996）　μm

1	1.2	1.5	2	2.5	3	4	5	6	8
1×10^{n}	1.2×10^{n}	1.5×10^{n}	2×10^{n}	2.5×10^{n}	3×10^{n}	4×10^{n}	5×10^{n}	6×10^{n}	8×10^{n}

注：n 为正整数。

3. 几何公差值的选用原则

几何公差值的选用，主要根据零件的功能要求、结构特征、工艺上的可能性等因素综合考虑。此外还应考虑下列情况：

① 在同一要素上给出的形状公差值应小于方向公差值和位置公差值。一般应满足：$t_形 < t_{方向} < t_{位置}$。如要求平行的两个表面，其平面度公差值应小于平行度公差值。

② 圆柱形零件的形状公差值(轴线的直线度除外)一般情况下应小于其尺寸公差值。

③ 平行度公差值应小于其相应的距离公差值。

④ 对某些情况，考虑到加工的难易程度和除主参数外其他参数的影响，在满足零件功能的要求下，可适当降低1到2级选用。如孔相对于轴、细长比较大的轴或孔、跨距较大的轴或孔、宽度较大(一般大于1/2长度)的零件表面、线对线和线对面相对于面对面的平行度、线对线和线对面相对于面对面的垂直度等。

对于用螺栓或螺钉连接两个或两个以上零件孔组的各孔位置度公差，可根据螺栓或螺钉与通孔间的最小间隙 X_{min} 确定。

用螺栓连接时，各个被连接零件上孔均为通孔，位置度公差值 t 按下式计算

$$t = X_{min} \tag{4.25}$$

用螺钉连接时，被连接零件中有一个零件上的孔为螺孔，而其余零件上的孔都为通孔，则通孔的位置度公差值 t 按下式计算

$$t = 0.5 X_{min} \tag{4.26}$$

位置度公差计算值应加以圆整，并按表4.17进行规范。

表4.18和表4.19可供选用几何公差等级时参考。

几何公差的选用示例请参阅本书9.1节。

表4.18 几种主要加工方法所能达到的直线度、平面度公差等级

加工方法		公　差　等　级											
		1	2	3	4	5	6	7	8	9	10	11	12
车	粗												
	细												
	精												
铣	粗												
	细												
	精												
刨	粗												
	细												
	精												
磨	粗												
	细												
	精												
研　磨	粗												
	细												
	精												
刮　研	粗												
	细												
	精												

表 4.19　几种主要加工方法所能达到的同轴度公差等级

加　工　方　法		公　差　等　级										
		1	2	3	4	5	6	7	8	9	10	11
车、镗	加工孔				———————————							
	加工轴			———————————								
铰						———————————						
磨	孔		———————————									
	轴		———————————									
珩　磨				———————————								
研　磨		———————————										

4.5　几何误差及其检测

4.5.1　形状误差及其评定

形状误差是指被测实际要素的形状对其理想要素形状的变动量,它不大于相应的形状公差值,则认为合格。

形状误差是被测实际要素与其理想要素进行比较时,理想要素相对于实际要素处于不同位置,评定的形状误差值也不同,为了使形状误差测量值具有唯一性和准确性,国家标准规定,理想要素的位置要符合最小条件。所谓最小条件,即指两理想要素包容被测实际要素且其距离为最小(即最小区域)。

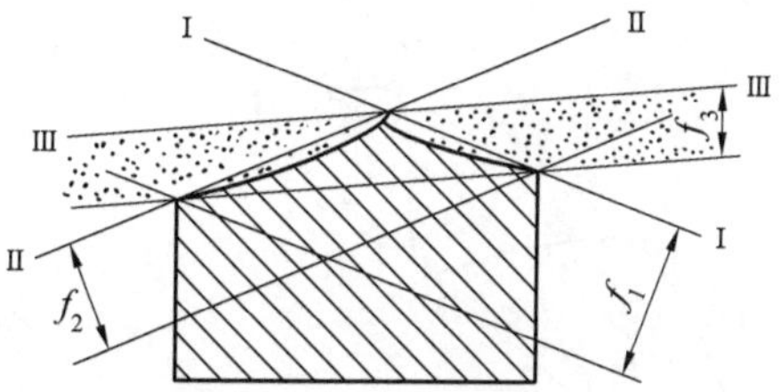

以直线度误差为例说明什么是最小条

图 4.33　直线度误差

件,如图 4.33 所示。被测要素的理想要素是直线,与被测实际要素接触的直线的位置可有无穷多个,如图中直线可处于Ⅰ、Ⅱ、Ⅲ位置,若在包容被测实际轮廓的两理想直线之间的距离 f_1、f_2 和 f_3 中,根据上述的最小条件,即包容实际要素的两理想要素所形成的包容区为最小的原则来评定直线度误差,则因 $f_3 < f_2 < f_1$,故Ⅲ位置直线为被测要素的理想要素,应取 f_3 作为直线度误差。即实际要素对理想要素的最大变动量为最小。

同理,可以推出,按最小条件评定平面度误差,用包容实际平面且距离为最小的两个平行平面之间的距离来评定。按最小条件评定圆度误差,是用包容实际圆且半径差为最小的两个同心圆之间的半径差来评定。

各个形状误差项目的最小区域形状分别与各自的公差带形状相同,其大小则由实际被测要素本身决定,它等于形状误差值(宽度或直径)。

1. 直线度误差的评定

符合最小条件的理想要素与被测实际要素之间具有何种接触状态?经实际分析和理论证明,得出了直线度误差符合最小条件的判断准则。

在实际生产中,有时按最小条件判断有一定困难,经生产和订货双方同意,也可以按其他近似于最小条件的方法来评定,在此也作一介绍。

(1)最小条件法

在给定平面内,二平行直线与实际线呈高低相间接触状态,即高—低—高或低—高—低准则。如图 4.34 所示,这两条平行直线之间的区域为最小包容区域,该区域的宽度 f 为符合定义的直线度误差。

(2)两端点连线法

以测得的误差曲线首尾二点连线为理想要素,作平行于该连线的二平行直线将被测的实际要素包容,此二平行直线间的纵坐标距离(按误差读取方向不变的原则)

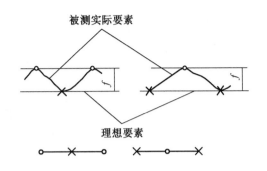

图 4.34 直线度误差判断准则
○—最高点;×—最低点

即为直线度误差 f',如图 4.35(a)所示。按最小条件法得出的直线度误差值 f,显然有 $f'>f$。只有两端点连线在误差图形的一侧时,$f'=f$(此时两端点连线符合最小条件),如图 4.35(b)、(c)所示。

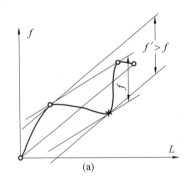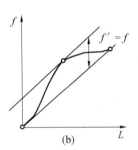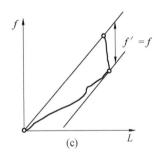

图 4.35 直线度误差的评定

【例 4.4】 用水平仪测量导轨的直线度误差,依次测得各点读数(已换算成线值,单位为 μm)分别为+20,-10,+40,-20,-10,-10,+20,+20,试确定其直线度误差值。

解 用水平仪测得值为在测量长度上各等距两点的相对差值,需计算出各点相对零点的高度差值,即各点的累积值,计算结果列入表 4.20。

表 4.20 例 4.4 测量数据

测量点序号	0	1	2	3	4	5	6	7	8
读数值/μm	0	+20	-10	+40	-20	-10	-10	+20	+20
累计值/μm	0	+20	+10	+50	+30	+20	+10	+30	+50

由测得数据作的误差图形如图 4.36 所示。

两端点连线法:将 0 点和 8 点的纵坐标 A 点连线成 OA,作包容且平行 OA 的两平行线 I,从坐标图上得到直线度误差 $f'=58.75$ μm。

最小条件法:按最小条件判断准则(本例符号低—高—低准则),作两平行直线 II,从坐标图得到直线度误差 $f=45~\mu\mathrm{m}$。

直线度误差的最常用测量方法是用准直仪测量（见参考文献[43]）。

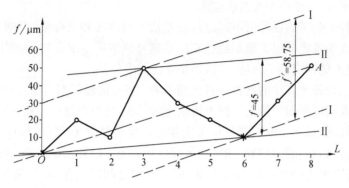

图 4.36　例 4.4 图解

2. 平面度误差的评定

（1）最小条件法

由两个平行平面包容实际被测平面时，使其至少有 3 点分别与 2 个平行平面相接触，且满足下列三种情况之一，则这两个平行平面之间的区域即为最小区域，该区域的宽度即为符合最小条件法的平面度误差。

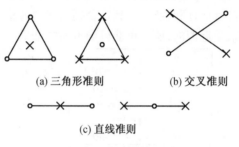

(a) 三角形准则　　　　(b) 交叉准则

(c) 直线准则

图 4.37　平面度判断准则
○—最高点；　×—最低点

①三角形准则：有 3 个高（低）点与一个平面接触，有 1 个低（高）点与另一个平面接触，并且这 1 个低（高）点的投影落在上述 3 个高（低）点形成的三角形内，或者落在这个三角形的一条边上，如图 4.37(a)所示。

②交叉准则：有 2 个高点和 2 个低点分别与两个平行平面接触，并且 2 个高点的连线和 2 个低点的连线在空间呈交叉状态，如图 4.37(b)所示。

③直线准则：有 2 个高（低）点与一个平行平面接触，还有 1 个低（高）与另一个平面接触，并且这个低（高）点的投影在 2 个高（低）点的连线上，如图 4.37(c)所示。

在实际测量中，以上三个准则中的高点均为最高点，低点均为最低点，平面度误差为最高点读数和最低点读数之差的绝对值。

（2）三点法

从实际被测平面上任选三个远点（不在同一直线上的相距较远的三个点）所形成的平面作为测量的理想平面，作平行该理想平面的二平行平面包容实际平面，该二平行平面的距离即为平面度误差值。

（3）对角线法

过实际被测平面上一条对角线且平行于另一条对角线的平面为测量的理想平面，做平行该理想平面的二平行平面包容实际平面，二平行平面间的距离即为平面度误差值。

（2）或（3）两种方法在实际测量中，任选的三点或两条对角线两端点的高度应分别相等,平面度误差为测得的最高点读数和最低点读数之差的绝对值。显然,(2)、(3)两种方法都不符合最小条件,是一种近似方法,其数值比最小条件法稍大,且不是唯一的,但由于其处理方法较简单,在生产中有时也应用。

按最小条件法确定的误差值不超过其公差值可判该项要求合格,否则为不合格。按三点法和对角线法确定的误差值不超过其公差值可判该项要求合格,否则既不能确定该项要求合格,也不能判定其不合格,应以最小条件法来仲裁。

使用上述三种评定方法的前提是将被测平面上各点的随机测得值进行坐标换算。如图 4.38 所示,我们以框图中最上一行为转轴旋转一次,再以左数第一列为转轴旋转一次,经过这两次旋转后,每一个原始测量值加上相应的旋转量 P、Q 值后,即可得到各点相对理想平面的坐标值,从而按判断准则求得平面度误差值。应该指出的是,经过这样的坐标变换后,虽然每个测点的坐标值有所改变,但是它们之间的相互高、低关系并没有改变。另外,当按最小条件法评定平面度误差时,由于有三角形准则、交叉准则和直线准则三种判断准则,当缺乏足够的实践经验时,可能经过一次估计和旋转后达不到目的,这时需重新进行估计和旋转,直到符合判断准则为止。而当按三点法和对角线法评定时,因其评定结果是近似的,所以可能得到不同的结果。

0	P	$2P$	$3P$	$\cdots$	nP
Q	$P+Q$	$2P+Q$	$3P+Q$	$\cdots$	$nP+Q$
$2Q$	$P+2Q$	$2P+2Q$	$3P+2Q$	$\cdots$	$nP+2Q$
$3Q$	$P+3Q$	$2P+3Q$	$3P+3Q$	$\cdots$	$nP+3Q$
$\vdots$	$\vdots$	$\vdots$	$\vdots$		$\vdots$
nQ	$P+nQ$	$2P+nQ$	$3P+nQ$	$\cdots$	$nP+nQ$

图 4.38 被测表面上各测点的旋转量

【例 4.5】 用打表法测得一平面相对其测量基准面的坐标值如图 4.39所示(单位为 μm),试按上述 3 种评定方法确定其平面度误差值。

0	+4	+6
−3	+20	−9
−10	−3	+8

图 4.39 例 4.5 测量数据

解 (1)按最小条件法

根据测得原始坐标值分析,可暂估三个低点(0、−9、−10)和一个高点(+20)可能构成三角形准则,按图 4.38 旋转方法,可得出两个方程式为

$$\begin{cases} 0=-10+2Q \\ -9+Q+2P=-10+2Q \end{cases}$$

解方程可得

$$Q=+5, P=+2$$

按图 4.38 转换法,可得到图 4.40 右图所示的结果,符合三角形准则的三低夹一高(等值的 3 个最低点 0 和最高点 27),故可计算出平面度误差为

$$f/\mu m=(+27)-0=27$$

(2)按三点法

任取三点(图 4.39 中+4,−10,−9),按图 4.38 旋转法可列出下列两个方程式

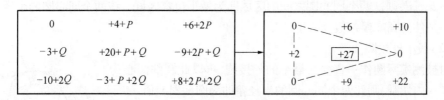

图 4.40 最小条件法

$$\begin{cases} +4+P = -9+2P+Q \\ -10+2Q = +4+P \end{cases}$$

解方程可得 $P=+4$，$Q=+9$，则旋转后的数据如图4.41所示。按三点法(等值的3个点+8)可求得平面度误差为

$$f'/\mu m = +34-0 = 34$$

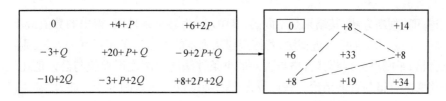

图 4.41 三点法

(3)按对角线法

取图4.39中对角线$(0,+8)$和$(+6,-10)$，按图4.38旋转方法列出下列方程式

$$\begin{cases} 0 = +8+2P+2Q \\ +6+2P = -10+2Q \end{cases}$$

解方程可得 $\qquad P=-6, Q=+2$

按图4.38旋转法，可得到图4.42右图所示结果。按对角线法($0 \sim 0$和$-6 \sim -6$)，可求得平面度误差为

$$f''/\mu m = (+16)-(-19) = 35$$

由上述三种计算法可看出$f < f' < f''$，可见最小条件法得出的平面度误差值最小，而且是唯一的。

平面度的常用测量方法是用打表法测量，详见参考文献[43]。

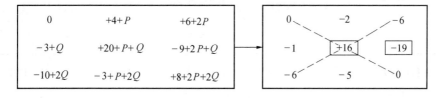

图 4.42 对角线法

3. 圆度误差的评定

(1)最小条件法

两个理想同心圆与被测实际圆至少呈四点相间接触(外—内—外—内)，如图4.43所

示的 a、b、c、d，则这两个同心圆之间的区域即为最小包容区域。该两个同心圆的半径差为符合最小条件的圆度误差值。

（2）最小外接圆法

对被测实际圆作一直径为最小的外接圆，再以此圆的圆心为圆心作一内切圆，则此两个同心圆的半径差即为圆度误差值。

（3）最大内切圆法

对被测实际圆作一直径为最大的内切圆，再以此圆的圆心为圆心作一外接圆，则此两个同心圆的半径差即为圆度误差值。

（4）最小二乘圆法

最小二乘圆为被测实际圆上各点至该圆的距离的平方和为最小的圆。以该圆的圆心为圆心，作两个包容实际圆的同心圆，则此两个同心圆的半径差即为圆度误差值。

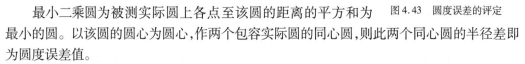

图 4.43　圆度误差的评定

上述四种判断方法，其结果是不同的，其中（1）为最小条件法，得出的数值最小，而且也是唯一的。（2）、（3）、（4）为近似法，若按近似法确定的误差值不超过其公差值，则可认为该项要求合格，否则不能判断其合格与否。最小条件法所得圆度误差值与公差值比较可直接得出该项要求合格与否的结论。在比较先进的圆度仪上测量圆度误差时，仪器可以自动打印出上述四种判断方法的示值。在没有圆度仪时可用分度头与千分表逐点测量圆度误差，具体测量方法和数据处理详见参考文献[43]。

4.5.2　方向误差及其评定

方向误差是指实际关联要素对其具有确定方向的理想要素的变动量，理想要素的方向由基准确定。

评定方向误差时，理想要素相对于基准的方向要保持图样上给定的几何关系（平行、垂直或倾斜某一理论正确角度）的条件下，应使被测实际要素对理想要素的最大变动量为最小，如图 4.44 所示。

方向误差值用对基准保持所要求方向的定向最小包容区域（简称定向最小区域）的宽度 f 或直径 ϕf 来表示，该最小包容区域的形状与方向公差带形状相同。

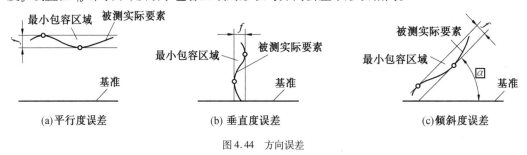

（a）平行度误差　　　　　　（b）垂直度误差　　　　　　（c）倾斜度误差

图 4.44　方向误差

4.5.3　位置误差及其评定

位置误差是指实际关联要素对具有确定位置的理想要素的变动量，理想要素的位置由基准和理论正确尺寸确定。

位置误差值用定位最小包容区域(简称定位最小区域)的宽度 f 或直径 ϕf 来表示。

定位最小区域是指以理想要素的位置为中心来对称地包容实际关联要素时,亦具有最小宽度或最小直径的区域。定位最小区域的形状与位置公差带形状相同。

例如图 4.45 所示,评定图 4.45(a)所示零件的位置度误差时,理想平面所在的位置 P (评定基准)由基准 A 和理论正确尺寸 $\boxed{l}$ 确定(P 平行 A 且至 A 的距离为 l),如图 4.45(b)所示。定位最小包容区域为对称于 P 的两平行平面之间的区域,实际被测要素上至少有一个测点 S 与两平行平面中之一接触。位置度误差 f 等于接触点至 P 的距离的两倍。

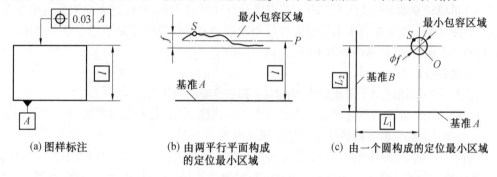

(a) 图样标注　　　　　(b) 由两平行平面构成　　　　(c) 由一个圆构成的定位最小区域
　　　　　　　　　　　　的定位最小区域

图 4.45　位置误差

又如图 4.45(c)所示,测量和评定某一零件上一个孔的圆心位置度误差时,定位最小包容区域由一个圆构成,该圆的理想圆心 O 的位置(评定基准)由基准 A、B 和理论正确尺寸 $\boxed{L_1}$、$\boxed{L_2}$ 确定,其最小包容区域由半径 OS 确定。圆心(点)的位置度误差值 $\phi f = \phi(2 \times OS)$。

4.5.4　几何误差的检测原则

由于被测零件的结构特点、尺寸大小和精度要求以及检测设备条件等的不同,对同一几何误差项目可以用不同的方法来检测。从检测原理上将常用的几何误差检测方法归纳为下列五种检测原则。

1. 与理想要素比较原则

与理想要素比较原则是指实际被测要素与其理想要素进行比较,从而获得几何误差值。在测量中,理想要素用模拟方法来体现,如以平板工作面、水平液面、光束扫描平面等作为理想平面;以一束光线、拉紧的细钢丝、刀口尺的工作面等作为理想直线;线、面轮廓度测量中的样板也是理想线、面轮廓的体现。根据此原则进行检测,可以得到与定义概念一致的误差值,故该原则是一基本检测原则。

2. 测量坐标值原则

测量坐标原则是指利用计量器具的坐标系,测出实际被测要素上各测点对该坐标系的坐标值,经过数据处理后可以获得几何误差值。

该原则可以测量除跳动外的各项误差。根据被测要素的几何特征,可以选用直角坐标系、极坐标系和圆柱坐标系等进行测量。此原则数据处理往往很烦琐,但随着电子计算机技术的发展,该原则亦将得到广泛应用。

3. 测量特征参数原则

测量特征参数原则是指测量实际被测要素上具有代表性的参数,用它表示几何误差值。按这些参数决定的几何误差值通常与定义概念不符合,而是近似值。

例如用两点法测量圆柱面的圆度误差,在一个横截面内的几个方向上测量直径,取相互垂直的两直径差值中的最大值之半作为该截面内的圆度误差值。

由于用测量特征参数来表示几何误差值的测量方法容易实现,并不需要烦琐的数据处理,故该原则在生产车间中常被采用。

4. 测量跳动原则

测量跳动原则是指实际被测要素绕基准轴线回转过程中,沿给定方向测其对某参考点或线的变动量。变动量是指示器最大与最小读数之差。此原则仅限于用在跳动测量,由于这种测量方法简便,故生产中常采用。

5. 边界控制原则

边界控制原则适用于采用最大实体要求和包容要求的场合。

按最大实体要求或包容要求给出几何公差时,就给定了最大实体实效边界或最大实体边界,要求被测要素的实际轮廓不得超出该边界。

边界控制原则是用功能量规或光滑极限量规通规的工作表面模拟体现图样上给定的边界,来检验实际被测要素。若被测要素的实际轮廓能被量规通过,则表示合格,否则不合格。例如检验花键的位置度误差,可用花键综合量规检验,检验同轴度误差,可用同轴度量规,详见参考文献[43]。当最大实体要求应用于被测要素对应的基准要素时,可以使用同一功能量规检验该基准要素。

习　题　四

一、思考题

1. 零件的几何误差研究对象是什么?几何要素根据什么分类?如何分类?
2. 几何公差特征项目和符号有几项?它们的名称和符号是什么?
3. 什么是评定形状误差的最小条件?按最小条件评定几何误差有何意义?
4. 什么是几何公差的公差原则和公差要求?说明它们的表示方法和应用场合。
5. 选用几何公差包括哪些内容?什么时候选用未注几何公差?未注几何公差在图样上如何表示?

二、作业题

1. 说明图 4.46 所示零件中底面 a、端面 b、孔表面 c 和孔的轴线 d 分别是什么要素(被测要素、基准要素、单一要素、关联要素、组成要素、导出要素)?

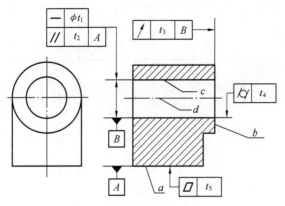

图 4.46　作业题 1 图

2. 用文字说明图 4.47 中各项几何公差的含义(说明被测要素和基准要素是什么？ 公差特征项目符号名称、公差值和基准如何)。

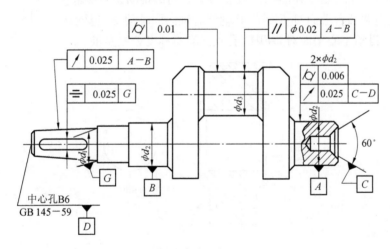

图 4.47　作业题 2 图

3. 图 4.48 所示为单列圆锥滚子轴承内圈,将下列几何公差要求标注在零件图上:

① 圆锥截面圆度公差为 6 级(注意此为几何公差等级)。

② 圆锥素线直线度公差为 7 级($L=50$ mm)。

③ 圆锥面对孔 ϕ80H7 轴线的斜向圆跳动公差值为 0.02 mm。

④ ϕ80H7 孔表面的圆柱度公差值为 0.005 mm。

⑤ 右端面对左端面的平行度公差值为0.004 mm。

⑥ ϕ80H7 遵守单一要素的包容要求。

⑦ 其余几何公差按 GB/T 1184 中的 K 级要求。

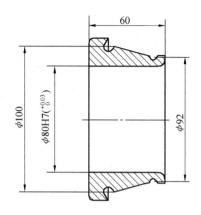

图 4.48　作业题 3 图

4.将下列技术要求标注在零件图(图 4.49)上:

(1)ϕ100h8 外圆柱面对 ϕ40H7 孔轴线有径向圆跳动公差要求;

(2)左、右两凸台端面对 ϕ40H7 孔轴线有轴向圆跳动公差要求;

(3)轮毂键槽中心平面对 ϕ40H7 孔轴线有对称度公差要求。

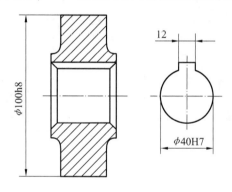

图 4.49　作业题 4 图

5.图 4.50 所示为一法兰盘,将下列技术要求标注在零件图上:

(1)ϕ18H8 孔轴线对法兰盘端面 A 的垂直度公差为 ϕ0.015 mm;

(2)4×ϕ8H8 孔轴线以 ϕ18H8 孔的轴线和法兰盘端面 A 为基准,其位置度公差为 ϕ0.05 mm;并采用最大实体要求。

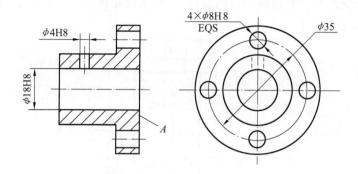

图 4.50 作业题 5 图

6. 将下列技术要求标注在零件图 4.51 上：

（1）ϕ40h8 圆柱面对两 ϕ25h7 轴颈公共轴线的径向圆跳动公差为 7 级；

（2）两 ϕ25h7 轴颈圆柱度公差为 6 级；

（3）ϕ40h8 左右两端面对两 ϕ25h7 轴颈公共轴线的轴向圆跳动公差为 7 级；

（4）键槽 12H9 中心平面对 ϕ40h8 轴线的对称度公差为 8 级。

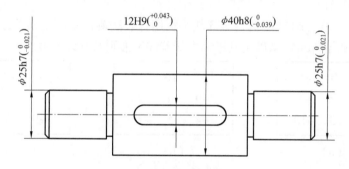

图 4.51 作业题 6 图

7. 图 4.52 中的垂直度公差各遵守什么公差原则或公差要求？说明它们的尺寸误差和几何误差的合格条件。若图 4.52(b) 加工后测得零件尺寸为 ϕ19.985，轴线的垂直度误差为 ϕ0.06，该零件是否合格？为什么？

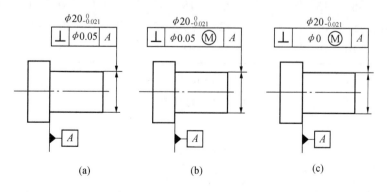

图 4.52 作业题 7 图

8.在不改变几何公差特征项目的前提下,要求改正图4.53中的错误(按改正后的答案重新画图,重新标注)。

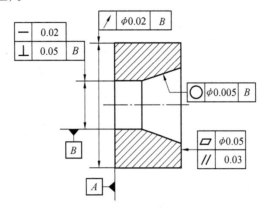

图 4.53 作业题 8 图

9.用水平仪测量某机床导轨的直线度误差,依次测得各点的读数为(μm):+6,+6,0,−1.5,−1.5,+3,+3,+9。试在坐标纸上按最小条件法和两端点连线法分别求出该机床导轨的直线度误差值。

10.图 4.54(a)、(b)、(c)为对某 3 块平板用打表法测得平面度误差经按最小条件法处理后所得的数据(μm),试确定其平面度误差评定准则及其误差值。

−2	+10	+6		+7	+6	0		−4	−3	+9
−3	−5	+4		−9	+4	−9		+3	−5	0
+10	+3	+10		−4	−5	+7		+9	+7	+2

(a)　　　　　　　　(b)　　　　　　　　(c)

图 4.54 作业题 10 图

11.图 4.55(a)、(b)、(c)为对某 3 块平板用打表法测得平面度误差的原始数据(μm),试求每块平板的平面度误差值(可选用三点法或对角线法)。

0	−5	−15		0	+15	+7		−10	0	+10
+20	+5	−10		−12	+20	+4		−30	−20	−10
0	+10	0		+5	−10	+2		−50	−40	−30

(a)　　　　　　　　(b)　　　　　　　　(c)

图 4.55 作业题 11 图

第 **5** 章

表面粗糙度轮廓设计与检测

5.1 概 述

5.1.1 表面粗糙度轮廓的定义

表面轮廓是用垂直于零件实际表面的平面与该零件实际表面相交所得到的轮廓,是一条轮廓曲线,如图5.1(a)所示,用它来研究零件的表面几何形状误差。

在机械加工过程中,由于刀具或砂轮切削后遗留的刀痕、切削过程中切屑分离时的塑性变形,以及机床的振动等原因,会使被加工零件的表面产生微小的峰谷。这些微小峰谷的高低程度和间距状况称为表面粗糙度轮廓(简称表面粗糙度),它是一种微观几何形状误差。表面粗糙度应与表面形状误差(宏观几何形状误差)和表面波纹度轮廓(简称波纹度)区别开,通常波距小于1 mm的属于表面粗糙度,波距在1～10 mm的属于表面波纹度,波距大于10 mm的属于形状误差,如图5.1(b)所示。

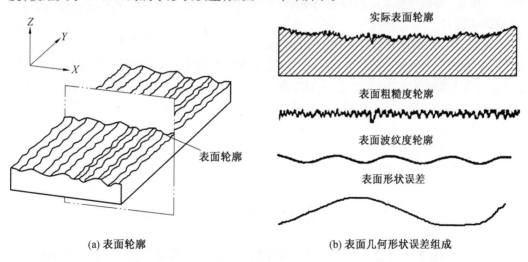

(a) 表面轮廓   (b) 表面几何形状误差组成

图5.1 表面轮廓和表面几何形状误差组成

5.1.2 表面粗糙度轮廓对机械零件使用性能的影响

表面粗糙度轮廓对机械零件使用性能及其寿命影响较大,尤其对在高温、高速和高压条件下工作的机械零件影响更大,其影响主要表现在以下几个方面:

1. 对摩擦和磨损的影响

具有表面粗糙度的两个零件,当它们接触并产生相对运动时,峰顶间的接触作用就会产生摩擦阻力,使零件磨损。零件越粗糙,阻力就越大,零件磨损也越快。

但需指出,零件表面越光滑,磨损量不一定越小。因为零件的耐磨性除受表面粗糙度影响外,还与磨损下来的金属微粒的刻划,以及润滑油被挤出和分子间的吸附作用等因素有关。所以,特别光滑的表面磨损量反而增大。实验证明,磨损量与表面粗糙度 Ra(高度参数)之间的关系如图 5.2 所示。

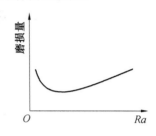

图 5.2 磨损量与 Ra 关系的曲线

2. 对配合性质的影响

对于间隙配合,相对运动的表面因其粗糙不平而迅速磨损,致使间隙增大;对于过盈配合,表面轮廓峰顶在装配时易被挤平,实际有效过盈减小,致使连接强度降低。因此,表面粗糙度影响配合性质的稳定性。

3. 对抗疲劳强度的影响

零件表面越粗糙,凹痕越深,波谷的曲率半径也越小,对应力集中越敏感。特别是当零件承受交变载荷时,由于应力集中的影响,使疲劳强度降低,导致零件表面产生裂纹而损坏。

4. 对抗腐蚀性的影响

粗糙的表面,易使腐蚀性物质存积在表面的微观凹谷处,并渗入到金属内部,如图 5.3 所示,致使腐蚀加剧。因此,提高零件表面粗糙度的质量,可以增强其抗腐蚀的能力。

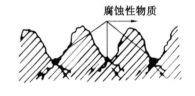

图 5.3 粗糙表面腐蚀示意图

此外,表面粗糙度对零件其他使用性能如结合的密封性、接触刚度、对流体流动的阻力以及对机器、仪器的外观质量及测量精度等都有很大影响。因此,为保证机械零件的使用性能,在对零件进行机械精度设计时,必须合理地提出表面粗糙度的要求。我国有关的表面粗糙度国家标准是 GB/T 3505—2009《产品几何技术规范(GPS) 表面结构 轮廓法 术语、定义及表面结构参数》,GB/T 1031—2009《产品几何技术规范(GPS) 表面结构 轮廓法 表面粗糙度参数及其数值》和 GB/T 131—2006《产品几何技术规范(GPS) 技术产品文件中表面结构的表示法》等。

5.2 表面粗糙度轮廓的评定

经加工获得的零件表面的表面粗糙度轮廓是否满足使用要求,需要进行测量和评定。

5.2.1　基本术语及定义

1. 取样长度（lr）

取样长度是用于判别被评定轮廓的不规则特征的 X 轴方向上（见图 5.1（a））的长度，是测量或评定表面粗糙度时所规定的一段基准线长度，它至少包含 5 个以上轮廓峰和谷，如图 5.4 所示，取样长度 lr 的方向与轮廓走向一致。

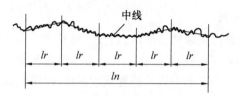

图 5.4　取样长度和评定长度

lr—取样长度；ln—评定长度

规定取样长度的目的在于限制和减弱其他几何形状误差，特别是表面波度对测量的影响。一般表面越粗糙，取样长度就越大。取样长度的标准化值见表 5.4。

2. 评定长度（ln）

评定长度是用于判别被评定轮廓的 X 轴方向上的长度。由于零件表面粗糙度不均匀，为了合理可靠地反映表面粗糙度特征，在测量和评定时所规定的一段最小长度称为评定长度（ln）。

评定长度可包含一个或几个连续的取样长度，如图 5.4 所示。一般情况下，取 $ln = 5lr$；若被测表面比较均匀，可取 $ln < 5lr$；若均匀性差，可取 $ln > 5lr$，ln 标准化值见表 5.4。

3. 轮廓滤波器

轮廓滤波器是指把表面轮廓（如图 5.1 所示实际表面轮廓）分成长波和短波成分的滤波器，它们所能抑制的波长为截止波长。

（1）长波滤波器

长波滤波器 λ_c 是指确定粗糙度和波纹度之间界限的滤波器。通过它把波纹度的波长成分加以抑制或排除掉。长波滤波器的截止波长为 λ_c。

（2）短波滤波器

短波滤波器 λ_s 是指确定粗糙度和比粗糙度更短的波长之间界限的滤波器。通过它把比粗糙度更短的波长加以抑制。短波滤波器的截止波长为 λ_s。其传输带是 λ_s 至 λ_c 范围。取样长度 $l_r = \lambda_c$。

截止波长 λ_s 和 λ_c 的标准化值见表 5.4。

4. 中线

中线是具有几何轮廓形状并划分轮廓的基准线，基准线有下列两种：

（1）轮廓最小二乘中线（m）

轮廓最小二乘中线是指在取样长度内，使轮廓线上各点至该线的距离 Z_i 的平方和为最小（$Z_1^2 + Z_2^2 + \cdots + Z_i^2 + \cdots + Z_n^2 = \min$）的线，即 $\int_0^{lr} Z^2(x)\,\mathrm{d}x$ 为最小，如图 5.5 所示。

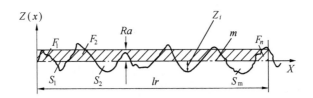

图 5.5　轮廓中线

（2）轮廓算术平均中线

轮廓算术平均中线是指在取样长度内,划分实际轮廓为上、下两部分,且使上下两部分面积相等的线,即 $F_1+F_2+\cdots+F_n=S_1+S_2+\cdots+S_m$,如图 5.5 所示。

在轮廓图形上确定最小二乘中线的位置比较困难,可用轮廓算术平均中线,通常用目测估计确定算术平均中线。

5.2.2　评定参数

为了满足对零件表面不同的功能要求,国标 GB/T 3505—2009 从表面微观几何形状幅度、间距和混合等三个方面的特征,规定了相应的评定参数。

1. 幅度参数（高度参数）

（1）轮廓的算术平均偏差 Ra:在一个取样长度内纵坐标值 $Z(x)$ 绝对值的算术平均值,如图 5.5 所示,用符号 Ra 表示。即

$$Ra = \frac{1}{lr}\int_0^{lr} |\,Z(x)\,|\,\mathrm{d}x \tag{5.1}$$

或近似为

$$Ra = \frac{1}{n}\sum_{i=1}^{n} |\,Z_i\,| \tag{5.2}$$

测得的 Ra 值越大,则表面越粗糙。Ra 能客观地反映表面微观几何形状误差,但因受到计量器具功能限制,不宜用做过于粗糙或太光滑表面的评定参数。

（2）轮廓的最大高度 Rz:在一个取样长度内,最大轮廓峰高 Zp 和最大轮廓谷深 Zv 之和的高度,如图 5.6 所示,用符号 Rz 表示。即

$$Rz = Zp + Zv \tag{5.3}$$

式中,Zp、Zv 都取正值。

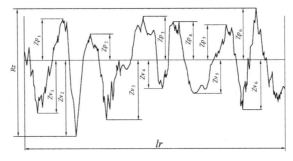

图 5.6　轮廓的最大高度

幅度参数(Ra、Rz)是标准规定必须标注的参数,故又称为基本参数。

2. 间距参数

某个轮廓峰与相邻轮廓谷的组合称为轮廓单元,在一个取样长度内,中线与各个轮廓单元相交线段的长度称为轮廓单元宽度,用符号 Xsi 表示,如图 5.7 所示。

轮廓单元的平均宽度 Rsm:在一个取样长度内轮廓单元宽度 Xsi 的平均值,用符号 Rsm 表示。即

$$Rsm = \frac{1}{m}\sum_{i=1}^{m} Xsi \tag{5.4}$$

间距参数(Rsm)相对基本参数(Ra、Rz)而言,称为附加参数。

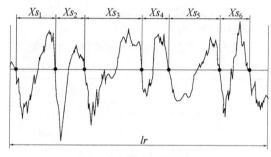

图 5.7　轮廓单元的宽度

5.3　表面粗糙度轮廓的设计

5.3.1　表面粗糙度轮廓的参数数值

表面粗糙度轮廓的参数值已经标准化,设计时应按国家标准 GB/T 1031—2009 规定的表面粗糙度参数及其数值中选取。

幅度参数值列于表 5.1 和表 5.2,间距参数值列于表 5.3。

表 5.1　轮廓的算术平均偏差 Ra 的数值

(摘自 GB/T1031—2009)　μm

基本系列			补充系列				
0.012	0.4	12.5	0.008	0.063	0.50	4.0	32
0.025	0.8	25	0.010	0.080	0.63	5.0	40
0.05	1.6	50	0.016	0.125	1.00	8.0	63
0.1	3.2	100	0.020	0.160	1.25	10.0	80
0.2	6.3		0.032	0.25	2.0	16.0	
			0.040	0.32	2.5	20	

注:补充系列摘自 GB/T 1031—2009 附录。

表 5.2　轮廓的最大高度 Rz 的数值

（摘自 GB/T1031—2009）　μm

基本系列			补充系列				
0.025	1.6	100	0.032	0.32	4.0	40	500
0.05	3.2	200	0.040	0.50	5.0	63	630
0.1	6.3	400	0.063	0.63	8.0	80	1 000
0.2	12.5	800	0.080	1.00	10.0	125	1 250
0.4	25	1 600	0.125	1.25	16.0	160	
0.8	50		0.160	2.0	20	250	
			0.25	2.5	32	320	

注:补充系列摘自 GB/T 1031—2009 附录。

表 5.3　轮廓单元的平均宽度 Rsm 的数值

（摘自 GB/T1031—2009）　μm

基本系列			补充系列				
0.006	0.2	3.2	0.002	0.016	0.125	1.00	8.0
0.012 5	0.4	6.3	0.003	0.020	0.160	1.25	10.0
0.025	0.8	12.5	0.004	0.023	0.25	2.0	
0.05	1.6		0.005	0.040	0.32	2.5	
0.1			0.008	0.063	0.5	4.0	
			0.010	0.080	0.63	5.0	

注:补充系列摘自 GB/T 1031—2009 附录。

在一般情况下,测量 Ra、Rz 和 Rsm 时,推荐按表 5.4 选用对应的取样长度、评定长度及传输带的值,此时在图样上可省略标注取样长度值。当有特殊要求不能选用表 5.4 中数值时,应在图样上标注出取样长度值。

表 5.4　Ra、Rz 和 Rsm 的标准取样长度 lr 和评定长度 ln

（摘自 GB/T 1031—2009、GB/T 6062—2009 和 GB/T 10610—2009）

$Ra/\mu m$	$Rz/\mu m$	Rsm/mm	传输带	lr	$ln = 5 \times lr/mm$
			$\lambda_s - \lambda_c / mm$	$lr = \lambda_c / mm$	
≥0.008 ~ 0.02	≥0.025 ~ 0.1	≥0.013 ~ 0.04	0.0025 − 0.08	0.08	0.4
>0.02 ~ 0.1	>0.1 ~ 0.5	>0.04 ~ 0.13	0.0025 − 0.25	0.25	1.25
>0.1 ~ 2	>0.5 ~ 10	>0.13 ~ 0.4	0.0025 − 0.8	0.8	4
>2 ~ 10	>10 ~ 50	>0.4 ~ 1.3	0.008 − 2.5	2.5	12.5
>10 ~ 80	>50 ~ 320	>1.3 ~ 4	0.025 − 8	8	40

注:λ_s 和 λ_c 分别为短波和长波滤波器截止波长;λ_s 至 λ_c 表示滤波器的波长范围是传输带。取样长度 $l_r = \lambda_c$。

5.3.2　表面粗糙度轮廓的选用

1. 评定参数的选用

（1）幅度参数的选用

一般情况下可以从幅度参数 Ra 和 Rz 中任选一个,但在常用值范围内（Ra 为0.025 ~

6.3 μm），优先选用 Ra。因为通常采用电动轮廓仪测量零件表面的 Ra 值，其测量范围为 0.02 ~ 8 μm。

Rz 通常用光学仪器——双管显微镜或干涉显微镜测量。粗糙度要求特别高或特别低（$Ra<0.025$ μm 或 $Ra>6.3$ μm）时，选用 Rz。Rz 用于测量部位小、峰谷小或有疲劳强度要求的零件表面的评定。

如图 5.8 中，三种表面的轮廓最大高度参数相同，而使用质量显然不同，由此可见，只用幅度参数不能全面反映零件表面微观几何形状误差。

图 5.8　微观形状对质量的影响

（2）间距参数的选用

对附加评定参数 Rsm，一般不能作为独立参数选用，只有少数零件的重要表面，有特殊使用要求时才附加选用。

单元的平均宽度 Rsm 主要在对涂漆性能，冲压成形时抗裂纹、抗振、抗腐蚀、减小流体流动摩擦阻力等有要求时选用。

2. 参数值的选用

表面粗糙度参数值的选用原则首先是满足功能要求，其次是考虑经济性及工艺的可能性。在满足功能要求的前提下，参数的允许值应尽可能大些。在工程实际中，由于表面粗糙度和功能的关系十分复杂，因而很难准确地确定参数的允许值，在具体设计时，一般多采用经验统计资料，用类比法来选用。

根据类比法初步确定表面粗糙度后，再对比工作条件做适当调整。这时应注意下述一些原则：

① 同一零件上，工作表面的 Ra 或 Rz 值比非工作表面小。

② 摩擦表面 Ra 或 Rz 值比非摩擦表面小。

③ 运动速度高、单位面积压力大，以及受交变应力作用的重要零件的圆角沟槽的表面粗糙度值都应较小。

④ 配合性质要求高的配合表面（如小间隙配合的配合表面）、受重载荷作用的过盈配合表面的表面粗糙度值都应较小。

⑤ 在确定表面粗糙度幅度参数时，应注意它与尺寸公差和形状公差协调。可参考下面的比例关系确定：

$t_形 \approx 0.6 T_尺$　　　则 $Ra \leq 0.5 T_尺$　　$Rz \leq 0.2 T_尺$

$t_形 \approx 0.4 T_尺$　　　则 $Ra \leq 0.25 T_尺$　　$Rz \leq 0.1 T_尺$

$t_形 \approx 0.25 T_尺$　　则 $Ra \leq 0.12 T_尺$　　$Rz \leq 0.05 T_尺$

$t_形 < 0.25 T_尺$　　　则 $Ra \leq 0.15 t_形$　　$Rz \leq 0.6 t_形$

根据上述比例关系计算的数值，从表 5.1 和表 5.2 中选取最接近的标准化值。

⑥一般情况，尺寸公差值越小，几何公差值、表面粗糙度的 Ra 或 Rz 值应越小，同一公

差等级时,轴的粗糙度数值应比孔小。对于同一公差等级的不同尺寸的孔或轴,小尺寸的孔或轴的表面粗糙度数值比大尺寸要求小一些。

⑦ 要求防腐蚀、密封性能好或要求外表美观的表面粗糙度数值应较小。

⑧ 凡有关标准已对表面粗糙度要求作出规定(如与滚动轴承配合的轴颈和外壳孔的表面粗糙度),则应按该标准确定表面粗糙度参数值。

表 5.5、5.6、5.7 分别列出了表面粗糙度轮廓的表面特征、经济加工方法和应用举例、轴和孔的表面粗糙度参数推荐值及各种加工方法可能达到的表面粗糙度,供类比法选用时参考。

表 5.5　表面粗糙度轮廓的表面特征、经济加工方法及应用举例

表面微观特性		$Ra/\mu m$	加工方法	应 用 举 例
粗糙表面	微见刀痕	≤20	粗车、粗刨、粗铣、钻、毛锉、锯断	半成品粗加工过的表面,非配合的加工表面,如轴端面、倒角、钻孔、齿轮和皮带轮侧面、键槽底面、垫圈接触面
半光表面	微见加工痕迹	≤10	车、刨、铣、镗、钻、粗铰	轴上不安装轴承、齿轮处的非配合表面,紧固件的自由装配表面,轴和孔的退刀槽
	微见加工痕迹	≤5	车、刨、铣、镗、磨、拉、粗刮、滚压	半精加工表面,箱体、支架、盖面、套筒等和其他零件结合而无配合要求的表面,需要发蓝的表面等
	看不清加工痕迹	≤2.5	车、刨、铣、镗、磨、拉、刮、压、铣齿	接近于精加工表面,箱体上安装轴承的镗孔表面,齿轮的工作面
光表面	可辨加工痕迹方向	≤1.25	车、镗、磨、拉、刮、精铰、磨齿、滚压	圆柱销、圆锥销,与滚动轴承配合的表面,普通车床导轨面,内、外花键定心表面
	微辨加工痕迹方向	≤0.63	精铰、精镗、磨、刮、滚压	要求配合性质稳定的配合表面,工作时受交变应力的重要零件,较高精度车床的导轨面
	不可辨加工痕迹方向	≤0.32	精磨、珩磨、研磨、超精加工	精密机床主轴锥孔、顶尖圆锥面、发动机曲轴、凸轮轴工作表面,高精度齿轮齿面
极光表面	暗光泽面	≤0.16	精磨、研磨、普通抛光	精密机床主轴轴颈表面,一般量规工作表面,汽缸套内表面,活塞销表面
	亮光泽面	≤0.08	超精磨、精抛光、镜面磨削	精密机床主轴轴颈表面,滚动轴承的滚珠,高压油泵中柱塞和柱塞套配合表面
	镜状光泽面	≤0.04		
	镜　面	≤0.01	镜面磨削、超精研	高精度量仪、量块的工作表面,光学仪器中的金属镜面

表 5.6　轴和孔的表面粗糙度轮廓参数推荐值

表　面　特　征			$Ra/\mu m$　不　大　于		
轻度装卸零件的配合表面(如挂轮、滚刀等)	公差等级	表　面	公　称　尺　寸/mm		
			到 50	大于 50 到 500	
	5	轴	0.2	0.4	
		孔	0.4	0.8	
	6	轴	0.4	0.8	
		孔	0.4 ~ 0.8	0.8 ~ 1.6	
	7	轴	0.4 ~ 0.8	0.8 ~ 1.6	
		孔	0.8	1.6	
	8	轴	0.8	1.6	
		孔	0.8 ~ 1.6	1.6 ~ 3.2	

过盈配合的配合表面 ①装配按机械压入法 ②装配按热处理法	公差等级	表　面	公　称　尺　寸/mm		
			到 50	大于 50 到 120	大于 120 到 500
	5	轴	0.1 ~ 0.2	0.4	0.4
		孔	0.2 ~ 0.4	0.8	0.8
	6 ~ 7	轴	0.4	0.8	1.6
		孔	0.8	1.6	1.6
	8	轴	0.8	0.8 ~ 1.6	1.6 ~ 3.2
		孔	1.6	1.6 ~ 3.2	1.6 ~ 3.2
	—	轴	1.6		
		孔	1.6 ~ 3.2		

精密定心用配合的零件表面	表　面	径　向　跳　动　公　差/μm					
		2.5	4	6	10	16	25
		$Ra/\mu m$ 不　大　于					
	轴	0.05	0.1	0.1	0.2	0.4	0.8
	孔	0.1	0.2	0.2	0.4	0.8	1.6

滑动轴承的配合表面	表　面	公　差　等　级		液体湿摩擦条件
		6 ~ 9	10 ~ 12	
		$Ra/\mu m$ 不　大　于		
	轴	0.4 ~ 0.8	0.8 ~ 3.2	0.1 ~ 0.4
	孔	0.8 ~ 1.6	1.6 ~ 3.2	0.2 ~ 0.8

表 5.7　各种常用加工方法可能达到的表面粗糙度轮廓

加工方法		表　面　粗　糙　度　$Ra/\mu m$													
		0.012	0.025	0.05	0.100	0.20	0.40	0.80	1.60	3.20	6.30	12.5	25	50	100
砂模铸造											————————				
压力铸造							————————								
模　锻									————						
挤　压							————————								
刨削	粗									————————					
	半精							————————							
	精						————————								
插　削								————————							

续表5.7

加工方法		表 面 粗 糙 度 $Ra/\mu m$													
		0.012	0.025	0.05	0.100	0.20	0.40	0.80	1.60	3.20	6.30	12.5	25	50	100
钻 孔								▬▬▬▬▬▬▬▬▬▬▬							
金刚镗孔				▬▬▬▬▬▬▬▬▬▬▬											
镗孔	粗										▬▬▬▬▬▬▬▬				
	半精							▬▬▬▬▬▬▬▬							
	精						▬▬▬▬▬▬▬▬								
端面铣	粗									▬▬▬▬▬▬					
	半精						▬▬▬▬▬▬▬▬▬								
	精					▬▬▬▬▬▬▬▬									
车外圆	粗									▬▬▬▬▬▬					
	半精							▬▬▬▬▬▬▬▬							
	精					▬▬▬▬▬▬▬▬									
磨平面	粗							▬▬▬▬▬▬▬▬							
	半精						▬▬▬▬▬▬▬▬								
	精			▬▬▬▬▬▬▬▬▬▬▬											
研磨	粗					▬▬▬▬▬▬▬▬									
	半精			▬▬▬▬▬▬▬▬											
	精		▬▬▬▬▬▬▬▬												

5.4 表面粗糙度轮廓符号、代号及其注法

图样上所标注的表面粗糙度轮廓符号、代号,是该表面完工后的要求。表面粗糙度轮廓的标注应符合国家标准 GB/T 131—2006 的规定。

5.4.1 表面粗糙度轮廓的符号

在技术产品文件中对表面粗糙度轮廓的要求应按标准规定的图形符号表示。表面粗糙度轮廓的图形符号分为基本图形符号、扩展图形符号、完整图形符号和工件轮廓各表面的图形符号,见表5.8。

表5.8 表面粗糙度轮廓的符号及其含义

名 称	符 号	含 义
基本图形符号 (简称基本符号)	✓	未指定工艺方法获得的表面。仅用于简化代号标注,没有补充说明时不能单独使用

续表 5.8

名　　称	符　　号	含　　义
扩展图形符号		用去除材料方法获得的表面。如通过机械加工方法获得的表面
		用不去除材料方法获得的表面；也可用于表示保持上道工序形成的表面
完整图形符号		在上述三个图形符号的长边上加一横线，用于标注表面粗糙度特征的补充信息
工件轮廓各表面的图形符号		在完整图形符号上加一圆圈，表示在图样某个视图上构成封闭轮廓的各表面有相同的表面粗糙度要求。它标注在图样中工件的封闭轮廓线上，如果标注会引起歧义时，各表面应分别标注

5.4.2　表面粗糙度轮廓要求标注的内容及其注法

1. 表面粗糙度轮廓要求标注的内容

为了明确表面粗糙度要求，除了标注表面粗糙度单一要求外，必要时还应标注补充要求。单一要求是指粗糙度参数及其数值；补充要求是指传输带、取样长度、加工工艺、表面纹理及方向和加工余量等。在完整的图形符号中，对上述要求应注写在图 5.9 所示的指定位置上。

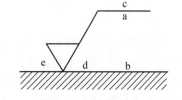

图 5.9　粗糙度要求的注写位置

a—表面粗糙度的幅度参数（单位为 μm）；

b—表面粗糙度的附加参数；

c—加工方法；

d—表面纹理和纹理方向；

e—加工余量（单位为 mm）。

2. 表面粗糙度轮廓要求在图形中的注法

（1）位置 a 处——注写表面粗糙度幅度参数 Ra 或 Rz，该要求是不能省略的。它包括表面粗糙度参数代号、极限值和传输带或取样长度等内容，在图形中的注法如图 5.10 和表 5.11 所示示例。

图 5.10 中标注的内容详细说明如下：

①上限或下限的标注：在完整图形符号中，表示双向极限时应标注上限符号"U"和下限符号"L"，上限在上方，下限在下方，如图 5.10 和表 5.9（3）所示。如果同一参数具有双向极限要求，在不引起歧义时，可以省略"U"和"L"的标注，如表 5.9（8）所示。当只有单向极限要求时，若为单向上限值，则均可省略"U"的标注，如表 5.9（7）所示；若为单向下限值，则必须加注"L"，如表 5.9（4）所示。

②传输带和取样长度的标注：传输带是指两个滤波器（短波滤波器和长波滤波器）的

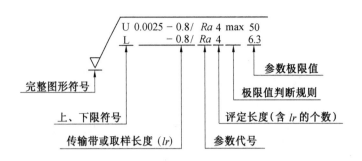

图 5.10　表面粗糙度的单一要求

截止波长值之间的波长范围(即评定时的波长范围)。长波滤波器的截止波长值也就是取样长度 lr,如表 5.9(6)中 $lr=0.8$ mm。传输带标注时,短波滤波器的截止波长值在前,长波滤波器的截止波长值在后,并用连字号"−"隔开,如表 5.9(8)所示。在某些情况下,在传输带中只标注两个滤波器中的一个,若未标注滤波器也存在,则使用它的默认截止波长值。如果只标注一个滤波器,也应保留连字号"−"来区分是短波还是长波滤波器的截止值。

③参数代号的标注:表面粗糙度参数代号标注在传输带或取样长度后,它们之间加一斜线"/"隔开,如表 5.9(5)、(6)所示。

④评定长度 ln 的标注:如果采用默认的评定长度,即采用 $ln=5lr$ 时,则评定长度可省略标注。如果评定长度不等于 $5lr$ 时,则应在相应参数代号后注出取样长度 lr 的个数,如表 5.9(6)所示($ln=3lr$)。

⑤极限值判断规则和极限值的标注:参数极限值的判断原则有"16%规则"和"最大规则"两种。"16%规则"是所有表面结构要求标注的默认规则(省略标注),其含义是同一评定长度内幅度参数所有的实测值中,大于上限值的个数少于总数的 16%,且小于下限值的个数少于总数的 16%,则认为合格。"最大规则"是指在整个被测表面上,幅度参数所有实测值都不大于上限值,则认为合格。采用"最大规则"时,应在参数代号后增加标注一个"max"的标记,如表 5.9(2)、(3)所示。

为了避免误解,在参数代号和极限值之间应插入一个空格。

表面粗糙度的其他要求(如图 5.9 中位置 b、c、d 和 e 处)可根据零件功能需要标注。

(2)位置 b 处——注写表面粗糙度附加参数。如果要注写两个附加参数时,图形符号应在垂直方向扩大,以空出足够空间。此时,a、b 的位置随之上移。

(3)位置 c 处——注写加工方法、表面处理、涂层和其他加工工艺要求等(如车、磨、镀等加工表面),如表 5.9(7)所示。

(4)位置 d 处——注写所要求的表面纹理和纹理方向。标准规定了加工纹理及其方向如表 5.10 所示。

(5)位置 e 处——注写所要求的加工余量(单位为 mm),如表 5.9(8)所示。

表 5.9 表面粗糙度轮廓的标注示例

序号	标注示例	含 义
1	$\sqrt{\ \ Rz\ \ 0.4}$	表示不允许去除材料,单向上限值,默认传输带,轮廓的最大高度为 0.4 μm,评定长度为 5 个取样长度(默认),"16% 规则"(默认)。
2	$\sqrt{\ \ Rz\,\max\ \ 0.2}$	表示去除材料,单向上限值,默认传输带,轮廓最大高度的最大值为 0.2 μm,评定长度为 5 个取样长度(默认),"最大规则"。
3	$\sqrt{\begin{array}{l}U\ Ra\max\ \ 3.2\\L\ Ra\ \ 0.8\end{array}}$	表示不允许去除材料,双向极限值,两极限值均使用默认传输带,上限值:算术平均偏差为 3.2 μm,评定长度为 5 个取样长度(默认),"最大规则";下限值:算术平均偏差为 0.8 μm,评定长度为 5 个取样长度(默认),"16% 规则"(默认)。
4	$\sqrt{\ \ L\ Ra\ \ 1.6}$	表示任意加工方法,单向下限值,默认传输带,算术平均偏差为 1.6 μm,评定长度为 5 个取样长度(默认),"16% 规则"(默认)。
5	$\sqrt{\ \ 0.008-0.8\,/Ra\ \ 3.2}$	表示去除材料,单向上限值,传输带为 0.008～0.8 mm,算术平均偏差为 3.2 μm,评定长度为 5 个取样长度(默认),"16% 规则"(默认)。
6	$\sqrt{\ \ -0.8\,/Ra\,3\ \ 3.2}$	表示去除材料,单向上限值,传输带:根据 GB/T 6062,$\lambda_s=0.0025$(默认)～$\lambda_c=0.8$ mm,取样长度为 0.8 mm,算术平均偏差为 3.2 μm,评定长度包含 3 个取样长度(即 $ln=0.8\ mm\times3=2.4\ mm$),"16% 规则"(默认)。
7	$\begin{array}{l}铣\\\sqrt{\ \ Ra\ \ 0.8}\\\perp\!\!\!\sqrt{\ \ -2.5\,/Rz\ \ 3.2}\end{array}$	表示去除材料,两个单向上限值:①默认传输带和评定长度,算术平均偏差为 0.8 μm,"16% 规则"(默认);②传输带:根据 GB/T 6062,0.008(默认)～2.5 mm,默认评定长度,轮廓的最大高度为 3.2 μm,"16% 规则"(默认)。表面纹理垂直于视图所在的投影面。加工方法为铣削。
8	$3\sqrt{\begin{array}{l}0.008-4\,/Ra\ \ 50\\0.008-4\,/Ra\ \ 6.3\end{array}}$	表示去除材料,双向极限值:上限值 $Ra=50$ μm,下限值 $Ra=6.3$ μm;上、下极限传输带均为 0.008～4 mm;默认的评定长度均为 $l_n=4\times5=20$ mm;"16% 规则"(默认)。加工余量为 3 mm。
9	$\sqrt{\qquad}$ $\sqrt{\,Y}\quad\sqrt{\,Z}$	简化符号:符号及所加字母的含义由图样中的标注说明。

表 5.10 表面纹理的标注 (摘自 GB/T 131—2006)

标注示例	解释和示例
=	纹理平行于视图所在的投影面 纹理方向

续表 5.10

符 号	解释和示例
⊥	纹理垂直于视图所在的投影面 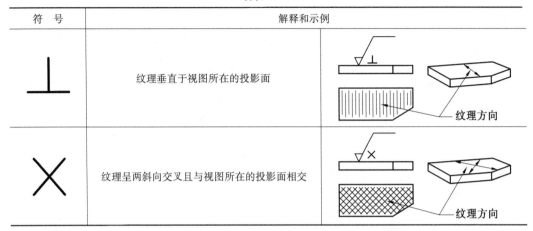
✕	纹理呈两斜向交叉且与视图所在的投影面相交

5.4.3　表面粗糙度轮廓要求在图样上的标注方法

表面粗糙度轮廓要求对零件的每一表面一般只标注一次,并尽可能标注在相应的尺寸及其公差的同一视图上。除非另有说明,所标注的表面粗糙度轮廓要求只是对完工零件表面的要求。表面粗糙度轮廓要求在图样上的标注方法见表 5.11。

表 5.11　表面粗糙度轮廓要求在图样上的标注方法示例

要　求	图　例	说　明
表面粗糙度要求的注写方向	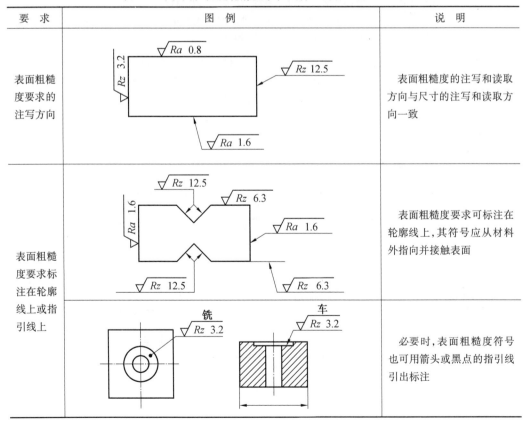	表面粗糙度的注写和读取方向与尺寸的注写和读取方向一致
表面粗糙度要求标注在轮廓线上或指引线上		表面粗糙度要求可标注在轮廓线上,其符号应从材料外指向并接触表面
		必要时,表面粗糙度符号也可用箭头或黑点的指引线引出标注

续表 5.11

要　求	图　例	说　明
表面粗糙度要求在特征尺寸线上的标注	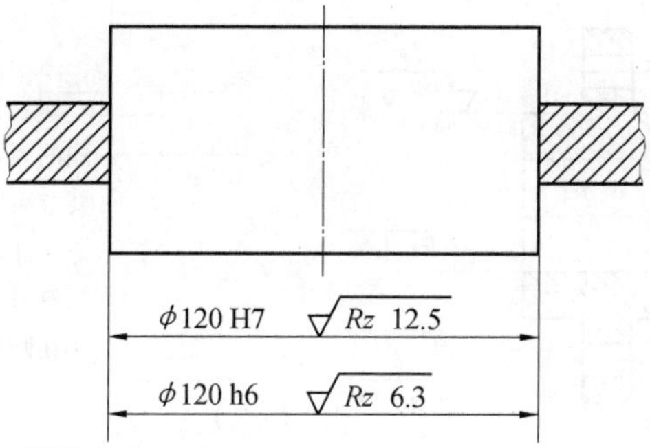 $\phi 120\,H7$　$\sqrt{Rz\ 12.5}$ $\phi 120\,h6$　$\sqrt{Rz\ 6.3}$	在考虑不引起误解的情况下,表面粗糙度要求可以标注在给定的尺寸线上
表面粗糙度要求在几何公差框格上的标注	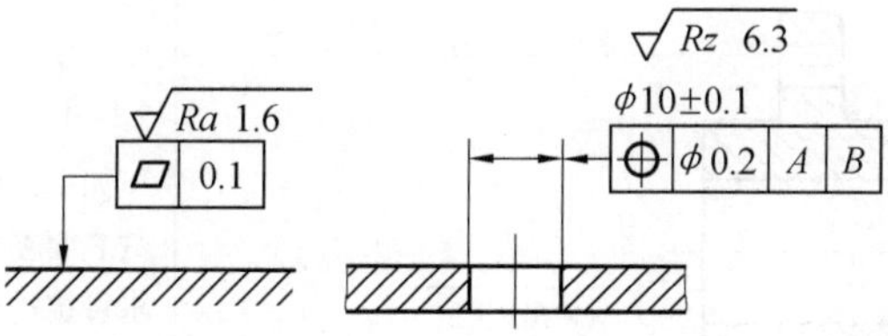 $\sqrt{Ra\ 1.6}$　　$\sqrt{Rz\ 6.3}$ $\boxed{\square\ \ 0.1}$　　$\phi 10\pm 0.1$　$\boxed{\oplus\ \phi 0.2\ \ A\ \ B}$	表面粗糙度可标注在几何公差框格的上方和可标注在框格上面注出了被测要素尺寸的上方
表面粗糙度要求在延长线上的标注	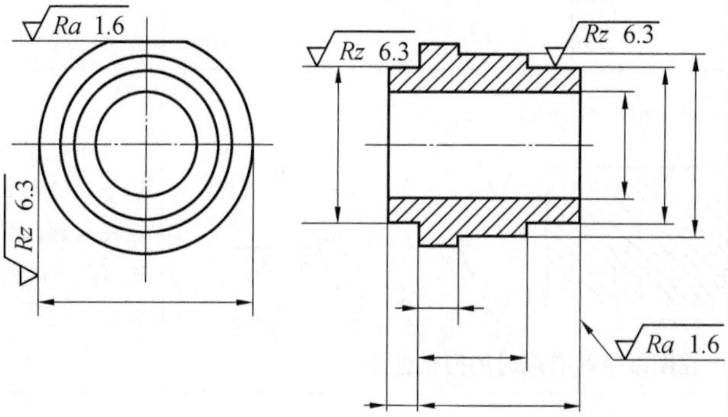 $\sqrt{Ra\ 1.6}$　$\sqrt{Rz\ 6.3}$　$\sqrt{Rz\ 6.3}$ $\sqrt{Rz\ 6.3}$　　　　$\sqrt{Ra\ 1.6}$	表面粗糙度可以直接标注在延长线上,或用带箭头的指引线引出标注 圆柱和棱柱表面的表面粗糙度要求只标一次
	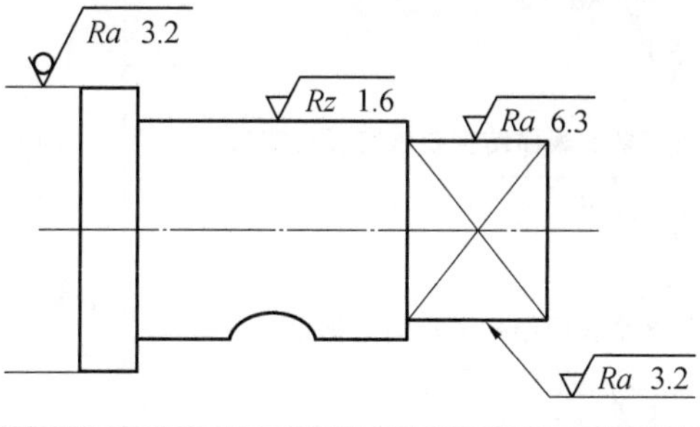 $\sqrt{Ra\ 3.2}$　$\sqrt{Rz\ 1.6}$　$\sqrt{Ra\ 6.3}$ $\sqrt{Ra\ 3.2}$	如果棱柱的每个表面有不同的表面粗糙度要求时,则应分别单独标注

续表 5.11

要　求	图　例	说　明
大多数表面（包括全部）有相同表面粗糙度要求的简化标注	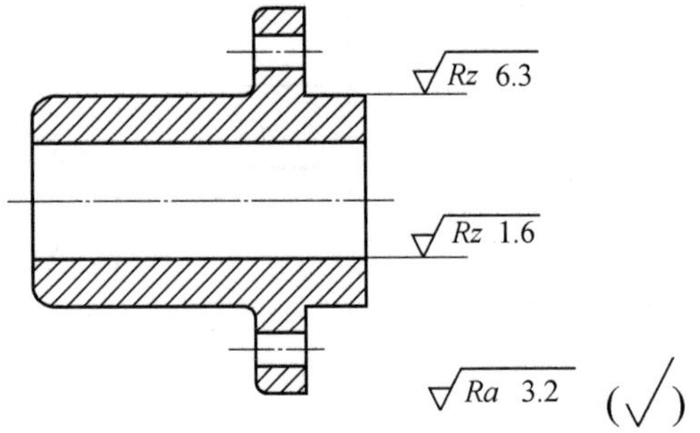 $\sqrt{Rz\ 6.3}$ $\sqrt{Rz\ 1.6}$ $\sqrt{Ra\ 3.2}$　$(\sqrt{\ })$	如果工件的多数表面有相同的表面粗糙度要求，则其要求可统一标注在标题栏附近。此时，表面粗糙度要求的符号后面要加上圆括号，并在圆括号内给出基本符号
	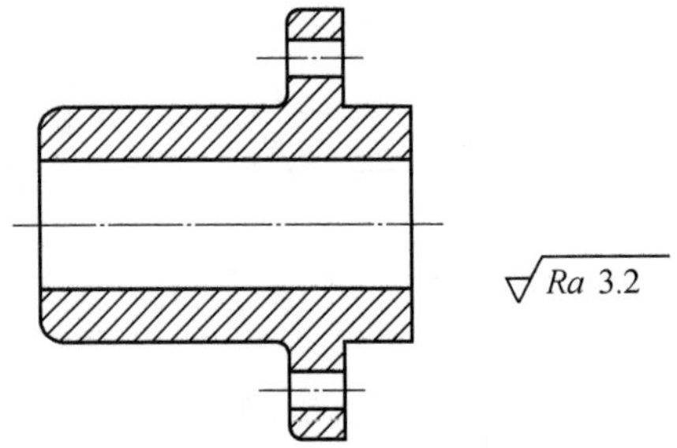 $\sqrt{Ra\ 3.2}$	如果工件全部表面有相同的表面粗糙度要求，则其要求可统一标注在标题栏附近
多个表面有相同的表面粗糙度要求或图纸空间有限时的简化标注	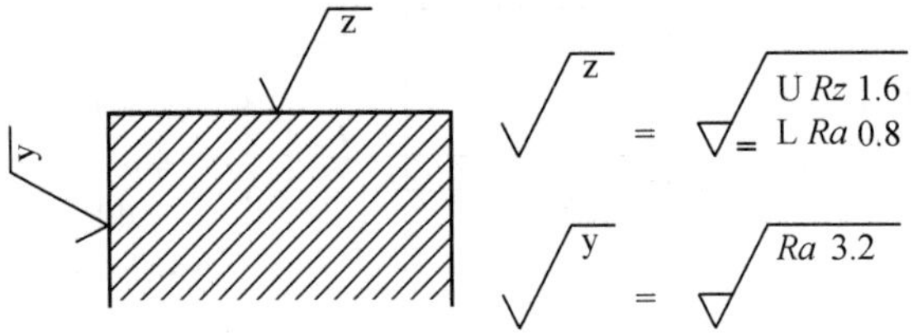 $\sqrt{z}$ $\sqrt{\ }=\sqrt{\begin{array}{l}U\ Rz\ 1.6\\L\ Ra\ 0.8\end{array}}$ $\sqrt{\ }=\sqrt{Ra\ 3.2}$ **在图纸空间有限时的简化标注**	可用带字母的完整符号，以等式的形式，在图形或标题栏附近，对有相同表面粗糙度要求的表面进行简化标注
	 $\sqrt{\ }=\sqrt{Ra\ 3.2}$ **(a)未指定工艺方法的多个表面结构要求的简化注法** 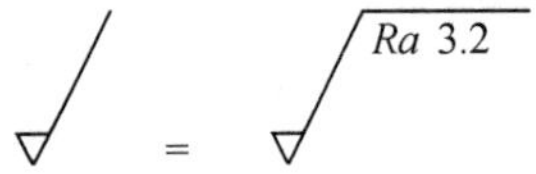 $\sqrt{\ }=\sqrt{Ra\ 3.2}$ **(b)要求去除材料的多个表面结构要求的简化注法**  $\sqrt{\ }=\sqrt{Ra\ 3.2}$ **(c)不允许去除材料的多个表面结构要求的简化注法**	可用表面粗糙度基本符号（a）和扩展图形符号（b）、（c），以等式的形式给出多个表面有相同的表面粗糙度要求

续表 5.11

要　求	图　例	说　明
键槽表面的表面粗糙度要求的注法	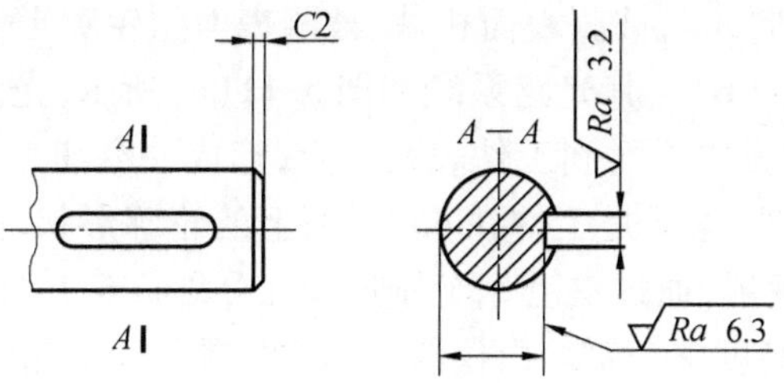	键槽宽度两侧面的表面粗糙度要求标注在键槽宽度的尺寸线上:单向上限值 Ra=3.2 μm;键槽底面的表面粗糙度要求标注在带箭头的指引线上:单向上限值 Ra=6.3 μm(其他要求:极限值的判断原则、评定长度和传输带等均为默认)
倒角、倒圆表面的表面粗糙度要求的注法	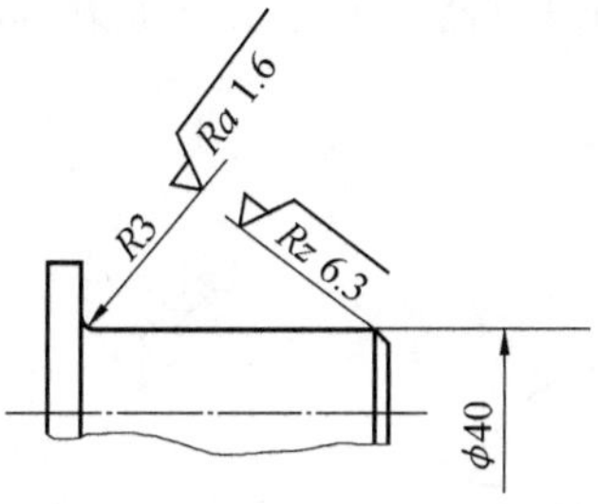	倒圆表面的表面粗糙度要求标注在带箭头的指引线上:单向上限值 Ra=1.6 μm;倒角表面的表面粗糙度要求标注在其轮廓延长线上:单向上限值 Ra=6.3 μm
两种或多种工艺获得的同一表面的注法	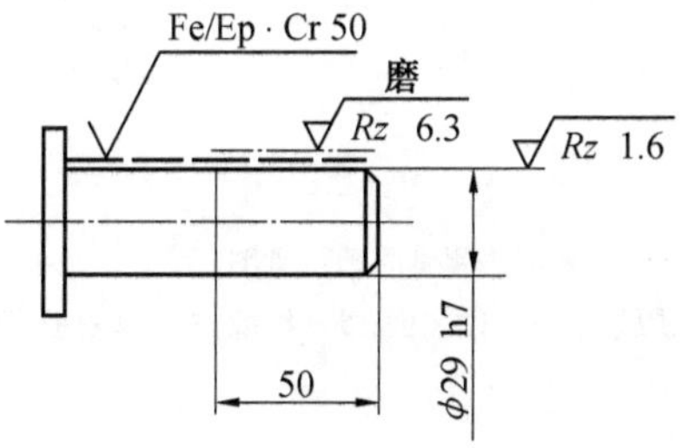	由几种不同的工艺方法获得的同一表面,当需要明确每种工艺方法的表面粗糙度要求时,可按照左图进行标注。第一道工序:单向上限值 Rz=1.6 μm;第二道工序:镀铬表面粗糙度无要求。第三道工序:单向上限值(仅在 50 mm 内)Rz=6.3 μm

5.5　表面粗糙度轮廓的检测

表面粗糙度的检测方法主要有:比较法、光切法、针描法、干涉法、激光反射法、激光全息法、印模法和三维几何表面测量法等。

1. 比较法

比较法是将被测表面与已知其评定参数值的粗糙度样板相比较,如被测表面精度较高时,可借助于放大镜、比较显微镜进行比较,以提高检测精度。比较样板的选择应使其材料、形状和加工方法与被测工件尽量相同。

视觉比较适宜于检测 Ra 值为 0.16～100 μm 的外表面。

触觉比较是用手指甲的感觉来判别,适宜于检测 Ra 值为 1.25～10 μm 的外表面。

比较法简单实用,适合于车间条件下判断较粗糙的表面。比较法的判断准确程度与检验人员的技术熟练程度有关。

2. 光切法

光切法是利用"光切原理"测量表面粗糙度的方法。

光切原理示意图如图 5.11 所示。由光源发出的光线经狭缝后形成一个光带,此光带与被测表面以夹角为 45°的方向 A 与被测表面相截,被测表面的轮廓影像沿 B 向反射后可由显微镜中观察得到图 5.11(b)。其光路系统如图 5.11(c)所示,光源 1 通过聚光镜 2、狭缝 3 和物镜 5,以 45°角的方向投射到工件表面 4 上,形成一窄细光带。光带边缘的形状,即光束与工件表面的交线,也就是工件在 45°截面上的轮廓形状,此轮廓曲线的波峰在 S_1 点反射,波谷在 S_2 点反射,通过物镜 5,分别成像在分划板 6 上的 S''_1 和 S''_2 点,从目镜 7 可观察到其峰、谷影像高度差为 h''。由仪器的测微装置可读出此值,按定义测出评定参数 Rz 的数值。

按光切原理设计制造的表面粗糙度测量仪器称为光切显微镜(或双管显微镜),其测量范围 Rz 为 0.8~80 μm。

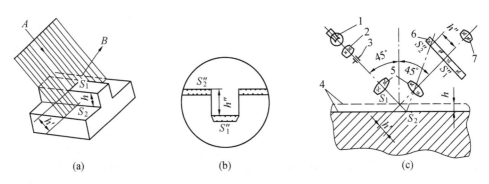

图 5.11 光切法测量原理示意图

1—光源;2—聚光镜;3—狭缝;4—工件表面;5—物镜;6—分划板;7—目镜

3. 针描法

针描法是利用仪器的触针在被测表面上轻轻划过,被测表面的表面粗糙度将使触针作垂直方向的位移,再通过传感器将位移量转换成电量,经信号放大后送入计算机,在显示器上示出被测表面粗糙度的评定参数值。也可由记录器绘制出被测表面轮廓的误差图形,其工作原理如图 5.12 所示。

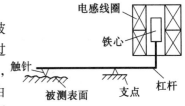

图 5.12 针描法测量原理示意图

按针描法原理设计制造的表面粗糙度测量仪器通常称为轮廓仪。根据转换原理的不同,可以有电感式轮廓仪、电容式轮廓仪、压电式轮廓仪等。轮廓仪可测 Ra、Rz、Rsm 等多个参数。

除上述轮廓仪外,还有光学触针轮廓仪,它是非接触测量,可以防止划伤零件表面,这种仪器通常直接显示 Ra 值,其测量范围为 0.02~5 μm。

4. 干涉法

干涉法是利用光波干涉原理测量表面粗糙度的方法。根据干涉原理设计制造的仪器称为干涉显微镜,其基本光路系统如图 5.13(a)所示。由光源 1 发出的光线经平面镜 5

反射向上,至半透半反分光镜 9 后分成两束。一束向上射至被测表面 18 返回,另一束向左射至参考镜 13 返回。此两束光线会合后形成一组干涉条纹。干涉条纹的弯曲程度反映了被测表面不平度的状况,如图 5.13(b)所示。仪器的测微装置可按定义测出相应的评定参数 Rz 值,其测量范围为 0.025 ~ 0.8 μm。

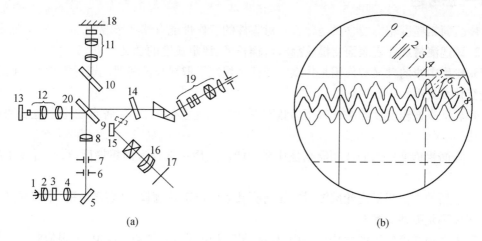

(a)　　　　　　　　　　　　　　　　　　(b)

图 5.13　干涉法测量原理示意图

5. 激光反射法

激光反射法的基本原理是激光束以一定的角度照射到被测表面,除了一部分光被吸收以外,大部分被反射和散射。反射光与散射光的强度及其分布与被照射表面的表面粗糙度状况有关。通常,反射光较为集中形成明亮的光斑,散射光则分布在光斑周围形成较弱的光带。较为光洁的表面,光斑较强、光带较弱且宽度较小,较为粗糙的表面则光斑较弱,光带较强且宽度较大。

6. 激光全息法

激光全息法的基本原理是以激光照射被测表面,利用相干辐射,拍摄被测表面的全息照片,即一组表面轮廓的干涉图形,然后用硅光电池测量黑白条纹的强度分布,测出黑白条纹的反差比,从而评定被测表面的粗糙程度。当激光波长 $\lambda = 632.8$ nm 时,其测量范围为 0.05 ~ 0.8 μm。

7. 印模法

印模法是用塑性材料将被测表面复制下来,然后再对印模进行测量。常用的印模材料有川蜡、石蜡、赛璐珞、低熔点合金等。由于印模材料不可能完全填满被测表面的谷底,取下印模时又会使波峰被破坏,因此印模的幅度参数值通常比被测表面的幅度参数实际值要小些,应根据实验结果进行修正。印模法适用于内表面的粗糙度检测。

8. 三维几何表面测量

表面粗糙度的一维和二维测量,只能反映表面不平度的某些几何特征,把它作为表征整个表面的统计特征是很不充分的,只有用三维评定参数才能真实地反映被测表面的实际特征。为此国内外都在致力于研究开发三维几何表面测量技术,现已将光纤法、微波法和电子显微镜等测量方法成功地应用于三维几何表面的测量。

习 题 五

一、思考题

1. 表面粗糙度轮廓的含义是什么？对零件的工作性能有哪些影响？

2. 试述测量和评定表面粗糙轮廓时取样长度、评定长度的含义。

3. 轮廓中线的含义和作用是什么？为什么规定了取样长度还要规定评定长度？两者之间有什么关系？

4. 表征表面粗糙度轮廓的幅度参数有哪些？试述它们的含义、各自的应用范围和测量方法。

5. 表面粗糙度轮廓的选用原则是什么？如何选用？选择表面粗糙度值,是否越小越好？

6. 常用的表面粗糙度轮廓测量方法有哪几种？电动轮廓仪、光切显微镜、干涉显微镜各适用于测量哪些参数？

7. 表面粗糙度轮廓的图样标注中,什么情况注出评定参数的上限值、下限值？什么情况要注出最大值？上限值和下限值与最大值如何标注？

二、作业题

1. 解释图 5.14 中标注的各表面粗糙度轮廓要求的含义。

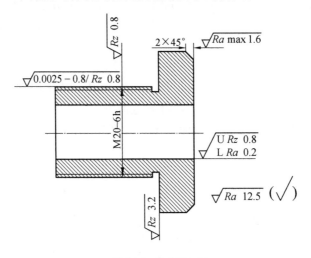

图 5.14　作业题 1 图

2. 用类比法分别确定 $\phi50t5$ 轴和 $\phi50T6$ 孔的配合表面粗糙度轮廓幅度参数 Ra 的上限值。

3. 在一般情况下,$\phi40H7$ 和 $\phi6H7$ 相比,$\phi40\dfrac{H6}{f5}$ 和 $\phi40\dfrac{H6}{s5}$ 相比,其表面何者选用较小的粗糙度的上限值。

4. 用双管显微镜测量表面粗糙度轮廓,在各取样长度 lr_i 内测量微观不平度幅度数值见表 5.12,若目镜测微计的分度值 $i=0.6$ μm,试计算 Rz 值。

表 5.12　作业题 4 的数据

lr_i	lr_1	lr_2	lr_3	lr_4
最高点(格)	438	453	516	541
	458	461	518	540
	452	451	518	538
	449	448	520	536
	467	460	521	537
最低点(格)	461	468	534	546
	460	474	533	546
	477	472	530	550
	477	471	526	558
	478	458	526	552

5. 参看带孔齿坯图 5.15,试将下列的表面粗糙度轮廓的技术要求标注在图上(未指明要求的项目皆为默认的标准化值)。

(1)齿顶圆 a 的表面粗糙度轮廓参数 Ra 的上限值为 2 μm;

(2)齿坯的两端面 b 和 c 的表面粗糙度轮廓参数 Ra 的判断规则采用最大规则,其上限值为 3.2 μm;

(3)$\phi30$ 孔最后一道工序为拉削加工,表面粗糙度轮廓参数 Rz 的上限值为 2.5 μm,并注出加工纹理方向;

(4)尺寸为 8±0.018 键槽两侧面表面粗糙度轮廓参数 Ra 的上限值为 3.2 μm,键槽底面 Ra 的上限值为 6.3 μm;

(5)其余表面的表面粗糙度轮廓参数 Ra 的上限值为 25 μm。

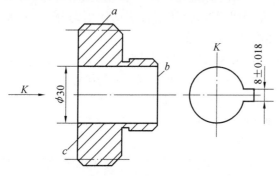

图 5.15　作业题 5 图

第6章

典型零件结合的精度设计与检测

6.1 滚动轴承与孔、轴结合的精度设计

滚动轴承是由专门的滚动轴承制造厂生产的标准部件,在机器和仪器中起着支承作用,可以减小运动副的摩擦、磨损,提高机械效率。滚动轴承与孔、轴结合的精度设计,就是根据滚动轴承的精度,合理确定滚动轴承外圈与相配外壳孔的配合,内圈与相配轴颈的配合及外壳孔和轴颈的尺寸公差、几何公差以及表面粗糙度轮廓幅度参数值,以保证滚动轴承的工作性能和使用寿命。

6.1.1 概 述

为了研究滚动轴承与孔、轴结合的精度设计,首先要了解滚动轴承的组成、种类及其精度等级等内容。

1. 滚动轴承的组成及种类

滚动轴承的基本结构由内圈、外圈、滚动体和保持架组成,如图 6.1 所示。轴承的内径 d 与轴颈结合,外径 D 与外壳孔结合,滚动体承受载荷,并使轴承形成滚动摩擦,保持架将滚动体均匀分开,使每个滚动体轮流承载并在内外滚道上滚动。

滚动轴承的种类很多,按滚动体形状分为球轴承和滚子轴承;按承载的作用力方向分为向心轴承、向心推力轴承(角接触轴承)和推力轴承。其中向心推力轴承的应用范围最广泛。

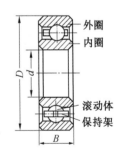

图 6.1 向心球轴承结构

2. 滚动轴承的公差等级及其应用

(1)滚动轴承的公差等级

滚动轴承的公差等级是根据其外形尺寸精度和旋转精度确定的。GB/T 307.3—2005 把向心轴承的公差等级分为 2、4、5、6、0 五级;圆锥滚子轴承的公差等级分为 4、5、6X、0 四级;推力轴承的公差等级分为 4、5、6、0 四级。它们依次由高到低,2 级最高,0 级最低。

滚动轴承的尺寸精度是指轴承内径(d)、外径(D)和宽度(B)尺寸的公差。轴承内、外

圈为薄壁零件,在制造后自由状态存放时易变形(常呈椭圆形),但当轴承内圈与轴颈,外圈与外壳孔装配后,这种变形又会得到矫正。因此,为了有利于制造,标准中对 2、4 级向心轴承的内、外圈直径,不仅规定了单一径向平面平均内径偏差 Δd_{mp} 和单一径向平面平均外径偏差 ΔD_{mp},还规定了单一内孔直径偏差 Δd_s 和单一外径偏差 ΔD_s,在制造和验收过程中,它们的单一内孔直径和单一外径也不能超过其极限尺寸;而对 5、6、0 级轴承仅用单一径向平面内、外径变动量来限制其单一内孔直径和单一外径。对于轴承宽度尺寸精度,规定了内圈单一宽度偏差 ΔB_s,外圈单一宽度偏差 ΔC_s 及外圈凸缘单一宽度偏差 ΔS_{1s}。

滚动轴承的旋转精度是指成套轴承内圈的径向跳动 K_{ia}、内圈基准端面对内孔的跳动 S_d、成套轴承内圈端面对滚道的跳动 S_{ia},以及成套轴承外圈的径向跳动 K_{ea}、外径表面母线对基准端面的倾斜度变动量 S_D、外径表面母线对凸缘背面的倾斜度变动量 S_{D1}、成套轴承外圈端面对滚道的跳动 S_{ea}、成套轴承凸缘背面对滚道的跳动 S_{ea1}。对于 6 级和 0 级向心球轴承,标准仅规定了成套轴承内圈和外圈的径向跳动 K_{ia} 和 K_{ea}。

2、4、5、6、0 级轴承的外形尺寸精度和旋转精度见表 6.1。

(2)各个公差等级的滚动轴承应用

轴承精度等级的选择主要依据有两点:一是对轴承部件提出的旋转精度要求,如径向跳动和轴向跳动值。例如,若机床主轴径向跳动要求为 0.01 mm,可选用 5 级轴承,径向跳动为 0.001~0.005 mm 时,可选用 4 级轴承。二是转速的高低,转速高时,由于与轴承结合的旋转轴(或外壳孔)可能随轴承的跳动而跳动,势必造成旋转不平稳,产生振动和噪声。因此,转速高的,应选用精度等级高的滚动轴承。此外,为保证主轴部件有较高的精度,可以采用不同等级的搭配方式。例如,机床主轴的后支承比前支承用的滚动轴承低一级,即后轴内圈的径向跳动值要比前轴承的稍大些。

滚动轴承的各级精度的应用大致如下:

0(普通级)级轴承用在中等精度、中等转速和旋转精度要求不高的一般机构中,它在机械产品中应用十分广泛。如普通机床中的变速机构、进给机构、水泵、压缩机等一般通用机器中所用的轴承。

6、6X(中等级)级轴承应用于旋转精度和转速较高的旋转机构中。如,普通机床的主轴轴承(前支承多采用 5 级,后支承多采用 6 级)、精密机床传动轴使用的轴承。

5、4(精密级)级轴承应用于旋转精度和转速高的旋转机构中。如精密机床的主轴轴承、精密仪器和机械使用的轴承。

2(超精级)级轴承应用于旋转精度和转速很高的旋转机构中。如,坐标镗床的主轴轴承、高精度仪器和高转速机构中使用的轴承。

3. 滚动轴承和与其配合的孔、轴公差带

(1)滚动轴承内、外径公差带

GB/T 307.1—2005 对其内、外径公差带规定为:公差带在以轴承内、外圈的单一平面平均直径(d_{mp}、D_{mp})为零线下方,且上偏差都为零。内、外径的公差值与内、外径的大小和轴承的公差等级有关,其数值见表 6.1。各公差等级轴承的内、外径公差带如图 6.2 所示。

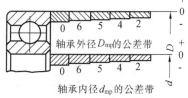

图 6.2　轴承内、外圈公差带图

表 6.1　向心轴承（圆锥滚子轴承除外）公差

（摘自 GB/T 307.1—2005）

内圈

公称内径/mm		外形尺寸公差/μm													旋转精度/μm												
		内径 Δd_{mp}										Δd_s		宽度 ΔB_S		K_{ia}					S_d			S_{ia}		
		0		6		5		4		2		4	2	0	6542	0	6	5	4	2	5	4	2	5	4	2
超过	到	上偏差	下偏差	上偏差	下偏差	上偏差	下偏差	上偏差	下偏差	上偏差	下偏差	下偏差	下偏差	下偏差	上偏差	max	max	max	max	max	max	max	max	max	max	max
18	30	0	-10	0	-8	0	-6	0	-5	0	-2.5	-5	-2.5	-120	0	13	8	4	3	2.5	8	4	1.5	8	4	2.5
30	50	0	-12	0	-10	0	-8	0	-6	0	-2.5	-6	-2.5	-120	0	15	10	5	4	2.5	8	4	1.5	8	4	2.5
50	80	0	-15	0	-12	0	-9	0	-7	0	-4	-7	-4	-150	0	20	10	5	4	2.5	8	5	1.5	8	5	2.5
80	120	0	-20	0	-15	0	-10	0	-8	0	-5	-8	-5	-200	0	25	13	6	5	2.5	9	5	2.5	9	5	2.5
120	150	0	-25	0	-18	0	-13	0	-10	0	-7	-10	-7	-250	0	30	18	8	6	2.5	10	6	2.5	10	7	2.5
150	180	0	-25	0	-18	0	-13	0	-10	0	-7	-10	-7	-250	0	30	18	8	6	5	10	6	4	10	7	5
180	250	0	-30	0	-22	0	-15	0	-12	0	-8	-12	-8	-300	0	40	20	10	8	5	11	7	5	13	8	5

外圈

公称内径/mm		外形尺寸公差/μm													旋转精度/μm															
		外径 ΔD_{mp}										ΔD_s		宽度 $\Delta C_S\,\Delta C_{1S}$		K_{ea}					S_D S_{D1}			S_{ea}			S_{ea1}		
		0		6		5		4		2		4	2	0 6542		0	6	5	4	2	5	4	2	5	4	2	5	4	2
超过	到	上偏差	下偏差	上偏差	下偏差	上偏差	下偏差	上偏差	下偏差	上偏差	下偏差	下偏差	下偏差	上偏差	下偏差	max	max	max	max	max	max	max	max	max	max	max	max	max	max
30	50	0	-11	0	-9	0	-7	0	-6	0	-4	-6	-4	0	与同一轴承内圈的 ΔB_S 相同	20	10	7	5	2.5	8	4	1.5	8	5	2.5	11	7	4
50	80	0	-13	0	-11	0	-9	0	-7	0	-4	-7	-4	0		25	13	8	5	4	8	4	1.5	10	5	4	14	7	6
80	120	0	-15	0	-13	0	-10	0	-8	0	-5	-8	-5	0		35	18	10	6	5	9	5	2.5	11	6	5	16	8	7
120	150	0	-18	0	-15	0	-11	0	-9	0	-5	-9	-5	0		40	20	11	7	5	10	5	2.5	13	7	5	18	10	7
150	180	0	-25	0	-18	0	-13	0	-10	0	-7	-10	-7	0		45	23	13	8	5	10	5	2.5	14	8	5	20	11	7
180	250	0	-30	0	-20	0	-15	0	-11	0	-8	-11	-8	0		50	25	15	10	7	11	7	4	15	10	7	21	14	10
250	315	0	-35	0	-25	0	-18	0	-13	0	-8	-13	-8	0		60	30	18	11	8	13	8	5	18	10	7	25	14	10

由于滚动轴承是标准部件,它的内、外径与轴颈和外壳孔的配合表面无须再加工。为了便于互换和大量生产,轴承内径与轴颈的配合按基孔制,轴承外径与外壳孔的配合按基轴制配合。

由图 6.2 可见,滚动轴承内圈孔的公差带在零线以下,这种特殊的基准孔公差带不同于 GB/T 1800.1—2009 中基本偏差代号为 H 的基准孔公差带。因此,当轴承内圈孔与一些过渡配合的基本偏差代号 k、m、n 等的轴颈配合时形成了具有小过盈的过盈配合,而不是过渡配合;与一些间隙配合的基本偏差代号为 g、h 的轴颈配合时,则形成了过渡配合。

（2）与滚动轴承配合的孔、轴公差带

按 GB/T 275—93 规定,滚动轴承与轴颈、外壳孔配合的尺寸公差带图如图 6.3 所示。

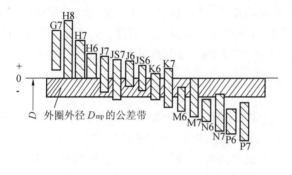

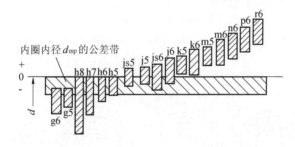

图 6.3　轴承与孔、轴配合的常用尺寸公差带

为了实现不同松紧的配合性质要求,标准规定了 0 级和 6 级滚动轴承与外壳孔相配合的 16 种常用公差带,与轴颈相配合的 17 种常用公差带(见图 6.3),它们都是从 GB/T 1801—2009 中的常用孔、轴公差带中选取。

由图 6.3 可见,滚动轴承内圈孔与轴颈的配合比 GB/T 1800.1—2009 中基孔制同名配合偏紧,与 h5、h6、h7、h8 轴颈配合由间隙配合变成过渡配合;与 k5、k6、m5、m6、n6 轴颈配合由过渡配合变成具有小过盈的过盈配合,其余配合也有所偏紧。

标准规定的外壳孔和轴颈的公差带适用范围为:

① 对轴承的旋转精度和运转平稳性无特殊要求。

② 轴颈为实体或厚壁空心的。

③ 轴颈与外壳孔的材料为钢或铸铁。

④ 轴承的工作温度不超过 100 ℃的场合。

轴颈与外壳孔的标准公差等级与轴承本身公差等级密切相关,与 0、6 级轴承配合的轴颈一般取IT6,外壳孔一般取IT7。对旋转精度和运转平稳有较高要求的场合,轴颈取IT5,外壳孔取IT6。与5级轴承配合的轴颈和外壳孔均取IT6,要求高的场合取IT5;与4级轴承配合的轴颈取IT5,外壳孔取IT6,要求更高的场合轴颈取IT4,外壳孔取IT5。

6.1.2 滚动轴承与孔、轴结合的精度设计

由于滚动轴承是标准件,它的机械精度在生产时已经确定,见表6.1,因此,滚动轴承与孔、轴结合的精度设计就是确定:① 与孔、轴配合的依据;② 孔、轴尺寸公差等级和基本偏差(公差带);③ 孔、轴的几何公差和表面粗糙度轮廓幅度参数值。

1. 配合选用的依据

正确合理地选用滚动轴承与轴颈和外壳孔的配合,对保证机器正常运转、提高轴承的使用寿命、充分发挥其承载能力关系很大。因此,选用轴与外壳孔公差带时,要以作用在轴承上负荷的类型、大小,轴承的类型和尺寸,工作条件,轴颈和外壳孔材料以及轴承装拆等为依据。

(1)负荷类型

由于滚动轴承是一种把相对转动的轴支承在壳体上的标准部件,机械构件中的轴一般都可传递动力,因此滚动轴承的内圈和外圈(统称套圈)都要受到力(负荷)的作用。对于工程中轴承所受的合成径向负荷进行分析可知,在轴承运转时,轴承所受的合成径向负荷可有以下两种情况:①作用在轴承上的合成径向负荷为一定值向量P_0;②作用在轴承上的合成径向负荷,是由一个与轴承某套圈相对静止的定值向量P_0和一个较小的相对旋转的定值向量P_1合成的。轴承套圈承受的负荷类型分为定向负荷、旋转负荷和摆动负荷三种,如图6.4所示。

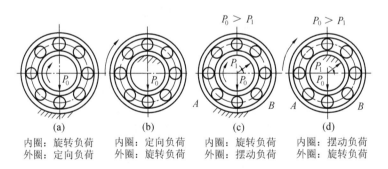

图6.4 轴承套圈承受的负荷类型

当套圈受定向负荷时,其配合一般应选得松些,甚至可有不大的间隙,以便在滚动体摩擦力矩的作用下,使套圈有可能产生少许转动,从而改变受力状态使滚道磨损均匀,延长轴承的使用寿命。一般选用过渡配合或具有极小间隙的间隙配合。

当套圈受旋转负荷时,为了防止套圈在轴颈上或外壳孔的配合表面上打滑,引起配合表面发热、磨损,配合应选得紧些,一般选用过盈量较小的过盈配合或过盈量较大的过渡配合。

当套圈受摆动负荷时,选择其配合的松紧程度,一般与受旋转负荷的配合相同或稍松

些。

（2）负荷大小

滚动轴承套圈与轴颈或外壳孔配合的松紧程度，取决于负荷的大小。一般把径向负荷 $P \leqslant 0.07C$ 的称为轻负荷；$0.07C < P \leqslant 0.15C$ 的称为正常负荷；$P > 0.15C$ 的称为重负荷。其中，P 为当量径向负荷，C 为轴承的基本额定动负荷。

（3）轴承的工作条件

主要应考虑轴承的工作温度以及旋转精度和旋转速度对配合的影响。

①工作温度的影响

轴承运转时，由于摩擦发热和其他热源影响，使轴承套圈的温度经常高于与其相结合零件的温度。因此轴承内圈因热膨胀而与轴的配合可能松动，外圈因热膨胀而与壳体孔的配合可能变紧。所以在选择配合时，必须考虑温度的影响，并加以修正。

②旋转精度和旋转速度的影响

因机器要求有较高的旋转精度时，相应的要选用较高精度等级的轴承，因此，与轴承相配合的轴和壳体孔，也要选择较高精度的标准公差等级。

对于承受负荷较大且要求较高旋转精度的轴承，为了消除弹性变形和振动的影响，应该避免采用间隙配合。而对一些精密机床的轻负荷轴承，为了避免孔和轴的形状误差对轴承精度的影响，常采用有间隙的配合。

此外，当轴承旋转精度要求较高时，为了消除弹性变形和振动的影响，不仅受旋转负荷的套圈与互配件的配合应选得紧些，就是受定向负荷的套圈也应紧些。

关于轴承的旋转速度对配合的影响，一般认为，轴承的旋转速度越高，配合应该越紧。

（4）轴和外壳孔的结构与材料

为了安装和装卸方便，可以选用剖分式外壳，如果剖分式外壳孔与外圈采用的配合较紧，会使外圈产生椭圆变形。因此，宜采用较松配合。当轴承安装薄壁外壳、轻合金外壳或薄壁的空心轴上时，为了保证轴承工作有足够的支承刚度和强度，所采用的配合，应比装在厚壁外壳、铸铁外壳或实心轴上紧些。

（5）安装和拆卸轴承的条件

考虑轴承安装与拆卸方便，宜采用较松的配合，对重型机械用的大型和特大型轴承，这点尤为重要。如要求装卸方便，而又需紧配时，可采用分离型轴承，或内圈带锥孔、带紧定套和退卸套的轴承。

除上述条件外，还应考虑：当要求轴承的内圈或外圈能沿轴向移动时，该内圈与轴或外圈与外壳孔的配合，应选较松的配合。滚动轴承的尺寸越大，选取的配合应越紧。滚动轴承的工作温度高于 100 ℃，应对所选的配合进行适当修正。

2. 与滚动轴承配合的孔、轴尺寸公差带的选用

与滚动轴承配合的孔、轴尺寸公差带可参考表 6.2～6.5，根据表列条件进行选用。

表 6.2　向心轴承和轴的配合　轴公差带代号　（摘自 GB/T 275—93）

圆柱孔轴承					
运 转 状 态		负荷状态	深沟球轴承、调心球轴承和角接触球轴承	圆柱滚子轴承和圆锥滚子轴承	调心滚子轴承	公差带
说明	举例		轴承公称内径/mm			
旋转的内圈负荷及摆动负荷	一般通用机械、电动机、机床主轴、泵、内燃机、直齿轮传动装置、铁路机车车辆轴箱、破碎机等	轻负荷	≤18 >18～100 >100～200 —	— ≤40 >40～140 >140～200	— ≤40 >40～100 >100～200	h5 j6① k6① m6①
		正常负荷	≤18 >18～100 >100～140 >140～200 >200～280 — —	— ≤40 >40～100 >100～140 >140～200 >200～400	— ≤40 >40～65 >65～100 >100～140 >140～280 >280～500	j5 js5 k5② m5② m6 n6 p6 r6
		重负荷	>50～140 >140～200 >200 —	>50～100 >100～140 >140～200 >200	n6 p6③ r6 r7
固定的内圈负荷	静止轴上的各种轮子，张紧轮绳轮、振动筛、惯性振动器	所有负荷	所有尺寸			f6 g6① h6 j6
仅有轴向负荷			所有尺寸			j6、js6
圆锥孔轴承					
所有负荷	铁路机车车辆轴箱		装在退卸套上的所有尺寸			h8(IT6)⑤④
	一般机械传动		装在紧定套上的所有尺寸			h9(IT7)⑤④

注:① 凡对精度有较高要求的场合，应用 j5,k5,…,代替 j6,k6,…。
　　② 圆锥滚子轴承、角接触球轴承配合对游隙影响不大，可用 k6,m6 代替 k5,m5。
　　③ 重负荷下轴承游隙应选大于 0 组的游隙。
　　④ 凡有较高精度或转速要求的场合,应选用 h7(IT5)代替 h8(IT6)等。
　　⑤ IT6、IT7 表示圆柱度公差数值。

表 6.3　向心轴承和外壳的配合　孔公差带代号　（摘自 GB/T 275—93）

运 转 状 态		负荷状态	其 他 状 况	公差带①	
说　明	举　例			球轴承	滚子轴承
固定的外圈负荷	一般机械、铁路机车车辆轴箱、电动机、泵、曲轴主轴承	轻、正常、重	轴向易移动，可采用剖分式外壳	H7、G7②	
		冲击	轴向能移动，可采用整体或剖分式外壳	J7、JS7	
摆动负荷		轻、正常			
		正常、重		K7	
		冲击		M7	
旋转的外圈负荷	张紧滑轮、轮毂轴承	轻	轴向不移动，采用整体式外壳	J7	K7
		正常		K7、M7	M7、N7
		重		—	N7、P7

注：① 并列公差带随尺寸的增大从左至右选择，对旋转精度有较高要求时，可相应提高一个公差等级。

　　② 不适用于剖分式外壳。

表 6.4　推力轴承和轴的配合　轴公差带代号　（摘自 GB/T 275—93）

运转状态	负荷状态	推力球和推力滚子轴承	推力调心滚子轴承②	公　差　带
		轴承公称内径/mm		
仅有轴向负荷		所有尺寸		j6、js6
固定的轴圈负荷	径向和轴向联合负荷	—	≤250	j6
		—	>250	js6
旋转的轴圈负荷或摆动负荷		—	≤200	k6①
		—	>200～400	m6
		—	>400	n6

注：① 要求较小过盈时，可分别用 j6、k6、m6 代替 k6、m6、n6。

　　② 也包括推力圆锥滚子轴承，推力角接触球轴承。

表 6.5　推力轴承和外壳的配合　孔公差带代号（摘自 GB/T 275—93）

运转状态	负荷状态	轴 承 类 型	公差带	备　　注
仅有轴向负荷		推力球轴承	H8	
		推力圆柱、圆锥滚子轴承	H7	
		推力调心滚子轴承		外壳孔与座圈间间隙为 0.001D（D 为轴承公称外径）
固定的座圈负荷	径向和轴向联合负荷	推力角接触球轴承、推力调心滚子轴承、推力圆锥滚子轴承	H7	
旋转的座圈负荷或摆动负荷			K7	普通使用条件
			M7	有较大径向负荷时

3. 孔、轴几何公差和表面粗糙度轮廓参数值的选用

为了保证轴承正常运转,除了正确地选择轴承与轴颈和外壳孔的尺寸公差带以外,还应对轴颈及外壳孔的配合表面几何公差及表面粗糙度提出要求。

形状公差:因轴承套圈为薄壁件易变形,但其形状误差在装配后靠轴颈和外壳孔的正确形状得到矫正。为保证轴承安装正确、转动平稳,轴颈和外壳孔应分别采用包容要求,并对表面提出圆柱度公差要求,其公差值见表6.6。

跳动公差:为了保证轴承工作时有较高的旋转精度,应限制与套圈端面接触的轴肩及外壳孔肩的倾斜,从而避免轴承装配后滚道位置不正,旋转不平稳,因此,应规定轴肩和外壳孔肩的端面对基准轴线的轴向圆跳动公差,其公差值见表6.6。

孔、轴表面存在表面粗糙度,会使有效过盈量减小,使接触刚度下降而导致支承不良,因此,孔、轴的配合表面还应规定严格的表面粗糙度轮廓幅度参数值,其参数值根据表6.7所列条件选用。

表 6.6　轴和外壳的几何公差　　　　　　　　　（摘自 GB/T 275—93）

公称尺寸/mm		圆 柱 度 t				轴 向 圆 跳 动 t_1			
		轴　颈		外 壳 孔		轴　肩		外壳孔肩	
		轴 承 公 差 等 级							
		0	6(6X)	0	6(6X)	0	6(6X)	0	6(6X)
超过	到	公　差　值/μm							
	6	2.5	1.5	4	2.5	5	3	8	5
6	10	2.5	1.5	4	2.5	6	4	10	6
10	18	3.0	2.0	5	3.0	8	5	12	8
18	30	4.0	2.5	6	4.0	10	6	15	10
30	50	4.0	2.5	7	4.0	12	8	20	12
50	80	5.0	3.0	8	5.0	15	10	25	15
80	120	6.0	4.0	10	6.0	15	10	25	15
120	180	8.0	5.0	12	8.0	20	12	30	20
180	250	10.0	7.0	14	10.0	20	12	30	20

表 6.7　配合面的表面粗糙度　　　　　　　　　（摘自 GB/T 275—93）

轴或轴承座直径/mm		轴或外壳配合表面直径公差等级								
		IT7			IT6			IT5		
		表 面 粗 糙 度/μm								
超过	到	Rz	Ra		Rz	Ra		Rz	Ra	
			磨	车		磨	车		磨	车
	80	10	1.6	3.2	6.3	0.8	1.6	4	0.4	0.8
80	500	16	1.6	3.2	10	1.6	3.2	6.3	0.8	1.6
端面		25	3.2	6.3	25	3.2	6.3	10	1.6	3.2

4. 滚动轴承与孔、轴结合的精度设计举例

某一圆柱齿轮减速器的小齿轮轴如图6.5所示。要求齿轮轴的旋转精度比较高,两端装有6级单列向心球轴承(代号6308),轴承尺寸为40 mm×90 mm×23 mm,额定动负荷 C 为32 000 N,轴承承受的当量径向负荷 $P=4$ 000 N。试用查表法确定轴颈和外壳孔的公差带代号,画出公差带图,并确定孔、轴的几何公差值和表面粗糙度轮廓幅度参数值,将它们分别标注在装配图和零件图上。

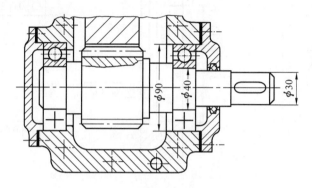

图6.5　圆柱齿轮减速器传动轴

解　(1)情况分析:由题意可知,小齿轮轴的轴承内圈与小齿轮轴一起旋转,外圈装在减速器箱的剖分式壳体中,不旋转。而齿轮减速器通过齿轮传递扭矩,小齿轮轴的轴承主要承受齿轮传递的径向力,为定向负荷。因此,该轴承内圈相对于负荷方向旋转,承受旋转负荷,它与轴颈的配合应较紧;其外圈相对静止于负荷,承受定向负荷,它与外壳孔的配合应该较松。另外,由于已知该轴承的额定动负荷 $C=32$ 000 N,轴承承受的当量径向负荷 $P=4$ 000 N,所以 $P/C=\dfrac{4\ 000}{32\ 000}=0.13$,为正常负荷。

(2)根据以上分析情况和题中给出的轴承代号和尺寸,可从表6.2和表6.3中选取轴颈公差带为k5,外壳孔公差带为H7,但由于小齿轮轴的旋转精度要求比较高,故应选用H6代替H7。

(3)由表6.1查出轴承内、外圈平均直径上、下偏差,再从极限与配合标准中查出k5和H6的上、下偏差,画出公差带,如图6.6所示。

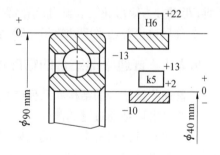

图6.6　轴承与孔、轴配合的公差带图

从图中可得出轴承内圈与轴配合的 $Y_{\max}/\mu m = EI-es=(-10)-(+13)=-23$, $Y_{\min}/\mu m = ES-ei=0-(+2)=-2\ \mu m$。轴承外圈与孔配合的 $X_{\max}/\mu m = ES-ei=(+22)-(-13)=+35$, $X_{\min}/\mu m = EI-es=0-0=0$。

(4)按表6.6选取几何公差值:轴颈圆柱度公差为0.002 5 mm,轴肩的轴向圆跳动公差为0.008 mm;外壳孔圆柱度公差为0.006 mm,端面的轴向圆跳动公差为0.015 mm。

(5)按表6.7选取轴颈和外壳孔的表面粗糙度轮廓幅度参数值:轴颈 $Ra\leqslant0.4\ \mu m$,轴肩端面 $Ra\leqslant1.6\ \mu m$,外壳孔颈表面 $Ra\leqslant1.6\ \mu m$,孔端面 $Ra\leqslant3.2\ \mu m$。

将选择的各项公差要求标注在图样上,如图 6.7(b)、(c)所示。

由于轴承是标准件,因此,在装配图上只需标出轴颈和外壳孔的公差带代号。如图 6.7(a)所示。

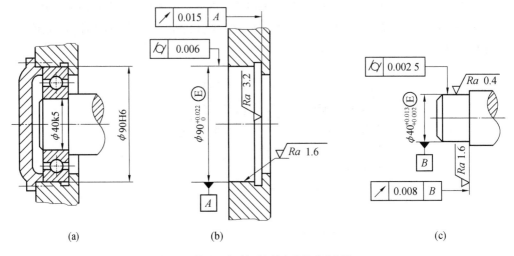

图 6.7　轴承配合、轴颈和外壳孔的公差标注

6.2　键和花键结合的精度设计与检测

键联结和花键联结是机械产品中普遍应用于轴和轴上零件(如齿轮、皮带轮、手轮和联轴节等)之间的可拆联结。当轴与轴上零件之间有轴向相对运动要求时,键联结和花键联结还能起导向作用,如变速箱中变速齿轮花键孔与花键轴的联结。

键又称单键,分为平键、半圆键和楔形键等几种,其中平键又可分为普通平键和导向平键;花键分为矩形花键和渐开线花键两种。其中平键和矩形花键应用比较广泛。

本章只讨论普通平键和矩形花键结合的精度设计与检测。

6.2.1　普通平键结合的精度设计与检测

1. 普通平键结合的结构和几何参数

普通平键联结通过键的侧面与轴键槽和轮毂键槽的侧面相互接触来传递扭矩。键的上表面和轮毂键槽间留有一定的间隙,如图 6.8 所示。在其剖面尺寸中,b 为键、轴槽和轮毂槽的宽度,t_1 和 L 分别为轴槽的深度和长度,t_2 为轮毂槽的深度,h 为键的高度,d 为轴和轮毂直径。普通平键、键槽尺寸及极限偏差见表 6.8。

2. 普通平键结合的精度设计

(1)平键结合的极限与配合

①配合尺寸的公差带和配合种类。普通平键联结中,键宽和键槽宽 b 是配合尺寸,应规定较严格的公差。因此,键宽和键槽宽联结的精度设计是本节主要研究的问题。

键由型钢制成,是标准件,相当于极限与配合中的轴。因此,键宽和键槽宽采用基轴制配合。国家标准 GB/T 1095—2003《平键　键槽的剖面尺寸》和 GB/T 1096—2003《普

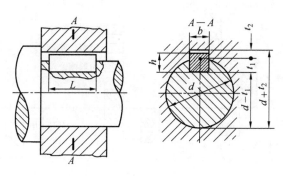

图 6.8　普通平键联结的几何参数

通型　平键》均从 GB/T 1801—2009《极限与配合　公差带和配合的选择》中选取尺寸公差带。对键宽规定一种公差带 h8,对轴和轮毂的键槽宽各规定三种公差带,构成三组配合,即松联结、正常联结和紧密联结;以满足各种不同用途的需要。普通平键和键槽宽度 b 的公差带如图 6.9 所示,它们的应用见表 6.9。

表 6.8　普通平键和键槽的尺寸与极限偏差

（摘自 GB/T 1095—2003 和 GB/T 1096—2003）　mm

键尺寸 $b×h$	键		键　槽										公称直径 d **
	宽度	高度	宽　度 b						深　度				
	极限偏差		基本尺寸	极　限　偏　差					轴 t_1		毂 t_2		
	b : h8	h : h11 (h8) *		正常联结		紧密联结	松联结		基本尺寸	极限偏差	基本尺寸	极限偏差	
				轴 N9	毂 JS9	轴和毂 P9	轴 H9	毂 D10					
2×2	0 −0.014	(0 −0.014)	2	−0.004 −0.029	±0.012 5	−0.006 −0.031	+0.025 0	+0.060 +0.020	1.2	+0.1 0	1.0	+0.1 0	自 6～8
3×3			3						1.8		1.4		>8～10
4×4	0 −0.018	(0 −0.018)	4	0 −0.030	±0.015	−0.012 −0.042	+0.030 0	+0.078 +0.030	2.5		1.8		>10～12
5×5			5						3.0		2.3		>12～17
6×6			6						3.5		2.8		>17～22
8×7	0 −0.022	0 −0.090	8	0 −0.036	±0.018	−0.015 −0.051	+0.036 0	+0.098 +0.040	4.0	+0.2 0	3.3	+0.2 0	>22～30
10×8			10						5.0		3.3		>30～38
12×8	0 −0.027		12	0 −0.043	±0.0215	−0.018 −0.061	+0.043 0	+0.120 +0.050	5.0		3.3		>38～44
14×9			14						5.5		3.8		>44～50
16×10			16						6.0		4.3		>50～58
18×11			18						7.0		4.4		>58～65
20×12	0 −0.033	0 −0.110	20	0 −0.052	±0.026	−0.022 −0.074	+0.052 0	+0.149 +0.065	7.5		4.9		>65～75
22×14			22						9.0		5.4		>75～85
25×14			25						9.0		5.4		>85～95
28×16			28						10.0		6.4		>95～110

注:* 普通平键的截面形状为矩形时,高度 h 公差带为 h11,截面形状为方形时,其高度 h 公差带为 h8。

　　** 公称直径 d 标准中未给,此处给出供使用者参考。

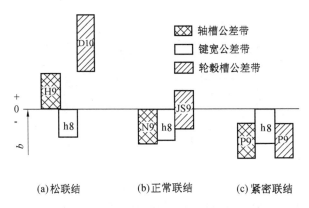

图 6.9　普通平键和键槽宽度公差带图

表 6.9　普通平键联结的三组配合及其应用

配合种类	宽度 b 的公差带			应用
	键	轴键槽	轮毂键槽	
松联结		H9	D10	用于导向平键,轮毂在轴上移动
正常联结	h8	N9	JS9	键在轴键槽中和轮毂键槽中均固定,用于载荷不大的场合
紧密联结		P9	P9	键在轴键槽中和轮毂键槽中均牢固地固定,用于载荷较大、有冲击和双向扭矩的场合

②非配合尺寸的公差带。普通平键高度 h 的公差带一般采用 h11;平键长度 l 的公差带采用 h14;轴键槽长度 L 的公差带采用 H14。GB/T 1095—2003 对轴键槽深度 t_1 和轮毂键槽深度 t_2 的极限偏差作了专门规定(见表 6.8)。为了便于测量,在图样上对轴键槽深度和轮毂键槽深度分别标注"$d-t_1$"和"$d+t_2$"(此处 d 为孔、轴的公称尺寸),其极限偏差分别按 t_1 和 t_2 的极限偏差选取,但"$d-t_1$"的上偏差为零,下偏差取负号。

(2)平键结合的极限与配合选用

平键联结配合的选用,主要是根据使用要求和应用场合确定其配合种类。

对于导向平键应选用松联结,因为在这种方式中,由于几何误差的影响,使键(h8)与轴槽(H9)的配合实际上为不可动联结,而键与轮毂槽(D10)的配合间隙较大,因此,轮毂可以相对轴移动。

对于承受重载荷、冲击载荷或双向扭矩的情况,应选用紧密联结,因为这时键(h8)与键槽(P9)配合较紧,再加上几何误差的影响,使之结合紧密、可靠。

除了上述两种情况外,对于承受一般载荷,考虑拆装方便,应选用正常联结。

(3)几何公差和表面粗糙度轮廓幅度参数选用

为保证键与键槽侧面之间有足够的接触面积和避免装配困难,应分别规定轴槽和轮毂槽的对称度公差。对称度公差按 GB/T 1184—1996《形状和位置公差》确定,一般取 7～9 级。对称度公差的公称尺寸是指键宽 b。

键槽配合表面的表面粗糙度轮廓 Ra 上限值一般取 1.6～3.2 μm,非配合表面(键底面)取 6.3 μm。

（4）键槽尺寸和公差在图样上的标注

轴槽和轮毂槽的剖面尺寸及其公差带与极限偏差、几何公差和表面粗糙度轮廓幅度参数在图样上的标注见例题。

（5）例题

某机构采用普通平键正常联结的 $\phi 25\text{H8}\,\text{\textcircled{E}}$ 孔与 $\phi 25\text{h7}\,\text{\textcircled{E}}$ 轴传递扭矩，查表确定键槽剖面尺寸和公差，并将它们标注在图样上。

解 （1）根据该平键为正常联结和 $D(d)=\phi 25$ 查表 6.8 得

轴 槽宽 $b=8\text{N9}=8_{-0.036}^{\ 0}$；槽深 $t_1=4_{\ 0}^{+0.2}$，即 $(d-t_1)=21_{-0.2}^{\ 0}$。

孔 槽宽 $b=8\text{JS9}=8\pm0.018$；槽深 $t_2=3.3_{\ 0}^{+0.2}$，即 $(d+t_2)=28.3_{\ 0}^{+0.2}$。

（2）键槽两侧面的中心平面对孔、轴轴线的对称度公差若选 8 级，由表 4.16 得其公差值为 0.015。

（3）键槽两侧面为配合表面，其表面粗糙度 Ra 的上限值取 3.2 μm，底面取 6.3 μm。

（4）由表 3.4 和表 3.5 得孔 $\phi 25_{\ 0}^{+0.033}\,\text{\textcircled{E}}$，轴 $\phi 25_{-0.021}^{\ 0}\,\text{\textcircled{E}}$。

（5）上述尺寸和公差在图样上的标注如图 6.10 所示，其中图 6.10（a）为轴键槽尺寸和公差的标注，图 6.10（b）为孔键槽尺寸和公差的标注。

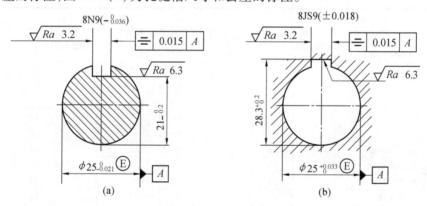

图 6.10 键槽标注示例

3. 键及键槽的检测

（1）键的检测

若无特殊的要求，键的检测可用游标卡尺、千分尺等通用量具测量，也可用卡规检验各部分尺寸。

（2）键槽尺寸的检测

单件、小批生产时，键槽深度与宽度一般用通用量具测量；大批量生产时，则用专用量规检验，如图 6.11 所示。

（3）键槽对称度误差的检测

单件、小批生产时，可采用通用量具进行测量。大批量生产时，可采用图 6.12 所示的量规进行检验。

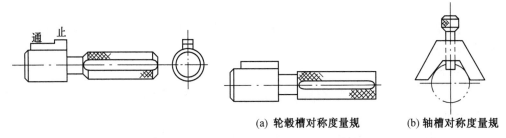

图 6.11　轮毂槽深 $d+t_2$ 的极限量规

(a) 轮毂槽对称度量规　　　(b) 轴槽对称度量规

图 6.12　检验键槽对称度误差的量规

6.2.2　矩形花键结合的精度设计与检测

　　GB/T 1144—2001《矩形花键尺寸、公差和检验》,规定了矩形花键联结的尺寸系列、定心方式、公差与配合、标注方法及检验规则。为了便于加工和检测,矩形花键的键数 N 为偶数,有6、8、10 三种。按承载能力的不同,矩形花键可分为中、轻两个系列,中系列的键高尺寸较大,承载能力强,轻系列的键高尺寸较小,承载能力相对较低。矩形花键的公称尺寸系列见表6.10。

表 6.10　矩形花键公称尺寸系列　　　　　　（摘自 GB/T 1144—2001）　mm

小径 d	轻　系　列				中　系　列			
	规　格 $N \times d \times D \times B$	键数 N	大径 D	键宽 B	规　格 $N \times d \times D \times B$	键数 N	大径 D	键宽 B
11	—	—	—	—	6×11×14×3		14	3
13					6×13×16×3.5		16	3.5
16					6×16×20×4		20	4
18					6×18×22×5	6	22	5
21					6×21×25×5		25	
23	6×23×26×6		26	6	6×23×28×6		28	6
26	6×26×30×6	6	30		6×26×32×6		32	
28	6×28×32×7		32	7	6×28×34×7		34	7
32	8×32×36×7		36	7	8×32×38×6		38	6
36	8×36×40×7		40	7	8×36×42×7		42	7
42	8×42×46×8		46	8	8×42×48×8		48	8
46	8×46×50×9	8	50	9	8×46×54×9	8	54	9
52	8×52×58×10		58		8×52×60×10		60	
56	8×56×62×10		62	10	8×56×65×10		65	10
62	8×62×68×12		68		8×62×72×12		72	
72	10×72×78×12		78	12	10×72×82×12		82	12
82	10×82×88×12	10	88		10×82×92×12	10	92	
92	10×92×98×14		98	14	10×92×102×14		102	14

1. 矩形花键的几何参数和定心方式

　　矩形花键联结的几何参数有大径 D、小径 d 和键数 N、键槽宽 B,如图 6.13 所示,其中图 6.13(a) 为内花键,图 6.13(b) 为外花键。

　　花键联结的主要使用要求是保证内、外花键的同轴度,以及键侧面与键槽侧面接触的均匀性,保证传递一定的扭矩,为此,必须保证具有一定的配合性质。

花键联结有三个结合面,即大径、小径和键侧面,只能在这三个结合面中选取一个为主,来确定内、外花键的配合性质。确定配合性质的结合面称为定心表面,理论上小径 d、大径 D 和键侧(键槽侧)B 都可作为定心表面。GB/T 1144—2001 中规定矩形花键以小径的结合面为定心表面,即小径定心,如图 6.14 所示。对定心直径(即小径 d)有较高的精度要求,对非定心直径(即大径 D)的精度要求较低,且有较大的间隙。但是对非定心的键和键槽侧面也要求有足够的精度,因为它们要起传递扭矩和导向作用。

矩形花键联结以小径定心有以下优点:

① 有利于提高产品性能、质量和技术水平。小径定心的定心精度高,稳定性好,而且能用磨削的方法消除热处理变形,从而提高了定心直径制造精度。

② 有利于简化加工工艺,降低生产成本。尤其是对于内花键定心表面的加工,采用磨削加工方法,可以减少成本较高的拉刀规格,也易于保证表面质量。

③ 与国际标准规定完全一致,便于技术引进,有利于机械产品的进出口和技术交流。

④ 有利于齿轮精度标准的贯彻与配套。

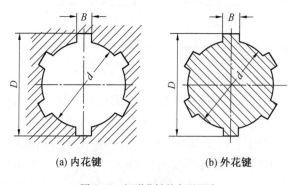

(a) 内花键　　　　(b) 外花键

图 6.13　矩形花键的主要尺寸

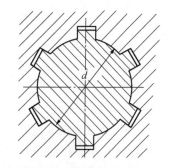

图 6.14　矩形花键联结的定心方式

2. 矩形花键结合的精度设计

(1)矩形花键结合的极限与配合

矩形花键的极限与配合分为两种情况:一种为一般用途矩形花键;另一种为精密传动用矩形花键。其内、外花键的尺寸公差带见表 6.11。

表中公差带均取自 GB/T 1801—2009。

为了减少加工和检验内花键用的花键拉刀和花键量规的规格和数量,矩形花键联结采用基孔制配合。

矩形花键装配型式分为固定联结、紧滑动联结和滑动联结三种。后两种联结方式用于内、外花键之间工作时要求相对移动的情况,而固定联结方式,用于内、外花键之间无轴向相对移动的情况。由于几何误差的影响,实际上矩形花键各结合面的配合均比预定的要紧些。

一般传动用内花键拉削后再进行热处理,其键槽宽的变形不易修正,故公差要降低要求(由 H9 降为 H11)。对于精密传动用内花键,当联结要求键侧配合间隙较高时,槽宽公差带选用 H7,一般情况选用 H9。

表 6.11　内、外花键的尺寸公差带　　　　（摘自 GB/T 1144—2001）

内　花　键				外　花　键			装配型式
d	*D*	*B*		*d*	*D*	*B*	
		拉削后不热处理	拉削后热处理				
一　般　用							
H7	H10	H9	H11	f7	a11	d10	滑动
				g7		f9	紧滑动
				h7		h10	固定
精　密　传　动　用							
H5	H10	H7、H9		f5	a11	d8	滑动
				g5		f7	紧滑动
				h5		h8	固定
H6				f6		d8	滑动
				g6		f7	紧滑动
				h6		d8	固定

注：① 精密传动用的内花键，当需要控制键侧配合间隙时，槽宽可选用 H7，一般情况下可选用 H9。

② *d* 为 H6 Ⓔ 和 H7 Ⓔ 的内花键，允许与提高一级的外花键配合。

定心直径 *d* 的公差带，在一般情况下，内、外花键取相同的公差等级，这个规定不同于普通光滑孔、轴的配合（一般情况下，孔比轴低一级）。主要是考虑到矩形花键采用小径定心，使加工难度由内花键转为外花键，其加工精度要高些。但在有些情况下，内花键允许与提高一级的外花键配合，如公差带为 H7 的内花键可以与公差带为 f6、g6、h6 的外花键配合，公差带为 H6 的内花键，可以与公差带为 f5、g5、h5 的外花键配合，这主要是考虑矩形花键常用来作为齿轮的基准孔，在贯彻齿轮标准过程中，有可能出现外花键的定心直径公差等级高于内花键定心直径公差等级的情况。

（2）矩形花键结合的极限与配合选用

花键结合的极限与配合的选用主要是确定联结精度和装配型式。

联结精度的选用主要是根据定心精度要求和传递扭矩大小。"精密传动用"花键联接定心精度高，传递扭矩大而且平稳，多用于精密机床主轴变速箱，以及各种减速器中轴与齿轮花键孔（即内花键）的联结。"一般用"花键联结适用于定心精度要求不高但传递扭矩较大，如载重汽车、拖拉机的变速箱。

装配型式的选用首先根据内、外花键之间是否有轴向移动，确定选固定联结，还是滑动联结。对于内、外花键之间要求有相对移动，而且移动距离长、移动频率高的情况，应选用配合间隙较大的滑动联结，以保证运动灵活性及配合面间有足够的润滑油层，例如，汽车、拖拉机等变速箱中的齿轮与轴的联结。对于内、外花键定心精度要求高，传递扭矩大或经常有反向转动的情况，则应选用配合间隙较小的紧滑动联结。对于内、外花键间无需在轴向移动，只用来传递扭矩，则应选用固定联结。

（3）几何公差和表面粗糙度轮廓的选用

矩形内、外花键是具有复杂表面的结合件,并且键长与键宽的比值较大,几何误差是影响花键联结质量的重要因素,因而对其几何误差要加以控制。

为了保证内、外花键小径定心表面的配合性质,该表面的形状公差和尺寸公差的关系遵守包容要求即 Ⓔ。

为控制内、外花键的分度误差和对称度误差,一般用位置度公差予以综合控制,并采用相关要求,图样标注如图 6.15 所示,其位置度公差值见表 6.12。

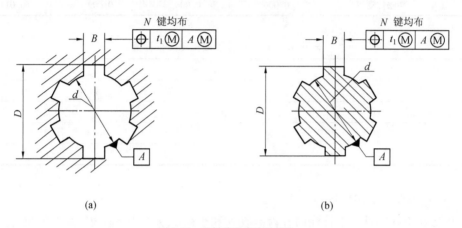

(a)   (b)

图 6.15　花键位置度公差标注

在单件小批生产时,一般规定键或键槽两侧面的中心平面对定心表面轴线的对称度公差和花键等分度公差,并遵守独立原则,如图 6.16 所示,对称度公差值见表 6.12。花键各键(键槽)沿 360° 圆周均匀分布为它们的理想位置,允许它们偏离理想位置的最大值为花键均匀分度公差值,其值等于对称度公差值,所以花键等分度公差在图样上不必标注。

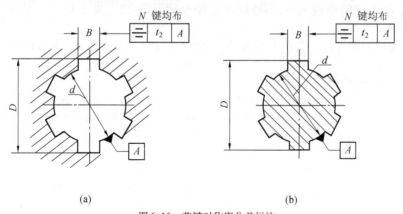

(a)   (b)

图 6.16　花键对称度公差标注

对于较长的长键,应规定内花键各键槽侧面和外花键各键槽侧面对定心表面轴线的平行度公差,其公差值根据产品性能确定。

矩形花键各结合表面的表面粗糙度轮廓 Ra 的推荐值见表 6.13。

表 6.12　位置度公差与对称度公差　　（摘自 GB/T 1144—2001）mm

键槽宽或键宽 B		3	3.5 ~ 6	7 ~ 10	12 ~ 18
位置度公差 t_1	键槽宽	0.010	0.015	0.020	0.025
	键宽　滑动、固定	0.010	0.015	0.020	0.025
	键宽　紧滑动	0.006	0.010	0.013	0.016
对称度公差 t_2	一般用	0.010	0.012	0.015	0.018
	精密传动用	0.006	0.008	0.009	0.011

表 6.13　矩形花键表面粗糙度推荐值　　　　　　　　　　μm

加工表面	内花键	外花键
	Ra 不 大 于	
大　径	6.3	3.2
小　径	0.8	0.8
键　侧	3.2	0.8

（4）矩形花键的图样标注

矩形花键在零件图上标注内容为键数 N 和小径 d、大径 D、键（槽）宽 B 的尺寸公差带代号。在装配图上标注花键的配合代号，并在技术要求中注明矩形花键标准号 GB/T 1144—2001。

例如，在装配图上有如下标注

$$6\times23\frac{H7}{f7}\times26\frac{H10}{a11}\times6\frac{H11}{d10}$$

表示矩形花键的键数为 6，小径尺寸及配合代号为 $23\frac{H7}{f7}$，大径尺寸及配合代号为 $26\frac{H10}{a11}$，键（槽）宽尺寸及配合代号为 $6\frac{H11}{d10}$，如图 6.17（a）所示，由表 6.11 可见，这是一般用途滑动矩形键联结。

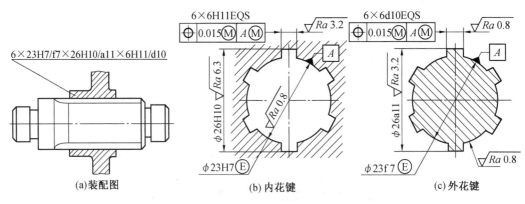

(a)装配图　　　　(b)内花键　　　　(c)外花键

图 6.17　矩形花键标注示例

在零件图上标注应为

内花键:6×23H7×26H10×6H11

外花键:6×23f7×26a11×6d10

在零件图上,对内、外花键除了标注尺寸公差带代号(或极限偏差)外,还要标注几何公差和公差原则以及表粗糙度轮廓幅度参数值要求,如图 6.17(b)、(c)所示。

3.矩形花键的检测

在单件小批生产中没有现成的花键量规可以使用时,可用通用量具分别对各尺寸(d,D 和 B)进行单项测量,并检测键宽的对称度、键齿(槽)的等分度和大小径的同轴度等几何误差项目。

大批量的生产,一般都采用量规进行检验,即用综合通规(对内花键为塞规,对外花键为环规,如图 6.18 所示)来综合检验小径 d,大径 D 和键(键槽)宽 B 的作用尺寸,即包括上述位置度(包含分度误差和对称度误差)和同轴度等几何误差。然后用单项止端量规(或其他量具)分别检验尺寸 d、D 和 B 的实际尺寸,合格的标志是综合通规能通过,而止规不能通过。

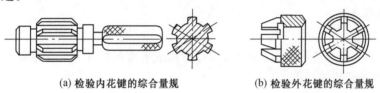

(a) 检验内花键的综合量规　　　　　　(b) 检验外花键的综合量规

图 6.18　花键综合量规

6.3　螺纹结合的精度设计与检测

6.3.1　螺纹结合的使用要求和几何参数

1.螺纹种类和使用要求

螺纹结合在机器制造和仪器制造中应用都很广泛。按结合性质和使用要求不同,可分以下三类:

(1)紧密螺纹

这类螺纹连接要求保证足够的紧密性。如旋入机体的一种螺栓,必须有一定的压紧力,管道螺纹必须保证不漏气、不漏水。显然,这类螺纹结合必须有一定的过盈。它们的结合相当于圆柱体配合中的过盈配合。

(2)普通螺纹

普通螺纹也称紧固螺纹,可分为粗牙和细牙两种。在机械制造中用于可拆连接,如螺栓与螺母的连接,螺钉与机体的连接。对这类螺纹要求一是具有良好的可旋入性,以便于装配与拆卸;二是要保证有一定的连接强度,使其不过早地损坏和不自动松脱。这类螺纹的结合,其牙侧间的最小间隙等于或接近于零,相当于圆柱体配合中的几种小间隙配合。

(3)传动螺纹

传动螺纹通常指丝杠和测微螺纹。它们都用来传递运动或实现精确位移。因此,对它的主要要求是:要有足够的位移精度,即保证传动比的准确性、运动的灵活性、稳定性和较小的空行程;因此这类螺纹的螺距误差要小,而且应有足够的最小间隙。

本节主要讨论公制普通螺纹的精度设计和检测,对其他类型的螺纹结合可参考有关资料和标准。

2. 普通螺纹的牙型和主要几何参数

普通螺纹的几何参数是由螺纹轴向平面内的基本牙型决定的,它是确定螺纹设计牙型的基础。

(1)普通螺纹的牙型

①基本牙型

普通螺纹的基本牙型是指螺纹轴向剖面内,由理论尺寸、角度和削平高度所形成内、外螺纹共有的理论牙型,如图6.19所示。

②原始三角形

原始三角形是指由延长基本牙型的牙侧获得的三个连接点所形成的三角形,如图6.19中的三角形ABC。

③设计牙型

设计牙型是指在基本牙型基础上,具有圆弧或平直形状牙顶和牙底螺纹牙型。它是内、外螺纹极限偏差的起点。

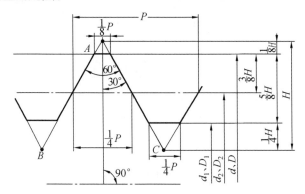

图6.19　普通螺纹的基本牙型(摘自 GB/T 192—2003)

(2)普通螺纹的主要几何参数

由图6.19可见,普通螺纹主要几何参数有:

①大径(D、d)。大径是指与外螺纹牙顶或内螺纹牙底相切的假想圆柱的直径。螺纹大径(D、d)为内、外螺纹的公称直径(代表螺纹规格的直径),并且 $D=d$。

②小径(D_1、d_1)。小径是指与内螺纹牙顶或外螺纹牙底相切的假想圆柱的直径,称为小径(D_1、d_1),并且 $D_1=d_1$。

内螺纹小径(D_1)和外螺纹大径(d)又称为顶径;内螺纹大径(D)和外螺纹小径(d_1)又称为底径。

③中径(D_2、d_2)。中径是一个假想圆柱的直径,该圆柱的母线通过圆柱螺纹上牙厚与牙槽宽相等的地方,此直径称为中径(D_2、d_2),并且 $D_2=d_2$。中径圆柱的母线称为中径

线, 如图 6.20 所示。

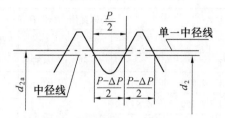

图 6.20　普通螺纹中径与单一中径

④螺距(P)和导程(Ph)。螺距(P)是指相邻两牙体上的对应牙侧与中径线相交两点间的轴向距离。导程(Ph)是指最邻近的两同名牙侧与中径线相交两点间的轴向距离。同名牙侧就是同一螺旋面上的牙侧。实际上, 导程是一个点沿着在中径圆柱上的螺旋线旋转一周所对应的轴向位移。对单线螺纹, 导程等于螺距; 对多线螺纹, 导程等于螺距与螺纹线数的乘积。

⑤单一中径(D_{2s}、d_{2s})。单一中径是指一个假想圆柱的直径, 该圆柱的母线通过实际螺纹上牙槽宽度等于螺距公称尺寸一半的地方, 如图 6.20 所示, 单一中径可以用三针法测得, 用来表示螺纹的实际中径(D_{2a}、d_{2a})。

⑥牙型角(α)与牙侧角(β_1、β_2)。牙型角是指在螺纹牙型上, 两相邻牙侧间的夹角, 普通螺纹的理论牙型角为 60°。牙型角的一半为牙型半角, 其理论值为 30°。牙侧角是指在螺纹牙型上, 牙侧与垂直于螺纹轴线平面之间的夹角, 左、右牙侧角分别用符号 β_1 和 β_2 表示。普通螺纹的牙侧角值为 30°。如图 6.21 所示。

⑦螺纹旋合长度。螺纹旋合长度是指两个配合螺纹的有效螺纹相互接触的轴向长度, 如图 6.22 所示。

⑧螺纹接触高度(H_0)

螺纹接触高度是指在两个同轴配合螺纹的牙型上, 外螺纹牙顶至内螺纹牙顶间的径向距离, 即内、外螺纹的牙型重叠径向高度。

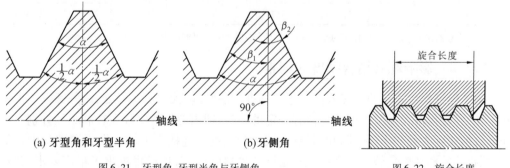

(a) 牙型角和牙型半角　　(b) 牙侧角

图 6.21　牙型角、牙型半角与牙侧角

图 6.22　旋合长度

表 6.14 为普通螺纹的基本尺寸。

表 6.14　普通螺纹的基本尺寸　　（摘自 GB/T 196—2003）　mm

公称直径(大径)D、d		螺距 P	中径 D_2 或 d_2	小径 D_1 或 d_1	公称直径(大径)D、d		螺距 P	中径 D_2 或 d_2	小径 D_1 或 d_1
第一系列	第二系列				第一系列	第二系列			
8		**1.25**	7.188	6.647		20	**2.5**	18.376	17.294
		1	7.350	6.917			2	18.701	17.835
		0.75	7.513	7.188			1.5	19.026	18.376
10		**1.5**	9.026	8.376			1	19.350	18.917
		1.25	9.188	8.647		22	**2.5**	20.376	19.294
		1	9.350	8.917			2	20.701	19.835
		0.75	9.513	9.188			1.5	21.036	20.376
12		**1.75**	10.863	10.106			1	21.350	20.917
		1.5	11.026	10.376	24		**3**	22.051	20.752
		1.25	11.188	10.647			2	22.701	21.835
		1	11.350	10.917			1.5	23.026	22.376
	14	**2**	12.701	11.835			1	23.350	22.917
		1.5	13.026	12.376	27		**3**	25.051	23.752
		(1.25)	13.188	12.647			2	25.701	24.835
		1	13.350	12.917			1.5	26.026	25.376
16		**2**	14.701	13.835			1	26.350	25.917
		1.5	15.026	14.376	30		**3.5**	27.727	26.211
		1	15.350	14.917			(3)	28.051	26.752
	18	**2.5**	16.376	15.294			2	28.701	27.835
		2	16.701	15.835			1.5	29.026	28.376
		1.5	17.026	16.376			1	29.350	28.917
		1	17.350	16.917					

注:1. 直径优先选用第一系列;2. 黑体字为粗牙螺距;3. 括号内的螺距尽可能不用。

6.3.2　影响螺纹结合精度的因素

为了保证螺纹连接的可旋入性和连接强度,在螺纹的大径和小径处,内外螺纹不得相互干涉,并且规定大径及小径处均留有一定的间隙,即内螺纹的实际大径和小径分别大于外螺纹的实际大径和小径。因此,影响螺纹可旋入性及连接强度的主要因素则是中径偏差、螺距偏差和牙侧角偏差。为保证有足够的连接强度,对顶径也提出了精度要求,并且螺纹的牙底制成圆弧形状。

1. 中径偏差的影响

中径偏差是指螺纹加工后的中径的实际尺寸与其公称尺寸之差。

由于螺纹是靠牙型侧面进行工作的,所以中径大小直接影响螺纹配合的松紧程度。

因为相互结合的内、外螺纹直径的公称尺寸是相等的,所以若外螺纹的实际中径比内螺纹大,必然影响旋合性;若外螺纹实际中径比内螺纹小,会使内、外螺纹接触高度减小,则配合过松,影响连接强度和密封性。因此,对内外螺纹必须限制中径的实际尺寸,即对中径规定适当的上、下偏差。

2. 螺距偏差的影响

螺距偏差包括螺距局部偏差(单个螺距偏差 ΔP)和螺距累积偏差(ΔP_Σ)。ΔP 是指螺距的实际值与其公称值之差;ΔP_Σ 是指在规定的螺纹长度内,任意两牙体间的实际累积螺距值与其公称累积螺距值之差中绝对值最大的那个偏差。前者与旋合长度无关,后者与旋合长度有关,而且后者对螺纹的旋合性影响最大,因此必须加以限制。

假设仅有螺距累积偏差 ΔP_Σ 的一个外螺纹与一个没有任何偏差的理想内螺纹结合时,这会造成理想内螺纹在牙侧部位发生干涉,如图 6.23 所示的阴影部分。为消除此干涉区,可将外螺纹中径减少一个数值 f_P,或将内螺纹增大一个数值 f_P,这个 f_P 就是补偿螺距偏差折算到中径上的数值,被称为螺距偏差的中径当量。由图 6.23 中的几何关系可得

$$f_P = |\Delta P_\Sigma| \cdot \cot(\alpha/2) \tag{6.1}$$

对于普通螺纹 $\alpha/2 = 30°$,则有

$$f_P/\text{mm} = \cot 30° |\Delta P_\Sigma| = 1.732|\Delta P_\Sigma| \tag{6.2}$$

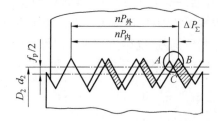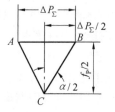

图 6.23　螺距偏差的中径当量

3. 牙侧角偏差的影响

由上述可知,若螺纹的牙型角正确,牙侧角不一定正确,而牙侧角偏差直接影响螺纹的旋合性和牙侧接触面积。因此,也应加以限制。

牙侧角偏差是指牙侧角的实际值与其公称值之差,它包括螺纹牙侧的形状误差和牙侧相对于螺纹轴线的垂线的方向误差。

如图 6.24 所示,相互结合的内、外螺纹的牙侧角的公称值为 30°,假设内螺纹 1(粗实线)为理想螺纹,而外螺纹 2(细实线)仅存

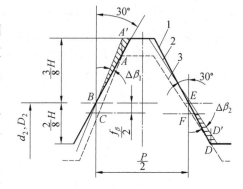

图 6.24　牙侧角偏差对旋合性的影响

在牙侧角偏差(左牙侧角偏差 $\Delta\beta_1 < 0$,右牙侧角偏差 $\Delta\beta_2 > 0$),使内、外螺纹牙侧产生干涉(图中阴影部分)而不能旋合。

为了保证旋合性,可将外螺纹的中径减小一个数值 f_β 或将内螺纹中径增大一个数值

f_β，f_β 称为牙侧角偏差的中径当量，其计算式为

$$f_\beta = 0.073P(K_1|\Delta\beta_1| + K_2|\Delta\beta_2|) \tag{6.3}$$

式中 K_1 或 K_2 的取值分别为

对于外螺纹，$\begin{cases} 当 \Delta\beta_1(或 \Delta\beta_2) > 0, K_1(或 K_2) = 2, \\ 当 \Delta\beta_1(或 \Delta\beta_2) < 0, K_1(或 K_2) = 3, \end{cases}$

对于内螺纹，$\begin{cases} 当 \Delta\beta_1(或 \Delta\beta_2) > 0, K_1(或 K_2) = 3, \\ 当 \Delta\beta_1(或 \Delta\beta_2) < 0, K_1(或 K_2) = 2, \end{cases}$

以上分析说明：螺纹无论中径偏差、螺距偏差、还是牙侧角偏差对螺纹的旋入性和接触强度均有影响，而且只要存在螺距偏差或牙侧角偏差，对外螺纹而言，相当于中径增大了；对内螺纹而言，相当于中径减少了。

此外尚应指出的是：上述的 f_P 与 f_β 的计算是从理论上推导出来的，实际上内、外螺纹的相互结合比较复杂，它们彼此间的真正关系还有待于进一步深入研究。

4. 螺纹作用中径和中径的合格条件

（1）作用中径与中径（综合）公差

实际生产中，螺纹的中径偏差、螺距偏差、牙侧角偏差同时存在。按理应对它们分别进行单项检验，但测量起来很困难，也很费时。既然如前面所述，当外螺纹存在螺距偏差和牙侧角偏差时，起作用的中径比实际中径要增大 f_P 与 f_β 值。在规定的旋合长度内，恰好包容实际外螺纹牙侧的一个假想理想内螺纹的中径，就称为外螺纹的作用中径，代号为 d_{2fe}。同理，实际内螺纹存在螺距偏差和牙侧角偏差，也相当于实际内螺纹的中径减小了 f_P 和 f_β 值。在规定的旋合长度内，恰好包容实际内螺纹牙侧的一个假想理想外螺纹的中径，就称为内螺纹的作用中径，代号为 D_{2fe}。

作用中径可按式（6.4）和式（6.5）计算

对外螺纹 $$d_{2fe} = d_{2s} + (f_P + f_\beta) \tag{6.4}$$

对内螺纹 $$D_{2fe} = D_{2s} - (f_P + f_\beta) \tag{6.5}$$

式中，d_{2s}、D_{2s} 分别为外螺纹、内螺纹的单一中径。

理想螺纹是指具有基本牙型，并且包容时与实际螺纹在牙顶和牙底处不发生干涉。

对于普通螺纹零件，为了加工和检测的方便，在标准中只规定了一个中径（综合）公差，用这个中径（综合）公差同时控制中径、螺距及牙侧角三项参数的偏差。即

$$T_{d2} \geqslant f_{d2} + f_P + f_\beta \tag{6.6}$$

$$T_{D2} \geqslant f_{D2} + f_P + f_\beta \tag{6.7}$$

式中　T_{d2}、T_{D2}——外、内螺纹中径（综合）公差；

　　　f_{d2}、f_{D2}——外、内螺纹中径本身偏差。

（2）中径的合格条件

中径为螺纹的配合直径，与圆柱体相似，为保证可旋入性和螺纹件本身的强度及连接强度，实际螺纹的作用中径应不超越最大实体中径，实际螺纹的单一中径不超越最小实体中径，用公式表示普通螺纹中径合格条件为

对外螺纹 $$d_{2fe} \leqslant d_{2M}(d_{2max})；d_{2s} \geqslant d_{2L}(d_{2min}) \tag{6.8}$$

对内螺纹 $$D_{2fe} \geqslant D_{2M}(D_{2min})；D_{2s} \leqslant D_{2L}(D_{2max}) \tag{6.9}$$

6.3.3 普通螺纹公差与配合

1. 螺纹公差标准的基本结构

在 GB/T 197—2003《普通螺纹 公差》标准中,只对中径和顶径规定了公差,而对底径(内螺纹大径和外螺纹小径)未给公差要求,由加工的刀具控制。

图 6.25 普通螺纹公差标准的基本结构

在螺纹加工过程中,由于旋合长度的不同,加工难易程度也不同。通常短旋合长度容易加工和装配;长旋合长度加工较难保证精度,在装配时由于弯曲和螺距偏差的影响,也较难保证配合性质,因此,螺纹公差精度由公差带(公差大小和位置)及旋合长度构成,如图 6.25 所示。

2. 螺纹公差带

普通螺纹公差带是沿基本牙型的牙侧、牙顶和牙底分布的,由公差(公差带大小)和基本偏差(公差带位置)两个要素构成,在垂直于螺纹轴线方向上计量其基本大、中、小径的极限偏差和公差值。

(1)螺纹的公差

普通螺纹公差带大小由公差值确定,而公差值大小取决于公差等级和公称直径。内、外螺纹的中径和顶径的公差等级见表 6.15,其中 6 级为基本级。各级中径公差和顶径公差的数值见表 6.16 和表 6.17。

表 6.15 螺纹公差等级　　　　　　　　　（摘自 GB/T 197—2003）

种　　别	螺　纹　直　径		公　差　等　级
内螺纹	中　径	D_2	4,5,6,7,8
	小径(顶径)	D_1	
外螺纹	中　径	d_2	3,4,5,6,7,8,9
	大径(顶径)	d	4,6,8

表 6.16 内、外螺纹中径公差　　　　　（摘自 GB/T 197—2003）　μm

公称直径/mm		螺距	内螺纹中径公差 T_{D2}				外螺纹中径公差 T_{d2}			
>	≤	P/mm	公　　差　　等　　级							
			5	6	7	8	5	6	7	8
5.6	11.2	1	118	150	190	236	90	112	140	180
		1.25	125	160	200	250	95	118	150	190
		1.5	140	180	224	280	106	132	170	212

续表 6.16 (摘自 GB/T 197—2003) μm

公称直径/mm		螺距	内螺纹中径公差 T_{D2}				外螺纹中径公差 T_{d2}			
>	≤	P/mm	公 差 等 级							
			5	6	7	8	5	6	7	8
11.2	22.4	1	125	160	200	250	95	118	150	190
		1.25	140	180	224	280	106	132	170	212
		1.5	150	190	236	300	112	140	180	224
		1.75	160	200	250	315	118	150	190	236
		2	170	212	265	335	125	160	200	250
		2.5	180	224	280	355	132	170	212	265
22.4	45	1	132	170	212	—	100	125	160	200
		1.5	160	200	250	315	118	150	190	236
		2	180	224	280	355	132	170	212	265
		3	212	265	335	425	160	200	250	315
		3.5	224	280	355	450	170	212	265	335

表 6.17 内、外螺纹顶径公差 (摘自 GB/T 197—2003) μm

公 差 项 目	内螺纹顶径(小径)公差 T_{D1}				外螺纹顶径(大径)公差 T_d		
公 差 等 级 螺 距 P/mm	5	6	7	8	4	6	8
0.75	150	190	236	–	90	140	–
0.8	160	200	250	315	95	150	236
1	190	236	300	375	112	180	280
1.25	212	265	335	425	132	212	335
1.5	236	300	375	475	150	236	375
1.75	265	335	425	530	170	265	425
2	300	375	475	600	180	280	450
2.5	355	450	560	710	212	335	530
3	400	500	630	800	236	375	600

（2）螺纹的基本偏差

普通螺纹公差带的位置由其基本偏差确定。标准对内螺纹规定有 H、G 两种基本偏差,对外螺纹规定有 h、g、f 和 e 四种基本偏差;内、外螺纹的中径、顶径和底径基本偏差数值相同,见表 6.18。

表6.18 内、外螺纹的基本偏差 （摘自 GB/T 197—2003） μm

基本偏差 螺距P /mm	内螺纹		外螺纹			
	G	H	e	f	g	h
	EI		es			
0.75	+22	0	−56	−38	−22	0
0.8	+24	0	−60	−38	−24	0
1	+26	0	−60	−40	−26	0
1.25	+28	0	−63	−42	−28	0
1.5	+32	0	−67	−45	−32	0
1.75	+34	0	−71	−48	−34	0
2	+38	0	−71	−52	−38	0
2.5	+42	0	−80	−58	−42	0
3	+48	0	−85	−63	−48	0

3. 螺纹的旋合长度与公差精度等级

国家标准中对螺纹旋合长度规定了短旋合长度(S)、中等旋合长度(N)和长旋合长度(L)三组。

按螺纹公差带和旋合长度形成了三种公差精度等级,从高到低分别为精密级、中等级和粗糙级。普通螺纹的选用公差带见表6.19,表6.20 为从标准中摘出的仅三个尺寸段的旋合长度值。

表6.19 内、外螺纹的推荐公差带 （摘自 GB/T 197—2003）

	公差精度	G			H		
		S	N	L	S	N	L
内螺纹	精密	—	—	—	4H	5H	6H
	中等	(5G)	**6G**	(7G)	**5H**	6H	**7H**
	粗糙	—	(7G)	(8G)	—	7H	8H

	公差精度	e			f			g			h		
		S	N	L	S	N	L	S	N	L	S	N	L
外螺纹	精密	—	—	—	—	—	—	(4g)	(5g4g)	(3h4h)	**4h**	(5h4h)	
	中等	—	**6e**	(7e6e)	—	6f	—	(5g6g)	6g	(7g6g)	(5h6h)	6h	(7h6h)
	粗糙	—	(8e)	(9e8e)	—	—	—	—	8g	(9g8g)	—	—	—

注:(1)优先选用粗字体公差带,其次选用一般字体公差带,最后选用括号内公差带。

(2)带方框的粗字体公差带用于大量生产的紧固件螺纹。

表 6.20　螺纹的旋合长度　　　　　（摘自 GB/T 197—2003）　mm

公 称 直 径 D、d		螺距 P	旋 合 长 度			
			S	N		L
>	≤		≤	>	≤	>
5.6	11.2	0.75 1 1.25 1.5	2.4 3 4 5	2.4 3 4 5	7.1 9 12 15	7.1 9 12 15
11.2	22.4	1 1.25 1.5 1.75 2 2.5	3.8 4.5 5.6 6 8 10	3.8 4.5 5.6 6 8 10	11 13 16 18 24 30	11 13 16 18 24 30
22.4	45	1 1.5 2 3 3.5	4 6.3 8.5 12 15	4 6.3 8.5 12 15	12 19 25 36 45	12 19 25 36 45

4. 保证配合性质的其他技术要求

对于普通螺纹一般不规定几何公差，其几何误差不得超出螺纹轮廓公差带所限定的极限区域。仅对高精度螺纹规定了在旋合长度内的圆柱度、同轴度和垂直度等公差。它们的公差值一般不大于中径公差的 50%，并按包容要求控制。

螺纹牙侧表面的粗糙度，主要按用途和公差等级来确定，可参考表 6.21。

表 6.21　螺纹牙侧表面粗糙度　　　　　　　　　　　　　　　μm

Ra 的上限值　　螺纹中径公差等级 螺纹工作表面	4,5	6,7	8,9
螺栓,螺钉,螺母	1.6	3.2	3.2~6.3
轴及套上的螺纹	0.8~1.6	1.6	3.2

5. 螺纹公差精度与配合的选用

（1）螺纹公差精度与旋合长度的选用

螺纹公差精度的选择主要取决于螺纹的用途。精密级，用于精密连接螺纹。即要求配合性质稳定、配合间隙小，需保证一定的定心精度的螺纹连接。中等级，用于一般用途的螺纹连接。粗糙级，用于不重要的螺纹连接，以及制造比较困难（如长盲孔的攻丝）或热轧棒上和深盲孔加工的螺纹。

旋合长度的选择，通常选用中等旋合长度（N），对于调整用的螺纹，可根据调整行程的长短选取旋合长度；对于铝合金等强度较低的零件上螺纹，为了保证螺牙的强度，可选用长旋合长度（L）；对于受力不大且受空间位置限制的螺纹，如锁紧用的特薄螺母的螺纹可选用短旋合长度（S）。

（2）螺纹公差带与配合的选用

在设计螺纹零件时，为了减少螺纹刀具和螺纹量规的品种、规格，提高技术经济效益，应从表 6.19 中选取螺纹公差带。对于大量生产的精制紧固螺纹推荐采用带方框的粗体字公差带,例如内螺纹选用6H,外螺纹选用6g。表中粗体字公差带应优先选用,其次选用一般字体公差带,加括号的公差带尽量不用。表中只有一个公差带代号(6H、6g)表示中径和顶径公差带相同;有两个公差带代号(如5H6H、5g6g)表示中径公差带(前者)和顶径公差带(后者)不相同。

配合的选择,从保证足够的接触高度出发,完工后的螺纹最好组成 H/g、H/h、G/h 配合。对于公称直径小于或等于1.4 mm 的螺纹,应选用 5H/6h、4H/6h 或更精密的配合。对于需要涂镀的外螺纹,当镀层厚度为 10 μm 时可选用 g,当镀层厚度为 20 μm 时,可选用 f,当镀层厚度为 30 μm 时,可选用 e。当内、外螺纹均需涂镀时,可选用 G/e 或 G/f 配合。

6. 螺纹的标记

普通螺纹的完整标记由螺纹特征代号、尺寸代号、公差带代号、旋合长度代号和旋向代号组成。例如

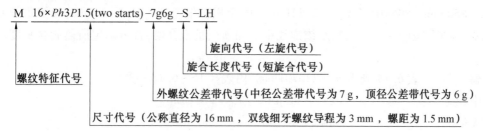

（1）特征代号

普通螺纹特征代号用字母"M"表示。

（2）尺寸代号包括公称直径(D、d)、导程(Ph)和螺距(P)的代号,对粗牙螺纹可省略标注其螺距项,其数值单位均为 mm。

①单线螺纹的尺寸代号为"公称直径×螺距"。

②多线螺纹尺寸代号为"公称直径×Ph 导程 P 螺距"。如需要说明螺纹线数时,可在螺距 P 的数值后加括号用英语说明,如双线 two starts;三线为 three starts;四线为 four starts。

（3）公差带代号

公差带代号是指中径和顶径公差带代号。中径公差带代号在前,顶径在后。如果中径和顶径公差带代号相同,只标一个公差带代号。螺纹尺寸代号与公差带代号间用半字线"–"分开。

①标准规定,在下列情况下,最常用的中等公差精度的螺纹不标注公差带代号:a. 公称直径 $D \leqslant 1.4$ mm 的 5H、$D \geqslant 1.6$ mm 的 6H 和螺距 $P = 0.2$ mm、其公差等级为 4 级的内螺纹;b. 公称直径 $d \leqslant 1.4$ mm 的 6h 和 $d \geqslant 1.6$ mm 的 6g 的外螺纹。

②内外螺纹配合时,它们的公差带中间用斜线分开,左边为内螺纹公差带,右边为外螺纹公差带。例如 M20–6H/5g6g,则表示内螺纹的中径和顶径公差带相同为6H,外螺纹的中径公差带为5g,顶径公差带为6g。

（4）旋合长度代号

对短旋合和长旋合组要求在公差带代号处分别标注"S"和"L",与公差带代号间用半字线"–"分开。中等旋合长度不标注"N"。

（5）旋向代号

对于左旋螺纹,要在旋合长度代号后标注"LH"代号,与旋合长度代号间用半字线"–"分开。右旋螺纹省略旋向代号。

(6)完整的螺纹标注示例

【例6.1】 M6×0.75–5h6h–S–LH:表示普通外螺纹,公称直径为 6 mm,螺距为 0.75 mm,中径公差带为 5h,顶径公差带为 6h,短旋合长度,左旋单线细牙。

【例6.2】 M14×Ph6P2–7H–L–LH 或 M14×Ph6P2(three starts)–7H–L–LH:表示普通内螺纹,公称直径为 14 mm,导程为 6 mm,螺距为 2 mm,中径和顶径公差带为 7H,长旋合,左旋三线。

【例6.3】 M8:表示普通螺纹,公称直径为 8 mm,粗牙,中等公差精度(省略 6H 或 6g),中等旋合长度,右旋单线。

7. 例题

已知某一外螺纹公差要求为 M24×2–6g(6g 可省略标注),加工后测得:实际大径 $d_a = 23.850$ mm,实际中径 $d_{2a} = 22.521$ mm,螺距累积偏差 $\Delta P_\Sigma = +0.05$ mm,牙侧角偏差为: $\Delta\beta_1 = +20'$, $\Delta\beta_2 = -25'$,试判断该螺纹中径和顶径是否合格,查表确定所需旋合长度的范围。

解 (1)由表 6.14 查得 $d_2 = 22.701$ mm,由表 6.16~6.18 查得

中径 $\qquad\qquad$ es $= -38$ μm, $\quad T_{d_2} = 170$ μm

大径 $\qquad\qquad$ es $= -38$ μm, $\quad T_d = 280$ μm

(2)判断中径的合格性

$$d_{2max}/mm = d_2 + es = 22.701 + (-0.038) = 22.663$$
$$d_{2min}/mm = d_{2max} - T_{d2} = 22.663 - 0.17 = 22.493$$

由式(6.2)得

$$f_P/mm = 1.732 \ |\Delta P_\Sigma| = 1.732 \times 0.05 = 0.087$$

由式(6.3)得

$$f_\beta/mm = 0.073P(K_1|\Delta\alpha_1| + K_2|\Delta\alpha_2|) =$$
$$0.073 \times 2(2 \times 20 + 3 \times 25) \approx 0.017$$

由式(6.4)得

$$d_{2fe}/mm = d_{2a} + (f_P + f_\alpha) = 22.521 + (0.087 + 0.017) = 22.625$$

按式(6.8)

$$d_{2fe}/mm = 22.625 < 22.663(d_{2max})$$
$$d_{2a}/mm = 22.521 > 22.493(d_{2min})$$

故该螺纹中径合格。

(3)判断大径的合格性

$$d_{max}/mm = d + es = 24 + (-0.038) = 23.962$$
$$d_{min}/mm = d_{max} - T_d = 23.962 - 0.28 = 23.682$$

因 $d_{max} > d_a = 23.850 > d_{min}$,故大径合格。

(4)该螺纹为中等旋合长度,由表 6.20 查得,其旋合长度范围为大于 8.5~25 mm。

6.3.4 普通螺纹精度的检测

普通螺纹精度可以采用单项测量或综合检验两类。

1. 单项测量

螺纹单项测量是指分别测量螺纹的各个几何参数,一般用于螺纹工件的工艺分析,螺纹量规,螺纹刀具以及精密螺纹的检测。

对于外螺纹,可以用大型工具显微镜或万能工具显微镜通过影像法测量其基本大径、小径、中径偏差、螺距偏差以及牙侧角偏差,详见参考文献[43]。

用三针法可以精确地测出外螺纹的单一中径 d_{2s},如图6.26所示。

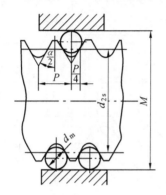 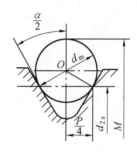

(a) 测出针距 M (b) 量针最佳直径 d_m

图6.26 三针法测量外螺纹单一中径

利用三根直径相同的量针,将其中一根放在被测螺纹的牙槽中,另外两根放在对边相邻的两牙槽中,然后用指示量仪测出针距 M 值,并根据已知被测螺纹的螺距公称尺寸 P,牙型角理论值 $\alpha/2$ 和量针直径 d_m 的数值计算出被测螺纹的单一中径 d_{2a}

$$d_{2s}=M-d_m\left[1+\left(\sin\frac{\alpha}{2}\right)^{-1}\right]+\frac{P}{2}\cot\frac{\alpha}{2} \tag{6.10}$$

对于普通螺纹 $\alpha/2=30°$,因此式(6.10)简化为

$$d_{2s}=M-3d_m+0.866P \tag{6.11}$$

为了避免牙侧角偏差对测量结果的影响,使量针与牙侧的接触点落在中径上,此时最佳量针直径应为

$$d_m=\frac{P}{2}\cos\frac{\alpha}{2} \tag{6.12}$$

对于内螺纹单项测量可用卧式测长仪或三坐标测量机测量。

2. 综合检验

普通螺纹的综合检验是指使用螺纹量规检验被测螺纹某些几何参数偏差的综合结果。检查内螺纹的量规叫做螺纹塞规,如图6.27所示;检查外螺纹的量规叫做螺纹环规,如图6.28所示。螺纹量规有通规和止规之分,它们都是按泰勒原则设计的,通规用来检验被测螺纹的作用中径,合格的工件应该能旋合通过。因此通规是模拟被测螺纹的最大实体牙型,并具有完全牙型,其长度等于被测螺纹的旋合长度,此外,通规还顺便用来检验被测螺纹的底径。螺纹止规用来检验被测螺纹的单一中径,并采用截短牙型,其螺纹圈数也很少,以尽量避免被测螺纹螺距偏差和牙侧角偏差的影响。止规只允许与被测螺纹两端旋合,旋合量一般不超过两个螺距。

对于被测内螺纹的小径可用光滑极限塞规检验(图 6.27);被测外螺纹的大径可用光滑极限卡规检验(图 6.28)。

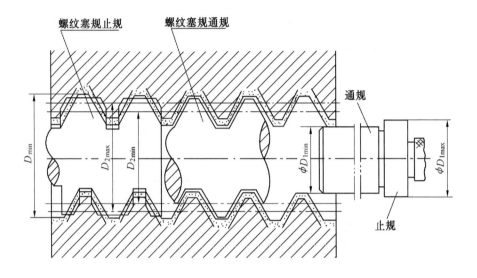

图 6.27　用螺纹塞规和光滑极限塞规检验内螺纹

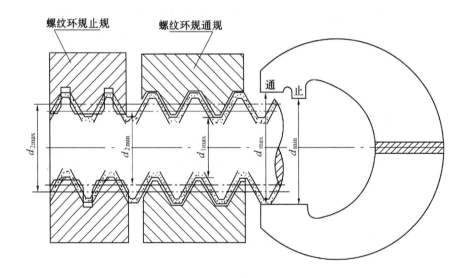

图 6.28　用螺纹环规和光滑极限卡规检验外螺纹

习　题　六

一、思考题

1. 向心球轴承的公差等级分几级,划分的依据是什么? 用得最多的是哪些等级?

2. 滚动轴承内圈与轴颈、外圈与外壳孔的配合,分别采用何种基准制? 有什么特点?

3. 滚动轴承内圈内径公差带分布有何特点? 为什么?

4. 选择滚动轴承与轴颈、外壳孔的配合时,应考虑哪些主要因素?

5. 滚动轴承与孔、轴结合的精度设计内容有哪些?

6. 平键联结的几何参数有哪些?

7. 平键联结的配合尺寸是什么? 采用何种配合制?

8. 平键联结有几种配合类型? 它们各应用在什么场合?

9. 平键联结的配合表面有哪些几何公差要求? 几何公差和表面粗糙度轮廓幅度参数值如何确定?

10. 矩形花键联结的结合面有哪些? 标准规定的定心表面是哪个? 为什么?

11. 矩形花键联结各结合面的配合采用何种配合制? 有几种装配型式? 应用如何?

12. 影响螺纹互换性的因素有哪些? 对这些偏差是怎样控制的?

13. 什么是螺纹作用中径? 它和单一(实际)中径有什么关系?

14. 螺纹中径合格的判断原则是什么? 如果螺纹实际中径在规定的要求范围内,能否说明该螺纹中径合格?

15. 普通螺纹的中径公差分几级? 内、外螺纹公差等级有何不同,常用的是多少级?

16. 普通螺纹公差带的位置有几种? 内、外螺纹有何不同? 一般用于紧固连接的内、外螺纹最常用的是哪种公差带?

二、作业题

1. 有一 6 级 6309 的滚动轴承,内径为 45 mm,外径为 100 mm。内圈与轴颈的配合选为 j5,外圈与外壳孔的配合为 H6,试画出配合的尺寸公差带图,并计算它们的极限过盈和极限间隙。

2. 皮带轮与轴配合为 $\phi40H7/js6$,滚动轴承内圈与轴配合为 $\phi40js6$,试画出上述两种配合的公差带图,并根据平均过盈量比较该两种配合的松紧(轴承公差等级为 0 级)。

3. 如图 6.29 所示,应用在减速器中的 0 级 6207 滚动轴承($d=\phi35$ mm, $D = \phi72$ mm, 基本额定动负荷 C 为 25 500 N),其工作情况为:外壳固定,轴旋转,转速为 980 r/min,承受的定向径向载荷为 1 300 N,试确定:轴颈和外壳孔的公差带代号、几何公差和表面粗糙度轮廓幅度参数值,并将它们分别标注在装配图和零件图上。

4. 某减速器中输出轴的伸出端与相配件孔的配合为 $\phi45H7/m6$,并采用了正常联结平键。试确定轴槽和轮毂槽

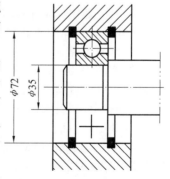

图 6.29　作业题 3 图

的剖面尺寸及其极限偏差、键槽对称度公差和键槽表面粗糙度 Ra 的上限数值,将各项公差值标注在零件图上(可参考图6.10)。

5. 某车床床头箱中一变速滑动齿轮与轴的结合,采用矩形花键固定联结,花键的公称尺寸为6×23×26×6。齿轮内孔不需要热处理。试查表确定花键的大径、小径和键宽的尺寸公差带代号,并画出公差带图。

6. 试查表确定矩形花键配合 $6 \times 28 \frac{H7}{g7} \times 32 \frac{H10}{a11} \times 7 \frac{H11}{f9}$ 中的内花键、外花键的极限偏差,画出公差带图,并指出该矩形花键配合是一般传动用还是精密传动用及装配形式。

7. 如图6.30所示,某机床变速箱中一滑移齿轮与花键轴联接,已知花键的规格为:6×26×30×6,花键孔长30 mm,花键轴长75 mm,其结合部位需经常做相对移动,而且定心精度要求较高。试确定:

(1)齿轮花键孔和花键轴各主要尺寸的公差代号及其极限偏差;

(2)确定键槽两侧面的中心平面的位置度公差和表面粗糙度值;

(3)将上述要求分别标注在图6.30(a)、(b)所示的零件图上。

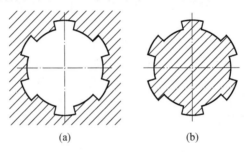

(a)   (b)

图6.30 作业题7图

8. 查表确定外螺纹 M24×2-6h 的小径、中径和大径的极限尺寸,并画出公差带图。

9. 解释下列螺纹标注中各代号的意义:

(1)M24-7H;   (2)M20×1.5-6H-LH;   (3)M30×2-6H/5g6g;

(4)M10×1-6H;   (5)M36×2-5g6g-20;   (6)M16-5g6g-3;   (7)M12。

10. 在大量生产中应用的紧固普通螺纹连接件,标准推荐采用6H/6g,当确定该螺纹尺寸为 M20×2 时,则其内、外螺纹的中径尺寸变化范围如何?结合后中径最小保证间隙等于多少?

11. 有一螺纹件尺寸要求为 M12×1-6h,今测得实际中径 $d_{2a} = 11.304$ mm,实际顶径 $d_\alpha = 11.815$ mm,螺距累积偏差 $\Delta P_\Sigma = -0.02$ mm,牙侧角偏差分别为 $\Delta\beta_1 = +25'$,$\Delta\beta_2 = -20'$,试判断该螺纹零件尺寸是否合格? 为什么?

12. 实测 M20-7H 的螺纹零件得:螺距累积偏差 $\Delta P_\Sigma = -0.034$ mm,牙侧角偏差分别为 $\Delta\beta_1 = +30'$,$\Delta\beta_2 = -40'$,试求其实际中径和作用中径所允许的变化范围。

13. 有一外螺纹 M10-6h,现为改进工艺,提高产品质量要涂镀保护层,其镀层厚度要求在 5~8 μm 之间,问该螺纹基本偏差为何值时,才能满足镀后螺纹的互换性要求?

14. 有一螺纹 M20-5h6h,加工后测得实际大径 $d_a = 19.980$ mm,实际中径 $d_{2a} = 18.255$ mm,螺距累积偏差 $\Delta P_\Sigma = +0.04$ mm,牙侧角偏差分别为 $\Delta\beta_1 = -35'$,$\Delta\beta_2 = -40'$,试判断该螺纹是否合格?

第 **7** 章

圆柱齿轮精度设计与检测

齿轮是机器、仪器中使用最多的传动元件,尤其是渐开线齿轮应用更为广泛。各种类型齿轮传动的精度标准和检测方法有许多相似之处,本章以渐开线圆柱齿轮传动为例,讲述其精度设计与检测的基本方法,其他类型的齿轮传动可参考相应的国家标准。

7.1 齿轮传动的使用要求

各类齿轮都是用来传递运动或动力的,其使用要求可以归纳为以下四个方面。

7.1.1 传递运动的准确性

传递运动的准确性是指齿轮在一转范围内,传动比变化不超过一定的限度,可用齿轮一转过程中产生的最大转角误差 $\Delta\varphi_{\Sigma}$ 来表示,如图 7.1(b)所示。如图 7.1 所示的一对齿轮,若主动齿轮的齿距没有误差,而从动齿轮存在如图所示的齿距不均匀时,则从动轮一转过程中将形成最大转角误差 $\Delta\varphi_{\Sigma}=|(+4)-(-3)|=7°$(从第 3 齿转到第 7 齿应该转 180°,实际转 173°),从而使传动比相应产生最大变动量,传递运动不准确,对齿轮的此项精度要求称为运动精度。

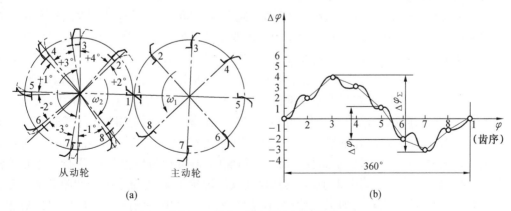

图 7.1 一齿和一转中的最大转角误差

7.1.2 传动的平稳性

传动的平稳性是指齿轮在转一齿范围内,瞬时传动比变化不超过一定的限度。这一变化将会引起冲击、振动和噪声。它可以用转一齿过程中的最大转角误差 $\Delta\varphi$ 表示,如图 7.1(b)所示,$\Delta\varphi = |(+1)-(-2)| = 3°$(从第 5 齿转到第 6 齿的转角误差)。与运动精度相比,它等于转角误差曲线上多次重复的小波纹的最大幅度值,对齿轮的此项精度要求称为平稳性精度。

7.1.3 载荷分布的均匀性

载荷分布的均匀性是要求一对齿轮啮合时,工作齿面要保证一定的接触面积,从而避免应力集中,减少齿面磨损,提高轮齿强度和寿命。这一项要求可用沿轮齿齿长和齿高方向上保证一定的接触区域来表示,如图 7.2 所示,对齿轮的此项精度要求称为接触精度。

图 7.2　接触斑点

7.1.4 齿侧间隙的合理性

齿侧间隙的合理性是指两个相配齿轮的工作齿面相接触时,在非工作齿面间形成的间隙,如图 7.3 所示的法向侧隙 j_{bn},这是为了使齿轮传动灵活,用以贮存润滑油、补偿齿轮的制造与安装差以及热变形等所需的侧隙。在圆周方向测得的间隙为圆周侧隙 j_{wt},在法线方向测得间隙为法向侧隙 j_{bn}。

上述前三项要求为对齿轮本身的精度要求,有相应的偏差项目对其控制。而第四项要求不同,它是设计者根据齿轮副的工作条件和使用要求,对齿轮轮齿尺寸而规定的公差要求,就像圆柱结合中为确保既定的配合性质而对孔、轴规定尺寸公差一样。

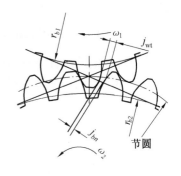

图 7.3　齿轮侧隙

对于机械制造业中常用的齿轮,如机床、通用减速器、汽车、拖拉机、内燃机车等行业用的齿轮,其中每类齿轮通常对上述三项精度要求的高低程度都是差不多的,对每项齿轮偏差可要求同样精度等级,这种情况在工程实践中是占大多数的。而有的齿轮,可能对上述三项精度中的某一项有特殊功能要求,因此可对某项提出更高的要求。例如对分度、读数机构中的齿轮,可对控制运动精度的偏差项目提出较高要求;对航空发动机,汽轮机中的齿轮,因其转速高,传递动力也大,特别要求振动和噪声小,因此对控制平稳性精度的偏差项目提出较高要求;对轧钢机、起重机、矿山机械的齿轮,属于低速动力齿轮,因而可对控制接触精度的偏差项目要求高些。而对于齿侧间隙,无论何种齿轮,为了保证齿轮正常运转都必须规定合理的间隙大小,尤其是仪器仪表齿轮传动,保证合适的间隙尤为重要。

另外,为了降低齿轮的加工、检测成本,如果齿轮总是用一侧齿面工作,则可以对非工作齿面提出较低的精度要求。

7.2　评定齿轮精度的偏差项目及其允许值

图样上设计的齿轮都是理想的齿轮,由于齿轮加工机床传动链误差、刀具几何参数误差、齿坯的尺寸和几何误差、齿坯在加工机床上的安装误差等的存在,以及加工中的受力变形、热变形等因素,使得制造出的齿轮都存在误差。在 GB/T 10095.1～2—2008 齿轮精度标准中,齿轮误差、偏差统称为齿轮偏差,将偏差与其允许值共用一个符号表示,例如 F_α 既表示齿廓总偏差,它又表示齿廓总偏差的允许值(公差)。单项要素测量所用的偏差符号用小写字母(如 f)加上相应的下标表示;而表示若干单项要素偏差组成的"累积"或"总"偏差所用的符号,采用大写字母(如 F)加上相应的下标表示。

本书为了能从符号上区分实际偏差与其允许值(公差或极限偏差),在其符号前加注"Δ"表示实际偏差,如 ΔF_α 表示轮齿齿廓总偏差,F_α 表示齿廓总偏差的允许值(公差)。

7.2.1　评定齿轮精度的必检偏差项目

为了评定齿轮的三项精度要求,GB/T 10095.1—2008 规定强制性的必检偏差项目是齿距偏差(单个齿距偏差、齿距累积偏差、齿距累积总偏差)、齿廓偏差和螺旋线偏差三项。为了评定齿轮侧隙大小,通常检测齿厚偏差或公法线长度偏差。

1. 传递运动准确性的必检参数

(1)齿距累积总偏差 $\Delta F_p(F_p)$

ΔF_p 是指齿轮端平面上,在接近齿高中部的一个与齿轮基准轴线同心的圆上,任意两个同侧齿面间的实际弧长与理论弧长之差中的最大绝对值。它表现为齿距累积偏差曲线的总幅值,如图 7.4 所示。

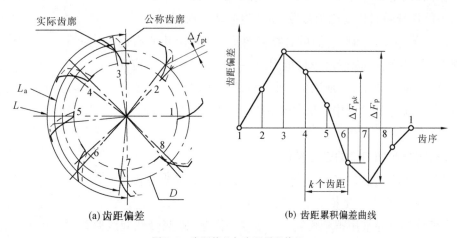

(a) 齿距偏差　　　　　　　(b) 齿距累积偏差曲线

图 7.4　齿距偏差与齿距累积偏差

L_a—实际弧长;L—理论弧长;D—接近齿高中部的圆

齿距累积总偏差(ΔF_{p})可反映齿轮转一转过程中传动比的变化,因此它影响齿轮传递运动的准确性。

(2)齿距累积偏差 $\Delta F_{pk}(\pm F_{pk})$

对于齿数较多且精度要求很高的齿轮、非整圆齿轮(如扇形齿轮)和高速齿轮,在评定传递运动准确性精度时,有时还要增加一段齿数内(k 个齿距范围)的齿距累积偏差 ΔF_{pk}。

ΔF_{pk} 是指任意 k 个齿距的实际弧长与理论弧长的代数差(见图7.4),理论上它等于 k 个齿距的各单个齿距偏差的代数和。标准规定(除另有规定),一般 ΔF_{pk} 适用于齿距数 k 为 2 到 $z/8$ 范围,通常 $k=z/8$ 就足够了。

评定 ΔF_{p} 和 ΔF_{pk} 时,它们的合格条件是:ΔF_{p} 不大于齿距累积总偏差的允许值 F_{p}($\Delta F_{\mathrm{p}} \leqslant F_{\mathrm{p}}$);$\Delta F_{pk}$ 在齿距累积偏差的允许值 $\pm F_{pk}$ 范围内($-F_{pk} \leqslant \Delta F_{pk} \leqslant +F_{pk}$)。

2. 传动平稳性的必检参数

(1)单个齿距偏差 $\Delta f_{\mathrm{pt}}(\pm f_{\mathrm{pt}})$

Δf_{pt} 是指在齿轮端平面上,在接近齿高中部的一个与齿轮轴线同心的圆上,实际齿距与理论齿距的代数差。在图7.4中,Δf_{pt} 为第2个齿距偏差。

当齿轮存在齿距偏差时,无论是正值还是负值都会在一对齿啮合完毕而另一对齿进入啮合时,主动齿与被动齿发生冲撞,影响齿轮传动的平稳性精度。

(2)齿廓总偏差 $\Delta F_{\alpha}(F_{\alpha})$

ΔF_{α} 是指包容实际齿廓工作部分且距离为最小的两条设计齿廓之间的法向距离,如图7.5所示,它是在齿轮端平面内且垂直于渐开线齿廓的方向上测量。设计齿廓是指符合设计规定的齿廓,通常为渐开线齿廓。

齿廓总偏差 ΔF_{α} 主要影响齿轮平稳性精度,因为有 ΔF_{α} 的齿轮,不能保证瞬时传动比为常数,易产生振动与噪声。

评定 Δf_{pt} 和 ΔF_{α} 时,它们的合格条件是:被测齿轮所有的 Δf_{pt} 都在单个齿距偏差允许值 $\pm f_{\mathrm{pt}}$ 范围内($-f_{\mathrm{pt}} \leqslant \Delta f_{\mathrm{pt}} \leqslant +f_{\mathrm{pt}}$);应在被测齿轮圆周上均匀分布地测量三个轮齿或更多的轮齿左、右齿面的齿廓总偏差 ΔF_{α},其中的最大值 $\Delta F_{\alpha max}$ 不大于齿廓总偏差允许值 F_{α}($\Delta F_{\alpha max} \leqslant F_{\alpha}$)。

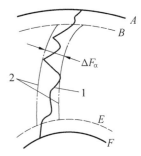

图 7.5　齿廓总偏差

1—实际齿廓;2—设计齿廓;
A—齿顶圆;B—齿顶计值范围
的起始圆;E—齿根有效齿廓的
起始圆;F—齿根圆;BE—工作
部分

3. 载荷分布均匀性的必检参数

载荷分布均匀性的必检参数在齿宽方向是螺旋线总偏差 $\Delta F_{\beta}(F_{\beta})$;在齿高方向是传动平稳的必检参数。

螺旋线偏差通常用螺旋线偏差测量仪来测量,在测量螺旋线偏差时得到的记录图上的螺旋线偏差曲线叫做螺旋线迹线,如图7.6所示。ΔF_{β} 是指在计值范围(L_{β})内,包容实际螺旋线迹线的两条设计螺旋线迹线间的距离(见图7.6)。该项偏差主要影响齿面接触精度。

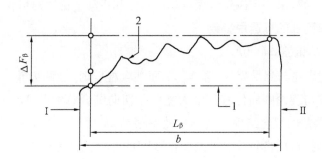

图 7.6　测量螺旋线偏差记录图

Ⅰ、Ⅱ轮齿两端面;1—设计螺旋线迹线;2—实际螺旋线迹线;b—齿宽;L_β—螺旋线计值范围

齿轮从基准面Ⅰ到非基准面Ⅱ的轴向距离为齿宽 b。螺旋线计值范围 L_β 为在轮齿两端处各减去下面两个数值中较小的一个后的迹线长度,即 5% 的齿宽或等于一个模数的长度。在螺旋线计值范围 L_β 内,过实际螺旋线迹线最高点和最低点作与设计螺旋线迹线平行的两条直线的距离即为 ΔF_β。

评定 ΔF_β 时,它的合格条件是:应在被测齿轮圆周上均布测量三个轮齿或更多的轮齿左、右齿面的螺旋线总偏差 ΔF_β,其中最大值 $\Delta F_{\beta max}$ 不大于螺旋线总偏差允许值 F_β ($\Delta F_{\beta max} \leqslant F_\beta$)。

4. 齿轮侧隙的必检参数

(1)齿厚偏差 $\Delta E_{sn}(E_{sns}、E_{sni})$

对于直齿轮,ΔE_{sn} 是指在分度圆柱面上,实际齿厚与公称齿厚(齿厚理论值)之差。对于斜齿轮,指法向实际齿厚与公称齿厚之差(见图 7.7)。

(2)公法线长度偏差 $\Delta E_{bn}(E_{bns}、E_{bni})$

对于中、小模数齿轮,为测量方便,通常用公法线长度偏差代替齿厚偏差。

公法线长度是指齿轮上几个轮齿的两端异向齿廓间所包含的一段基圆圆弧,即该两端异向齿廓间基圆切线线段的长度(图 7.18)。

ΔE_{bn} 是指实际公法线长度与公称公法线长度之差。

评定 ΔE_{sn} 和 ΔE_{bn} 时,它们的合格条件是:ΔE_{sn} 在齿厚上、下偏差的范围内($E_{sni} \leqslant \Delta E_{sn} \leqslant E_{sns}$);$\Delta E_{bn}$ 在公法线长度上、下偏差的范围内($E_{bni} \leqslant \Delta E_{bn} \leqslant E_{bns}$)。

由上述可见,齿轮精度标准规定评定齿轮精度的必检偏差项目为齿距偏差、齿廓偏差和螺旋线偏差以及评定侧隙的齿厚偏差四项。

7.2.2　评定齿轮精度的可选用偏差项目

用某种切齿方法生产第一批齿轮时,为了掌握该齿轮加工后的精度是否达到设计要求,需要按上述强制性的必检偏差项目进行检测,检测合格后,在工艺条件不变的情况下继续生产同样的齿轮时,以及用做误差分析研究时,GB/T 10095.1~2—2008 规定也可采用下列非强制性的参数来评定齿轮传递运动准确性和传动平稳性的精度。

1. 传递运动准确性的可选用参数

(1)切向综合总偏差 $\Delta F_i'(F_i')$

$\Delta F_i'$ 是指被测齿轮与测量齿轮(基准)单面啮合检验时,被测齿轮一转内,齿轮分度圆上实际圆周位移与理论圆周位移的最大差值。切向综合总偏差 $\Delta F_i'$ 反映齿距累积总偏差 ΔF_p 和单齿误差的综合结果。其测量效率很高,常用于大批量生产的齿轮测量,例如:汽车用齿轮,拖拉机用齿轮等。被测齿轮 $\Delta F_i'$ 的合格条件是:$\Delta F_i'$ 不大于切向综合总偏差允许值 $F_i'(\Delta F_i' \leqslant F_i')$。

(2)径向综合总偏差 $\Delta F_i''(F_i'')$

$\Delta F_i''$ 是指在径向(双面)综合检验时,被测齿轮的左、右齿面同时与测量齿轮(基准)接触,并转过一整圈时出现的中心距最大值和最小值之差。其测量效率比较高,常用于批量生产的齿轮。被测齿轮 $\Delta F_i''$ 的合格条件是:$\Delta F_i''$ 不大于径向综合总偏差允许值 F_i'' $(\Delta F_i'' \leqslant F_i'')$。

(3)径向跳动 $\Delta F_r(F_r)$

ΔF_r 是指测头(球形、圆柱形、砧形)相继置于每个齿槽内时,从测头到齿轮基准轴线的最大和最小径向距离之差,如图7.12所示。检测时,测头在近似齿高中部与左右齿面接触。适用于单件和小批量生产的齿轮检验。被测齿轮 ΔF_r 的合格条件是:ΔF_r 不大于齿轮径向跳动允许值 $F_r(\Delta F_r \leqslant F_r)$。

(4)公法线长度变动 $\Delta F_W(F_W)$

ΔF_W 是指在齿轮一周内,跨 k 个齿(见式7.16)的公法线长度的最大值与最小值之差。

ΔF_W 在齿轮新标准中没有此项参数,但从我国的齿轮实际生产情况来看,经常用 ΔF_r 和 ΔF_W 组合来代替 ΔF_p 或 $\Delta F_i'$,而且是检验成本不高且行之有效的手段,故在此提出供参考。常用于单件或小批量生产的齿轮测量,被测齿轮 ΔF_W 的合格条件是:ΔF_W 不大于公法线长度变动公差 $F_W(\Delta F_W \leqslant F_W)$。

2. 传动平稳性的可选用参数

(1)一齿切向综合偏差 $\Delta f_i'(f_i')$

$\Delta f_i'$ 是指被测齿轮一转中对应一个齿距角($360°/z$)内实际圆周位移与理论圆周位移的最大差值。

(2)一齿径向综合偏差 $\Delta f_i''(f_i'')$

$\Delta f_i''$ 是指在被测齿轮一转中对应一个齿距角($360°/z$)内的径向综合偏差值(取其中最大值)。

评定 $\Delta f_i'$ 和 $\Delta f_i''$ 时,它们合格条件是:$\Delta f_i'$ 不大于一齿切向综合偏差的允许值

$f_i'(\Delta f_i' \leqslant f_i')$；$\Delta f_i''$不大于一齿径向综合偏差的允许值$f_i''(\Delta f_i'' \leqslant f_i'')$。

7.2.3　齿轮的精度等级及其图样标注

1. 精度等级

GB/T 10095.1～.2—2008 对齿距累积总偏差 F_p、齿距累积偏差 $\pm F_{pk}$、单个齿距偏差 $\pm f_{pt}$、齿廓总偏差 F_α、螺旋线总偏差 F_β 以及切向综合总偏差 F_i'、一齿切向综合偏差 f_i' 和径向跳动公差 F_r 分别规定了 13 个精度等级，从高到低分别用阿拉伯数字 $0,1,2,\cdots,12$ 表示；对径向综合总偏差 F_i'' 和一齿径向综合偏差 f_i'' 分别规定了 9 个精度等级（$4,5,6,\cdots,12$），其中 4 级最高，12 级最低。

0～2 级齿轮要求非常高，目前几乎没有能够制造和测量的手段，因此属于有待发展的展望级；3～5 级为高精度等级；6～8 级为中等精度等级（用得最多）；9 级为较低精度等级；10～12 级为低精度等级。

2. 图样标注

（1）齿轮精度等级的标注

当齿轮所有偏差项目同为某一精度等级时，图样上可标注精度等级和标准号。例如同为 7 级时，可标注为

$$7\ \text{GB/T}\ 10095.1\text{～}.2\ \text{或}\ 7\ \text{GB/T}\ 10095.1\ \text{或}\ 7\text{GB/T}\ 10095.2$$

当齿轮偏差项目的精度等级不同时，图样上可按齿轮传递运动准确性、平稳性和载荷分布均匀性的顺序分别标注它们的精度等级及带括号的对应偏差符号和标准号。例如齿距累积总偏差 F_p 和单个齿距偏差 f_{pt}、齿廓总偏差 F_α 皆为 7 级，而螺旋线总偏差 F_β 为 6 级时，可标注为

$$7(F_p,f_{pt},F_\alpha),6(F_\beta)\quad \text{GB/T}\ 10095.1$$

或标注为
$$7\text{-}7\text{-}6\quad \text{GB/T}\ 10095.1$$

（2）齿厚偏差的标注

齿厚偏差（或公法线长度偏差）应在图样右上角的参数表中注出其公称齿厚及上、下偏差数值。当齿轮的公称齿厚为 S_n、齿厚上偏差为 E_{sns}，齿厚下偏差为 E_{sni} 时，可标注为：$S_{nE_{sni}}^{E_{sns}}$。

当齿轮的公称公法线长度为 W_k、公法线长度上偏差为 E_{bns}、公法线长度下偏差为 E_{bni} 时，可标注为：$W_{kE_{bni}}^{E_{bns}}$，同时注出跨齿数 k。

7.2.4　齿轮各项偏差允许值

齿轮的 5 级精度为基础等级，它是计算其他等级偏差允许值的基础。两相邻等级间的级间公比为 $\sqrt{2}$，基本等级级数值乘以（或除以）$\sqrt{2}$，即可得到相邻较低（或较高）等级的数值。

表 7.1、7.2、7.3 分别给出了齿轮各项偏差的允许值。

表 7.1　$\pm f_{pt}$、F_p、$\pm F_{pk}$、F_α、f_i'、F_i'、F_r、F_w 偏差允许值　（摘自 GB/T 10095.1～.2—2008）　μm

分度圆直径 d/mm	模数 m/mm	单个齿距偏差 $\pm f_{pt}$				齿距累积总偏差 F_p				齿廓总偏差 F_α				径向跳动公差 F_r				f_i''/K 值				公法线长度变动公差 F_w			
		5	6	7	8	5	6	7	8	5	6	7	8	5	6	7	8	5	6	7	8	5	6	7	8
5≤d≤20	0.5≤m≤2	4.7	6.5	9.5	13.0	11.0	16.0	23.0	32.0	4.6	6.5	9.0	13.0	9.0	13	18	25	14.0	19.0	27.0	38.0	10	14	20	29
	2<m≤3.5	5.0	7.5	10.0	15.0	12.0	17.0	23.0	33.0	6.5	9.5	13.0	19.0	9.5	13	19	27	16.0	23.0	32.0	45.0				
20<d≤50	0.5≤m≤2	5.0	7.0	10.0	14.0	14.0	20.0	29.0	41.0	5.0	7.5	10.0	15.0	11	16	23	32	14.0	20.0	29.0	41.0	12	16	23	32
	2<m≤3.5	5.5	7.5	11.0	15.0	15.0	21.0	30.0	42.0	7.0	10.0	14.0	20.0	12	17	24	34	17.0	24.0	34.0	48.0				
	3.5<m≤6	6.0	8.5	12.0	17.0	15.0	22.0	31.0	44.0	9.0	12.0	18.0	25.0	12	17	25	35	19.0	27.0	38.0	54.0				
50<d≤125	0.5≤m≤2	5.5	7.5	11.0	15.0	18.0	26.0	37.0	52.0	6.0	8.5	12.0	17.0	15	21	29	42	16.0	22.0	31.0	44.0	14	19	28	37
	2<m≤3.5	6.0	8.5	12.0	17.0	19.0	27.0	38.0	53.0	8.0	11.0	16.0	22.0	15	21	30	43	18.0	25.0	36.0	51.0				
	3.5<m≤6	6.5	9.0	13.0	18.0	19.0	28.0	39.0	55.0	9.5	13.0	19.0	27.0	16	22	31	44	20.0	29.0	40.0	57.0				
125<d≤280	0.5≤m≤2	6.0	8.5	12.0	17.0	24.0	35.0	49.0	69.0	7.0	10.0	14.0	20.0	20	28	39	55	17.0	24.0	34.0	49.0	16	22	31	44
	2<m≤3.5	6.5	9.0	13.0	18.0	25.0	35.0	50.0	70.0	9.0	13.0	18.0	25.0	20	28	40	56	20.0	28.0	39.0	56.0				
	3.5<m≤6	7.0	10.0	14.0	20.0	25.0	36.0	51.0	72.0	11.0	15.0	21.0	30.0	20	29	41	58	22.0	31.0	44.0	62.0				
280<d≤560	0.5≤m≤2	6.5	9.5	13.0	19.0	32.0	46.0	64.0	91.0	8.5	12.0	17.0	23.0	26	36	51	73	19.0	27.0	39.0	54.0	19	26	37	53
	2<m≤3.5	7.0	10.0	14.0	20.0	33.0	46.0	65.0	92.0	10.0	15.0	21.0	29.0	26	37	52	74	22.0	31.0	44.0	62.0				
	3.5<m≤6	8.0	11.0	16.0	22.0	33.0	47.0	66.0	94.0	12.0	17.0	24.0	34.0	27	38	53	75	24.0	34.0	48.0	68.0				

注：① 本表中 F_w 为根据我国的生产实践提出的，供参考；② 将 f_i''/K 乘以 K 即得到 f_i''；当 $\varepsilon_\gamma<4$ 时，$K=0.2\left(\dfrac{\varepsilon_\gamma+4}{\varepsilon_\gamma}\right)$；当 $\varepsilon_\gamma\geq4$ 时，$K=0.4$；③ $F_i'=F_p+f_i'$；

④ $F_{pk}=f_{pt}+1.6\sqrt{(k-1)m}$（5 级精度），通常取 $k=z/8$；按相邻两级的公比 $\sqrt{2}$，可求得其他级 $\pm F_{pk}$ 值。

表 7.2　螺旋线总偏差 F_β　（摘自 GB/T 10095.1—2008）　　μm

分度圆直径 d/mm	偏差项目 / 齿宽 b/mm	螺旋线总偏差 F_β			
	精度等级	5	6	7	8
$5 \leq d \leq 20$	$4 \leq b \leq 10$	6.0	8.5	12.0	17.0
	$10 < b \leq 20$	7.0	9.5	14.0	19.0
$20 < d \leq 50$	$4 \leq b \leq 10$	6.5	9.0	13.0	18.0
	$10 < b \leq 20$	7.0	7.0	14.0	20.0
	$20 < b \leq 40$	8.0	11.0	16.0	23.0
$50 < d \leq 125$	$4 \leq b \leq 10$	6.5	9.5	13.0	19.0
	$10 < b \leq 20$	7.5	11.0	15.0	21.0
	$20 < b \leq 40$	8.5	12	17	24
	$40 < b \leq 80$	10.0	14.0	20.0	28.0
$125 < d \leq 280$	$4 \leq b \leq 10$	7.0	10.0	14.0	20.0
	$10 < b \leq 20$	8.0	11.0	16.0	22.0
	$20 < b \leq 40$	9.0	13.0	18.0	25.0
	$40 < b \leq 80$	10.0	15.0	21.0	29.0
	$80 < b \leq 160$	12.0	17.0	25.0	35.0
$280 < d \leq 560$	$10 \leq b \leq 20$	8.5	12.0	17.0	24.0
	$20 < b \leq 40$	9.5	13.0	19.0	27.0
	$40 < b \leq 80$	11.0	15.0	22.0	31.0
	$80 < b \leq 160$	13.0	18.0	26.0	36.0
	$160 < b \leq 250$	15.0	21.0	30.0	43.0

表 7.3　径向综合总偏差 F_i'' 和一齿径向综合偏差 f_i''

（摘自 GB/T 10095.2—2008）　　μm

分度圆直径 d/mm	公差项目 / 模数 m_n/mm	径向综合总偏差 F_i''				一齿径向综合偏差 f_i''			
	精度等级	5	6	7	8	5	6	7	8
$5 \leq d \leq 20$	$0.2 \leq m_n \leq 0.5$	11	15	21	30	2.0	2.5	3.5	5.0
	$0.5 < m_n \leq 0.8$	12	16	23	33	2.5	4.0	5.5	7.5
	$0.8 < m_n \leq 1.0$	12	18	25	35	3.5	5.0	7.0	10
	$1.0 < m_n \leq 1.5$	14	19	27	38	4.5	6.5	9.0	13
$20 < d \leq 50$	$0.2 \leq m_n \leq 0.5$	13	19	26	37	2.0	2.5	3.5	5.0
	$0.5 < m_n \leq 0.8$	14	20	28	40	2.5	4.0	5.5	7.5
	$0.8 < m_n \leq 1.0$	15	21	30	42	3.5	5.0	7.0	10
	$1.0 < m_n \leq 1.5$	16	23	32	45	4.5	6.5	9.0	13
	$1.5 < m_n \leq 2.5$	18	26	37	52	6.5	9.5	13	19
$50 < d \leq 125$	$1.0 < m_n \leq 1.5$	19	27	39	55	4.5	6.5	9.0	13
	$1.5 < m_n \leq 2.5$	22	31	43	61	6.5	9.5	13	19
	$2.5 < m_n \leq 4.0$	25	36	51	72	10	14	20	29
	$4.0 < m_n \leq 6.0$	31	44	62	88	15	22	31	44
	$6.0 < m_n \leq 10$	40	57	80	114	24	34	48	67
$125 < d \leq 280$	$1.0 < m_n \leq 1.5$	24	34	48	68	4.5	6.5	9.0	13
	$1.5 < m_n \leq 2.5$	26	37	53	75	6.5	9.5	13	19
	$2.5 < m_n \leq 4.0$	30	43	61	86	10	15	21	29
	$4.0 < m_n \leq 6.0$	36	51	72	102	15	22	31	44
	$6.0 < m_n \leq 10$	45	64	90	127	24	34	48	67
$280 < d \leq 560$	$1.0 < m_n \leq 1.5$	30	43	61	86	4.5	6.5	9.0	13
	$1.5 < m_n \leq 2.5$	33	46	65	92	6.5	9.5	13	19
	$2.5 < m_n \leq 4.0$	37	52	73	104	10	15	21	29
	$4.0 < m_n \leq 6.0$	42	60	84	119	15	22	31	44
	$6.0 < m_n \leq 10$	51	73	103	145	24	34	48	68

7.3　圆柱齿轮精度设计

为了保证齿轮传动的使用要求,齿轮的精度设计主要有下列内容:①齿轮的精度等级和必须检测的偏差项目及其允许值;②齿轮侧隙的偏差项目及其上、下偏差;③齿轮副和齿坯精度。

7.3.1　确定齿轮精度等级和必检的偏差项目

1. 确定齿轮的精度等级

选择精度等级的主要依据是齿轮的用途,使用要求和工作条件等。选择的方法主要有计算法和经验法(类比法)两种。

计算法主要用于精密传动链设计,可按传动链精度要求,例如,传递运动准确性要求计算出允许的回转角误差大小,以便选择适宜的精度等级。

经验法是参考同类产品的齿轮精度,结合所设计齿轮的具体要求来确定精度等级。表 7.4 为从生产实践中搜集到的各种用途齿轮的大致精度等级,可供设计者参考。

表7.4　精度等级的应用(供参考)

齿轮用途	精度等级	齿轮用途	精度等级	齿轮用途	精度等级
测量齿轮	3～5	轻型汽车	5～8	拖拉机、轧钢机	6～10
汽轮机减速器	3～6	载重汽车	6～9	起重机	7～10
金属切削机床	3～8	一般减速器	6～9	矿山绞车	8～10
航空发动机	3～7	机车	6～7	企业机械	8～11

在机械传动中应用得最多的齿轮是既传递运动又传递动力的齿轮,其精度等级与圆周速度密切相关,因此可计算出齿轮的最高圆周速度,参考表 7.5 确定齿轮精度等级。

表7.5　齿轮平稳性精度等级的选用(供参考)

精度等级	圆周速度/($m \cdot s^{-1}$) 直齿	斜齿	齿面的终加工	工作条件
3 级 (极精密)	到40	到75	特精密的磨削和研齿;用精密滚刀或单边剃齿后的大多数不经淬火的齿轮	要求特别精密的或在最平稳且无噪声的特别高速下工作的齿轮传动;特别精密机构中的齿轮;特别高速传动(透平齿轮);检测5～6级齿轮用的测量齿轮
4 级 (特别精密)	到35	到70	精密磨齿;用精密滚刀和挤齿或单边剃齿后的大多数齿轮	特别精密分度机构中或在最平稳、且无噪声的极高速下工作的齿轮传动;特别精密分度机构中的齿轮;高速透平传动;检测7级齿轮用的测量齿轮
5 级 (高精密)	到20	到40	精密磨齿;大多数用精密滚刀加工,进而挤齿或剃齿的齿轮	精密分度机构中或要求极平稳且无噪声的高速工作的齿轮传动;精密机构用齿轮;透平齿轮;检测8级和9级齿轮用测量齿轮

续表7.5

精　度等　级	圆周速度/(m·s⁻¹)		齿面的终加工	工作条件
	直齿	斜齿		
6 级（高精密）	到 16	到 30	精密磨齿或剃齿	要求最高效率且无噪声的高速下平稳工作的齿轮传动或分度机构的齿轮传动；特别重要的航空、汽车齿轮；读数装置用特别精密传动的齿轮
7 级（精密）	到 10	到 15	无需热处理仅用精确刀具加工的齿轮；至于淬火齿轮必须精整加工（磨齿、挤齿、珩齿等）	增速和减速用齿轮传动；金属切削机床送刀机构用齿轮；高速减速器用齿轮；航空、汽车用齿轮；读数装置用齿轮
8 级（中等精密）	到 6	到 10	不磨齿，必要时光整加工或对研	无须特别精密的一般机械制造用齿轮；包括在分度链中的机床传动齿轮；飞机、汽车制造业中的不重要齿轮；起重机用齿轮；农业机械中的重要齿轮，通用减速器齿轮
9 级（较低精度）	到 2	到 4	无须特殊光整工作	用于精度要求低的齿轮

2. 确定齿轮的必检偏差项目及其允许值

由 GB/T 10095.1 规定，评定齿轮精度的必检偏差为齿距累积总偏差 F_p、单个齿距偏差 $\pm f_{pt}$、齿廓总偏差 F_α 和螺旋线总偏差 F_β，其允许值见表 7.1 和表 7.2。

7.3.2　最小侧隙和齿厚偏差的确定

齿轮副的侧隙为保证齿轮润滑、补偿齿轮的制造误差、安装误差以及热变形等造成的误差，必须在非工作面留有侧隙。轮齿与配对齿轮齿间的配合相当于圆柱体孔、轴的配合，也有基准制的问题，这里采用的是"基中心距制"（相当于基孔制），即在中心距一定的情况下，用控制轮齿的齿厚的方法获得必要的侧隙。

1. 齿轮副侧隙的表示法

通常有两种表示法：法向侧隙 j_{bn} 和圆周侧隙 j_{wt}（参见图 7.3）。法向侧隙 j_{bn} 是当两个齿轮的工作齿面互相接触时，其非工作面之间的最短距离，圆周侧隙 j_{wt} 是当固定两啮合齿轮中的一个，另一个齿轮所能转过的节圆弧长的最大值。理论上 j_{bn} 与 j_{wt} 存在以下关系

$$j_{bn} = j_{wt} \cos \alpha_{wt} \cdot \cos \beta_b \tag{7.1}$$

式中　　α_{wt}——端面工作压力角；

　　　　β_b——基圆螺旋角。

2. 最小法向侧隙 j_{bnmin} 的确定

在设计齿轮传动时，必须保证有足够的最小法向侧隙 j_{bnmin} 以保证齿轮机构正常工作。对于黑色金属材料齿轮和黑色金属材料箱体，工作时齿轮节圆线速度小于 15 m/s，其箱体、轴和轴承都采用常用的商业制造公差的齿轮传动，j_{bnmin} 的计算式为

$$j_{bnmin}/mm = \frac{2}{3}(0.06 + 0.0005a + 0.03m_n) \tag{7.2}$$

按式(7.2)计算可以得出如表7.6所示的推荐数据。

表7.6 对于中、大模数齿轮 j_{bnmin} 的推荐数据

（摘自 GB/Z 18620.2—2008） mm

模数	最 小 中 心 距 a					
m_n	50	100	200	400	800	1 600
1.5	0.09	0.11	—	—	—	—
2	0.10	0.12	0.15	—	—	—
3	0.12	0.14	0.17	0.24	—	—
5	—	0.18	0.21	0.28	—	—
8	—	0.24	0.27	0.34	0.47	—
12	—	—	0.35	0.42	0.55	—
18	—	—	—	0.54	0.67	0.94

3. 齿厚上、下偏差的计算

（1）齿厚上偏差 E_{sns} 的计算

齿厚上偏差 E_{sns} 即齿厚的最小减薄量，如图7.7所示。它除了要保证齿轮副所需的最小法向侧隙 j_{bnmin} 外，还要补偿齿轮和齿轮箱体的加工和安装误差所引起的侧隙减小量 J_{bn}。它包括两个相互啮合齿轮的基圆齿距偏差 Δf_{pb}、螺旋线总偏差 ΔF_{β}，还有轴线平行度偏差 $\Delta f_{\Sigma\delta}$ 和 $\Delta f_{\Sigma\beta}$ 等。计算 J_{bn} 时，应考虑要将偏差都换算到法向侧隙的方向，以及用偏差允许值（公差）代替其偏差，再按独立随机量合成的方法合成，可得

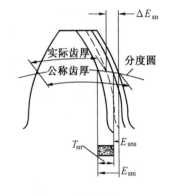

图7.7 齿厚偏差

$$J_{bn}=\sqrt{f_{pb_1}^2+f_{pb_2}^2+2F_{\beta}^2+(f_{\Sigma\delta}\sin\alpha_n)^2+(f_{\Sigma\beta}\cos\alpha_n)^2}$$

（7.3）

式中，$f_{pb_1}=f_{pt_1}\cos\alpha_n$，$f_{pb_2}=f_{pt_2}\cos\alpha_n$（$f_{pt_1}$、$f_{pt_2}$ 分别为大、小齿轮的单个齿距偏差允许值）；$f_{\Sigma\delta}=(L/b)F_{\beta}$，$f_{\Sigma\beta}=0.5(L/b)F_{\beta}$（$L$ 为齿轮副轴承孔距，b 为齿宽）和 $\alpha_n=20°$，将它们代入式(7.3)，则得

$$J_{bn}=\sqrt{0.88(f_{pt_1}^2+f_{pt_2}^2)+[2+0.34(L/b)^2]F_{\beta}^2}$$

（7.4）

考虑到中心距为下极限尺寸，即中心距极限偏差为下偏差（$-f_a$）时，会使法向侧隙减少 $2f_a\sin\alpha_n$，同时将齿厚偏差换算到法向（乘以 $\cos\alpha_n$）。则可得齿厚上偏差（E_{sns1}，E_{sns2}）与 j_{bnmin}、J_{bn} 和中心距下偏差（$-f_a$）的关系为

$$(E_{sns1}+E_{sns2})\cos\alpha_n=-(j_{bnmin}+J_{bn}+2f_a\sin\alpha_n)$$

通常为了方便设计与计算，令 $E_{sns1}=E_{sns2}=E_{sns}$，于是可得齿厚上偏差为

$$E_{sns}=-\left(\frac{j_{bnmin}+J_{bn}}{2\cos\alpha_n}+|f_a|\tan\alpha_n\right)$$

（7.5）

（2）齿厚下偏差 E_{sni} 的计算

齿厚下偏差 E_{sni} 可由齿厚上偏差 E_{sns} 和齿厚公差 T_{sn} 求得

$$E_{sni} = E_{sns} - T_{sn} \tag{7.6}$$

齿厚公差 T_{sn} 的大小取决于切齿时的径向进刀公差 b_r 和齿轮径向跳动公差 F_r，b_r 和 F_r 按独立随机变量合成的方法合成，然后再换算到齿厚偏差方向，则得

$$T_{sn} = \sqrt{b_r^2 + F_r^2} \cdot 2\tan \alpha_n \tag{7.7}$$

式中 b_r 可按表 7.7 中选取，F_r 从表 7.1 中查取。

表 7.7　切齿径向进刀公差 b_r 值

齿轮运动精度等级	4	5	6	7	8	9
b_r 值	1.26IT7	IT8	1.26IT8	IT9	1.26IT9	IT10

注：IT 值按分度圆直径尺寸从表 3.1 中查取。

4. 公法线长度上、下偏差的计算

公法线长度上、下偏差（E_{bns}、E_{bni}）分别由齿厚上、下偏差（E_{sns}、E_{sni}）换算得到。对外齿轮它们的换算关系为

$$E_{bns} = E_{sns}\cos \alpha_n - 0.72F_r\sin \alpha_n \tag{7.8}$$

$$E_{bni} = E_{sni}\cos \alpha_n + 0.72F_r\sin \alpha_n \tag{7.9}$$

7.3.3　齿轮副和齿轮坯精度的确定

1. 齿轮副的精度

（1）中心距偏差 $\Delta f_a (\pm f_a)$

Δf_a 是指齿轮副的实际中心距（a_a）与公称中心距（a）之差（图 7.8），其大小不但影响齿轮侧隙，而且对齿轮的重合度也有影响，因此必须加以控制。中心距的允许偏差 $\pm f_a$ 见表 7.8。中心距偏差 Δf_a 合格条件是它在其允许偏差 $\pm f_a$ 范围内，即

$$-f_a \leqslant \Delta f_a \leqslant +f_a$$

表 7.8　中心距极限偏差 $\pm f_a$

（摘自 GB/T 10095—1988）　μm

中心距 a / mm　　齿轮精度等级	5、6	7、8
≥6 ~ 10	7.5	11
>10 ~ 18	9	13.5
>18 ~ 30	10.5	16.5
>30 ~ 50	12.5	19.5
>50 ~ 80	15	23
>80 ~ 120	17.5	27
>120 ~ 180	20	31.5
>180 ~ 250	23	36
>250 ~ 315	26	40.5
>315 ~ 400	28.5	44.5
>400 ~ 500	31.5	48.5

（2）轴线平行度偏差 $\Delta f_{\Sigma\delta}$ 和 $\Delta f_{\Sigma\beta}$（$f_{\Sigma\delta}$ 和 $f_{\Sigma\beta}$）

由于轴线平行度偏差的影响与其向量的方向有关，因此，标准规定了轴线两种平行度偏差：轴线平面上的平行度偏差 $\Delta f_{\Sigma\delta}$ 和垂直平面上的平行度偏差 $\Delta f_{\Sigma\beta}$，如图 7.8 所示。

轴线平面是指包含基准轴线并通过被测轴线与其一个轴承中间平面的交点所确定的平面。

垂直平面是指通过上述交点确定的垂直于轴线平面，并且平行于基准轴线的平面。

基准轴线一般选两对轴承中跨距 L 较大的那条轴线。如果两对轴承的跨距相同，则可取其中任何一条轴线作基准轴线。

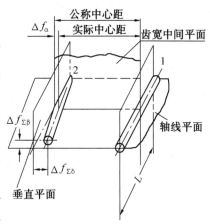

图 7.8　轴线平行度偏差
1—基准轴线；2—被测轴线

$\Delta f_{\Sigma\delta}$ 和 $\Delta f_{\Sigma\beta}$ 的最大推荐值 $f_{\Sigma\delta}$ 和 $f_{\Sigma\beta}$ 为

$$f_{\Sigma\delta} = \left(\frac{L}{b}\right)F_{\beta} \tag{7.10}$$

$$f_{\Sigma\beta} = 0.5\left(\frac{L}{b}\right)F_{\beta} \tag{7.11}$$

式中，L、b 和 F_{β} 分别为箱体上轴承跨距、齿轮齿宽和齿轮螺旋线总偏差。

2. 齿轮坯精度

齿轮坯即通常所说的齿坯，它是指在轮齿加工前供制造齿轮用的工件。齿坯的精度对齿轮的加工、检验和安装精度影响很大。因此，在一定的加工条件下，用控制齿坯质量来保证和提高轮齿的加工精度是一项有效的措施。

齿坯精度是指在齿坯上，影响轮齿加工和齿轮传动质量的基准表面上的误差：尺寸偏差、形状误差、基准面的跳动以及表面粗糙度。

（1）带孔齿轮的齿坯公差

图 7.9 为带孔齿轮的常用结构形式，其基准表面为：齿轮安装在轴上的基准孔（ϕD）、切齿时定位端面（S_i）、径向基准面（S_r）和齿顶圆柱面（ϕd_a）。

基准孔的尺寸公差（采用包容要求）和齿顶圆的尺寸公差按齿轮精度等级从表 7.9 中选取。基准孔的圆柱度公差 $t_{/\!\!/}$ 取下列两式中之小值

$$t_{/\!\!/} = 0.04(L/b)F_{\beta} \tag{7.12}$$

或

$$t_{/\!\!/} = 0.1F_{\mathrm{p}} \tag{7.13}$$

式中　L、b、F_{β}、F_{p}——分别为箱体轴承孔跨距、齿轮宽度、螺旋线总偏差和齿距累积总偏差的允许值。

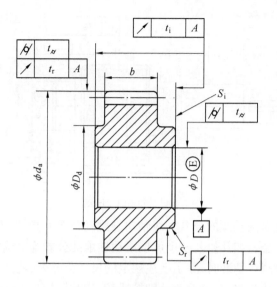

图 7.9 带孔齿轮的齿坯公差

表 7.9 齿坯尺寸公差 （摘自 GB/T 10095—88）

齿轮精度等级		5	6	7	8	9	10	11	12
孔	尺寸公差	IT5	IT6	IT7		IT8		IT9	
轴	尺寸公差	IT5		IT6		IT7		IT8	
顶圆直径公差		IT7		IT8		IT9		IT11	

注：①齿轮的三项精度等级不同时，齿轮的孔、轴尺寸公差按最高精度等级确定；

②齿顶圆柱面不做基准时，齿顶圆直径公差按 IT11 给定，但不得大于 $0.1m_n$；

③齿顶圆的尺寸公差带通常采用 h11 或 h8。

基准端面 S_i 对基准孔轴线端面的轴向圆跳动公差 t_i 为

$$t_i = 0.2(D_d/b)F_\beta \qquad (7.14)$$

式中 D_d——基准端面的直径。

径向基准面 S_r 对基准孔轴线的径向圆跳动公差 t_r 为

$$t_r = 0.3F_p \qquad (7.15)$$

如果齿顶圆柱面作为加工或测量基准面时，除了上述规定的尺寸公差外，还需规定其圆柱度公差和对基准孔轴线的径向圆跳动公差，其公差值分别按式（7.12）或式（7.13）和式（7.15）确定。此时，就不必给出径向基准面对基准孔轴线的径向圆跳动公差 t_r。

齿轮齿面和基准面的表面粗糙度值从表 7.10 和 7.11 中查取。

（2）齿轮轴的齿坯公差

图 7.10 为齿轮轴的常用结构形式。基准表面为安装滚动轴承的两个轴颈（$2 \times \phi d$）、轴向基准端面（$2 \times S_i$）和齿顶圆柱面（ϕd_a）。

两个轴颈的尺寸公差（采用包容要求）和齿顶圆的直径尺寸公差按齿轮精度等级从表7.9中选取。两轴颈的圆柱度公差 $t_{/\!/}$ 按式（7.12）或式（7.13）确定；两轴颈分别对它们的公共轴线（基准轴线）的径向圆跳动公差 t_r 按式（7.15）确定。

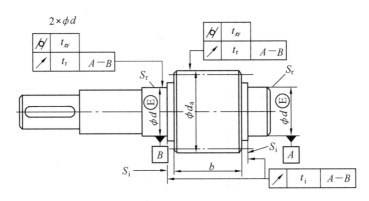

图 7.10　齿轮轴的齿坯公差

基准端面($2{\times}S_i$)对两轴颈的公共轴线轴向圆跳动公差 t_i 按式(7.14)确定。

两个轴颈的尺寸公差和几何公差也可按滚动轴承的公差等级确定。

如果齿顶圆作为测量基准时,除了上述规定的尺寸公差外,还要规定其圆柱度公差和对基准轴线的径圆跳动公差,其公差值分别按式(7.12)或式(7.13)和式(7.15)确定。

(3)齿轮齿面和基准面的表面粗糙度轮廓

齿轮齿面和基准面的表面粗糙度轮廓幅度参数值从表 7.10 和表 7.11 中查取。

表 7.10　齿面表面粗糙度推荐极限值

（摘自 GB/Z 18620.4—2008）　μm

齿轮精度等级	Ra			Rz		
	模数/mm					
	$m{\leqslant}6$	$6{<}m{\leqslant}25$	$m{>}25$	$m{\leqslant}6$	$6{<}m{\leqslant}25$	$m{>}25$
3	—	0.16	—	—	1.0	—
4	—	0.32	—	—	2.0	—
5	0.5	0.63	0.80	3.2	4.0	5.0
6	0.8	1.00	1.25	5.0	6.3	8.0
7	1.25	1.60	2.0	8.0	10.0	12.5
8	2.0	2.5	3.2	12.5	16	20
9	3.2	4.0	5.0	20	25	32
10	5.0	6.3	8.0	32	40	50

表 7.11　齿轮各基准面粗糙度推荐的 Ra 上限值　μm

齿轮的精度等级　各面的粗糙度Ra	5	6	7		8	9	
齿面加工方法	磨　齿	磨或珩齿	剃或珩齿	精插精铣	插齿或滚齿	滚齿	铣齿
齿轮基准孔	0.32 ~ 0.63	1.25	1.25 ~ 2.5			5	
齿轮轴基准轴颈	0.32	0.63	1.25		2.5		
齿轮基准端面	2.5 ~ 1.25	2.5 ~ 5			3.2 ~ 5		
齿轮顶圆	1.25 ~ 2.5	3.2 ~ 5					

7.3.4　齿轮精度设计示例

今有某机床主轴箱传动轴上的一对直齿圆柱齿轮,小齿轮和大齿轮的齿数分别为 $z_1 = 26, z_2 = 56$,模数为 $m = 2.75$,齿宽分别为 $b_1 = 28$ mm 和 $b_2 = 24$ mm,小齿轮基准孔的公称尺寸为 $\phi 30$。转速 $n_1 = 1\,650$ r/min,箱体上两对轴承孔中较长的跨距 L 等于 90。齿轮材料为钢,箱体材料为铸铁,单件小批生产,试设计小齿轮的精度,并画出齿轮零件图。

解　(1)确定齿轮精度等级

因该齿轮为机床主轴箱传动齿轮,由表 7.4 可以大致得出,齿轮精度在 3~8 级之间,进一步分析,该齿轮为既传递运动又传递动力,因此可根据线速度确定其平稳性的精度等级。齿轮圆周速度为

$$v/(\mathrm{m\cdot s^{-1}}) = \frac{\pi d n_1}{1\,000 \times 60} = \frac{3.14 \times 2.75 \times 26 \times 1\,650}{1\,000 \times 60} = 6.2$$

参考表 7.5 可确定该齿轮传动的平稳性精度为 7 级。由于该齿轮传递运动准确性要求不高,传递动力也不是很大,故准确性和载荷分布均匀性也可都取 7 级,则齿轮精度在图样上标注为:7 GB/T 10095.1~2。

(2)确定齿轮精度的必检偏差项目及其允许值

齿轮传递运动准确性精度的必检参数为 ΔF_p(因本机床传动轴上的齿轮属于普通齿轮,齿数也不多,不需要规定齿距累积偏差 ΔF_{pk});传动平稳性精度的必检参数为 Δf_{pt} 和 ΔF_α;载荷分布均匀性精度的必检参数为 ΔF_β。$d_1 = mz_1 = 2.75 \times 26 = 71.5$,由表 7.1 查得齿距累积总偏差允许值 $F_p = 0.038$ mm;单个齿距偏差允许值 $\pm f_{pt} = \pm 0.012$ mm 和齿廓总偏差允许值 $F_\alpha = 0.016$ mm;由表 7.2 查得螺旋线总偏差允许值 $F_\beta = 0.017$ mm。

(3)确定最小法向侧隙和齿厚上、下偏差

中心距　　　　　　$a/\mathrm{mm} = \dfrac{m}{2}(z_1 + z_2) = \dfrac{2.75}{2} \times (26 + 56) = 112.75$

最小法向侧隙 j_{bnmin} 由中心距 a 和模数 m_n 按式(7.2)或查表 7.6 确定

$$j_{bnmin}/\mathrm{mm} = \frac{2}{3}(0.06 + 0.000\,5a + 0.03m_n) = \frac{2}{3}(0.06 + 0.000\,5 \times 112.75 + 0.03 \times 2.75) = 0.133$$

确定齿厚上、下偏差时,首先要确定补偿齿轮和齿轮箱体的制造、安装误差所引起侧隙减少量 J_{bn}。按式(7.4),由表 7.1、表 7.2 查得 $f_{pt_1} = 12$ μm,$f_{pt_2} = 13$ μm($d_2/\mathrm{mm} = mz_2 = 2.75 \times 56 = 154$),$F_\beta = 17$ μm 和 $L = 90$,$b = 28$,得

$$J_{bn}/\mathrm{μm} = \sqrt{0.88(f_{pt_1}^2 + f_{pt_2}^2) + [2 + 0.34(L/b)^2]F_\beta^2} =$$
$$\sqrt{0.88(12^2 + 13^2) + [2 + 0.34(90/28)^2] \times 17^2} = 43.2\ \mathrm{μm}$$

然后按式(7.5),由表 7.8 查得 $f_a = 27$ μm,则齿厚上偏差为

$$E_{sns}/\mathrm{mm} = -\left(\frac{j_{bnmin} + J_{bn}}{2\cos \alpha_n} + f_a \tan \alpha_n\right) =$$
$$-\left(\frac{0.133 + 0.043}{2\cos 20°} + 0.027 \times \tan 20°\right) = -0.103$$

按式(7.7),由表 7.1 查得 $F_r = 30$ μm,从表 7.7 查得 $b_r = $ IT9 $= 74$ μm,因此齿厚公差为

$$T_{sn}/\mu m = \sqrt{F_r^2 + b_r^2} \cdot 2\tan \alpha_n = \sqrt{30^2 + 74^2} \cdot 2\tan 20° = 58$$

最后,可得齿厚下偏差为

$$E_{sni}/mm = E_{sns} - T_{sn} = -0.103 - 0.058 = -0.161$$

通常对于中等模数齿轮,用检查公法线长度上、下偏差来代替齿厚偏差。

按式(7.8)和式(7.9),可得公法线长度上、下偏差为

$$E_{bns}/mm = E_{sns}\cos \alpha_n - 0.72F_r\sin \alpha_n = (-0.103\cos 20°) - 0.72 \times 0.030 \times \sin 20° = -0.104$$

$$E_{bni}/mm = E_{sni}\cos \alpha_n + 0.72F_r\sin \alpha_n = (-0.161\cos 20°) + 0.72 \times 0.030\sin 20° = -0.144$$

按本章 7.4 中式(7.16)和式(7.17)可得卡量齿数 k 和公称公法线长度 W_k 分别为

$$k = \frac{z}{9} + 0.5 = \frac{26}{9} + 0.5 = 3.38 \quad 取\ k = 3$$

$$W_k/mm = m[2.952 \times (k - 0.5) + 0.014z] = $$
$$2.75[2.952 \times (3 - 0.5) + 0.014 \times 26] = 21.297$$

则公法线长度及偏差为

$$W_k = 21.297_{-0.144}^{-0.104}$$

(4)齿坯精度

①基准孔的尺寸公差和形状公差

按表 7.9,基准孔尺寸公差为 IT7,并采用包容要求,即 $\phi 30H7 Ⓔ = \phi 30_{0}^{+0.021} Ⓔ$。

按式(7.12)、(7.13)计算值中较小者为基准孔的圆柱度公差:$t_{柱}/mm = 0.04(L/b)F_\beta = 0.04(90/28) \times 0.017 = 0.002$ 和 $t_{柱}/mm = 0.1F_p = 0.1 \times 0.038 = 0.0038$,取 $t_{柱} = 0.002$。

②齿顶圆的尺寸公差和几何公差

按表 7.9,齿顶圆的尺寸公差为 IT8,即 $\phi 77h8 = \phi 77_{-0.046}^{0}$。

按式(7.12)、(7.13)计算值中较小者为齿顶圆柱面的圆柱度公差 $t_{柱} = 0.002$(同基准孔)。

按式(7.15)得齿顶圆对基准孔轴线的径向圆跳动公差,$t_r/mm = 0.3F_p = 0.3 \times 0.038 = 0.011$。如果齿顶圆柱面不做基准时,图样上不必给出 $t_{柱}$ 和 t_r。

③基准端面的圆跳动公差

按式(7.14),确定基准端面对基准孔的轴向圆跳动公差

$$t_i/mm = 0.2(D_d/b)F_\beta = 0.2(65/28) \times 0.017 = 0.008$$

④径向基准面的圆跳动公差

由于齿顶圆柱面做测量和加工基准,因此,不必另选径向基准面。

⑤轮齿齿面和齿坯表面粗糙度轮廓。

由表 7.10 查得齿面粗糙度 Ra 的上限值为 $1.25\ \mu m$。

由表 7.11 查得齿坯内孔 Ra 上限值为 $1.25\ \mu m$,端面 Ra 上限值为 $2.5\ \mu m$,顶圆 Ra 上限值为 $3.2\ \mu m$,其余表面的表面粗糙度 Ra 上限值为 $12.5\ \mu m$。

(5)确定齿轮副精度

①齿轮副中心距极限偏差 $\pm f_a$

由表 7.8 查得 $\pm f_a = \pm 27\ \mu m$,则在图上标注:$a = (112.75 \pm 0.027)mm$。

②轴线平行度偏差最大推荐值 $f_{\Sigma\delta}$ 和 $f_{\Sigma\beta}$

　　轴线平面上的平行度偏差和垂直平面上的平行度偏差最大推荐值分别按式(7.10)和式(7.11)确定

$$f_{\Sigma\delta}/\text{mm} = (L/b)F_{\beta} = (90/28) \times 0.017 = 0.055$$

$$f_{\Sigma\beta}/\text{mm} = 0.5(L/b)F_{\beta} = 0.028$$

中心距极限偏差±f_a和轴线平行度偏差$f_{\Sigma\delta}$、$f_{\Sigma\beta}$在箱体图上注出。

图 7.11 为该齿轮的零件图。

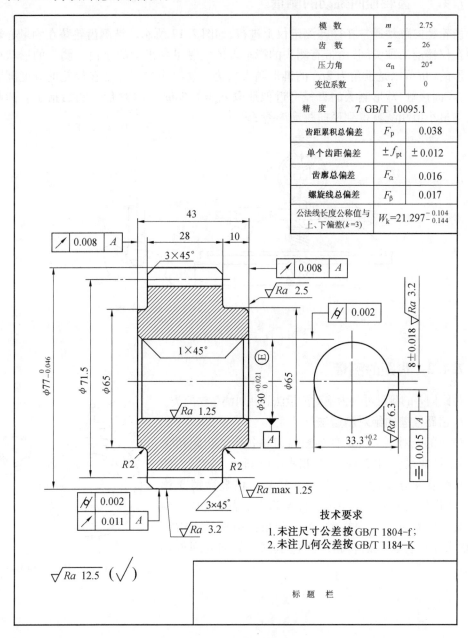

模　数	m	2.75
齿　数	z	26
压力角	α_n	20°
变位系数	x	0
精　度		7 GB/T 10095.1
齿距累积总偏差	F_p	0.038
单个齿距偏差	$\pm f_{pt}$	±0.012
齿廓总偏差	F_α	0.016
螺旋线总偏差	F_β	0.017
公法线长度公称值与上、下偏差(k=3)		$W_k = 21.297^{-0.104}_{-0.144}$

技术要求

1. 未注尺寸公差按 GB/T 1804-f;
2. 未注几何公差按 GB/T 1184-K

图 7.11　齿轮零件图

7.4　齿轮精度检测

齿轮精度的检测包括齿轮副的检测和单个齿轮的检测,以下主要讲述完工后的单个齿轮主要检验项目的测量方法。

7.4.1　齿轮径向跳动的测量

齿轮径向跳动通常在摆差测定仪上进行,如图7.12所示。被测齿轮装在测量心轴上并顶在仪器前后顶尖间,由带有测头的指示表依次测量各齿间的示值。测头的形状可以是球形的(也可以是锥角为 $2\alpha_n$ 的锥形测头),为了使测头尽可能地在齿轮的分度圆附近左、右齿面接触,球形测头的直径可近似地取 $d_m = 1.68m_n$。将测量一圈后指示表读数的最大与最小值相减就得到径向跳动误差 ΔF_r。

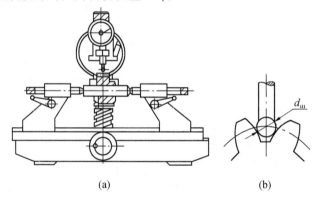

(a)　　　　　　　　　　(b)

图7.12　齿轮径向跳动测量

7.4.2　齿距的测量

齿距偏差的测量可分为绝对测量法和相对测量法两类。

1. 齿距偏差的绝对测量法

齿距的绝对测量法是直接测出齿轮各齿的齿距角偏差,再换算成线值,其测量原理如图7.13所示。被测齿轮1同轴地装在分度盘2上,其每次转角可由显微镜3读出,被测齿轮的分度定位由测量杆4和指示表5完成。测头在分度圆附近与齿面接触,每次转角都由指示表指零位,依次读出各齿距的转角。测量示例及数据处理见表7.12。

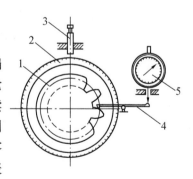

图7.13　绝对法测齿距偏差

表 7.12 绝对法测齿距偏差数据处理示例($m=2$,$z=8$,k 取 3)

齿距序号 i	理论转角 φ	实际转角 φ_{ai}	角齿距累积偏差 $\Delta\varphi_{\Sigma}=\varphi_{ai}-\varphi$	单个角齿距偏差 $\Delta\varphi_i=\varphi_{\alpha(i+1)}-\varphi_{\alpha i}$	k 个角齿距累积偏差 $\Delta\varphi_{\Sigma k}=\sum\limits_{i-k+1}^{i}\Delta\varphi_i$
1	45°	45°2′	+2′	+2′	+6′(7~1)
2	90°	90°5′	(+5′)	+3′	+6′(8~2)
3	135°	135°4′	+4′	−1′	+4′(1~3)
4	180°	180°1′	+1′	−3′	−1′(2~4)
5	225°	224°57′	−3′	(−4′)	(−8′)(3~5)
6	270°	269°56′	(−4′)	−1′	−8′(4~6)
7	315°	314°59′	−1′	+3′	−2′(5~7)
8	360°	360°0′	0′	+1′	+3′(6~8)

由表中得出相应于齿距累积偏差最大值的最大角齿距累积总偏差 $\Delta\varphi_{\Sigma max}=|(+5')-(-4')|=9'$,发生在第 6 与第 2 齿距间。角齿距偏差最大值 $\Delta\varphi_{max}=-4'$,发生在第 5 齿距。跨 k 个角齿距($k=3$)累积偏最大值差为 $-8'$(发生在第 3~5 或第 4~6 齿距上)。

可将上述结果按下式换算成线值,即

$$\Delta F_p/\mu m=\frac{mz\cdot\Delta\varphi_{\Sigma max}\times60}{2\times206.3}=\frac{2\times8\times9\times60}{2\times206.3}\approx21$$

$$\Delta f_{pt}/\mu m=\frac{mz\cdot\Delta\varphi_{max}\times60}{2\times206.3}=\frac{2\times8\times(-4)\times60}{2\times206.3}\approx-9$$

$$\Delta F_{pk}/\mu m=\frac{mz\cdot\Delta\varphi_{kmax}\times60}{2\times206.3}=\frac{2\times8\times(-8)\times60}{2\times206.3}\approx-19$$

2. 齿距偏差的相对测量法

齿距偏差的相对测量法一般是在万能测齿仪或齿距仪上测量的,如图 7.14 所示。齿距仪的测头 3 为固定测头,活动测头 2 与指示表 7 相连,测量时将齿距仪与被测齿轮平放在检验平板上,用两个定位杆 4 顶在齿轮顶圆上,调整测头 2 和 3 使其大致在分度圆附近接触,以任一齿距作为基准齿距并将指示表对零,然后逐个齿距进行测量,得到各齿距相对于基准齿距的偏差 $\Delta P_{相}$,见表 7.13。然后求出平均齿距偏差

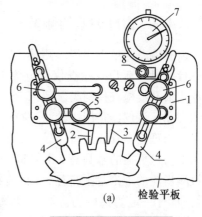

(a) 检验平板

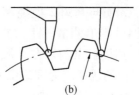

(b)

图 7.14 用齿距仪测齿距偏差

$$\Delta P_{平}/\mu m=\sum_{i=1}^{z}\Delta P_{i相}/z=\frac{1}{8}[0+3+(-2)+3+5+(-2)+3+(-2)]=+8/8=+1$$

再求出 $\Delta P_{i绝}=\Delta P_{i相}-\Delta P_{平}$ 各值,将 $\Delta P_{i绝}$ 值累积后得到齿距累积偏差 ΔF_{pi},从 ΔF_{pi} 中找出最大、最小值,其差的绝对值即为齿距累积总偏差 ΔF_p,发生在第 3 和第 5 齿距间。

$$\Delta F_p/\mu m=|\Delta F_{pimax}-\Delta F_{pimin}|=(+4)-(-2)=6$$

在 $\Delta P_{i绝}$ 中找出绝对值最大值即为单个齿距偏差,发生在第 5 齿距

$$\Delta f_{pt}=+4\ \mu m$$

将 ΔF_{pi} 值每相邻 3 个数字相加即得出 $k=3$ 时的 ΔF_{pk} 值,取其齿距累积偏差,此例中绝对值最大值为 $|-4|\mu m$,发生在第 6~8 齿距间,即

$$\Delta F_{\mathrm{p}k} = -4 \ \mu \mathrm{m}$$

表 7. 13 相对法测齿距偏差数据处理示例   μm

齿距序号 i	齿距仪读数 $\Delta P_{i相}$	单个齿距偏差 $\Delta P_{i绝} = \Delta P_{i相} - \Delta P_{平}$	齿距累积偏差 $\Delta F_{\mathrm{p}i} = \sum\limits_{i=1}^{z} \Delta P_{i绝}$	k 个齿距累积偏差 $\Delta F_{\mathrm{p}k} = \sum\limits_{i-k+1}^{i} \Delta P_{i绝}$
1	0	−1	−1	−2 （7～1）
2	+3	+2	+1	−2 （8～2）
3	−2	−3	(−2)	−2 （1～3）
4	+3	+2	0	+1 （2～4）
5	+5	(+4)	(+4)	+3 （3～5）
6	−2	−3	+1	+3 （4～6）
7	+3	+2	+3	+3 （5～7）
8	−2	−3	0	−4 （6～8）

7.4.3 齿廓偏差的测量

齿廓偏差测量也叫齿形测量,通常是在渐开线检查仪上进行测量。渐开线检查仪可分为万能渐开线检查仪和单盘式渐开线检查仪两类。图 7.15 为单盘式渐开线检查仪示意图。该仪器是用比较法进行齿形偏差测量,即将被测齿形与理论渐开线进行比较,从而得出齿廓偏差。被测齿轮 1 与可更换的基圆盘 2 装在同一轴上,基圆盘直径等于被测齿轮的理论基圆直径,并与装在滑板 4 上的直尺 3 相切,具有一定的接触力。当转动丝杠 5 使滑板 4 移动时,直尺 3 便与基圆 2 做纯滚动,此时齿轮也同步转动。在滑板 4 上装有测量杠杆 6,它的一端为测量头,与被测齿面接触,其接触点刚好在直尺 3 与基圆盘 2 相切的平面上,它走出的轨迹应为理论渐开线,但由于齿面存在齿形偏差,因此在测量过程中测头就产生了附加位移并通过指示表 7 指示出来。

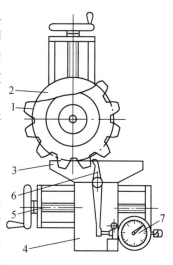

图 7.15 单盘式渐开线检查仪

7.4.4 齿向和螺旋线偏差的测量

直齿圆柱齿轮的齿向偏差 ΔF_{β} 可用如图 7.16 所示方法测量。齿轮连同测量心轴安装在具有前后顶尖的仪器上,将直径大致等于 $1.68m_{\mathrm{n}}$ 的测量棒分别放入齿轮相隔 90° 的 1、2 位置的齿槽间,在测量棒两端打表,测得的两次示值差就可近似地作为齿向误差 F_{β}。

斜齿轮的螺旋线偏差可在导程仪或螺旋角测量仪上测量,如图 7.17 所示。当滑板 1 沿齿轮轴线方向移动时,其上的正弦尺 2 带动滑板 5 做径向运动,滑板 5 又带动与被测齿轮 4 同轴的圆盘 6 转动,从而使齿轮与圆盘同步转动,此时装在滑板 1 上的测头 7 相对于齿轮 4 来说,其运动轨迹为理论螺旋线,它与齿轮齿面实际螺旋线进行比较从而测出螺旋线或导程偏差,并由指示表 3 示出或记录器画出偏差曲线如图 7.6 所示。可按螺旋线总偏差定义从偏差曲线上求出 ΔF_β 值。

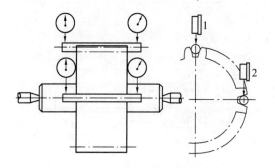

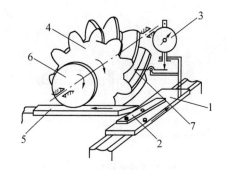

图 7.16　测量直齿齿轮齿向偏差示意图

图 7.17　导程仪测量斜齿齿轮螺旋线偏差示意图
1—滑板;2—正弦尺;3—指示表;4—被测齿轮;
5—滑板;6—圆盘;7—测头

7.4.5　公法线长度的测量

测量公法线长度可以得出公法线长度变动量 ΔF_W 和公法线长度偏差 ΔE_{bn}。

图 7.18(a)为用公法线千分尺测量,将公法线千分尺的两个互相平行的测头按事先算好的卡量齿数插入相应的齿间,并与两异名齿面相接触。从千分尺上读出公法线长度值,沿齿轮一周所得的测量值中最大、最小之差即为 ΔF_W,而测得的实际公法线长度值与公法线理论值之差即为公法线长度偏差 ΔE_{bn}。理论上应测出沿齿轮一周的所有公法线值,但为简便起见,可测圆周均匀分布的 6 个公法线值进行计算。

图 7.18(b)为公法线指示卡规,在卡规本体圆柱 5 上有两个平面测头 7 与 8,其中测头 8 是活动的且通过片弹簧 9 及杠杆 10 与测微表 1 相连,固定测头可在本体圆柱 5 上调整轴向位置并固紧,3 为固定框架,2 为拨销,6 为调节手柄,把它从圆柱 5 上拧下,插入套筒 4 的开口中,拧动后可调节测头 7 的轴向位置。测量时首先用等于公法线理论长度的量块调整卡规的零位,然后按预定的卡量齿数将两测头插入相应的齿槽内并与两异名齿面相接触,然后摆动卡规从测微表上找到转折点,则测得该测点上的公法线长度偏差 ΔE_{bn}。取沿齿轮圆周各点测得其偏差值。各测点中的最大与最小值之差即为 ΔF_W。

直齿轮测公法线时的卡量齿数 k 通常可按下式计算

$$k=\frac{z}{9}+0.5 \quad (\text{取相近的整数}) \tag{7.16}$$

非变位的压力角为 20° 的直齿轮公法线理论长度为

$$W_k=m[2.952(k-0.5)+0.014z] \tag{7.17}$$

压力角为 20° 的变位直齿轮公法线理论长度为

$$W_{k变}=W_k+0.684xm \tag{7.18}$$

式中　W_k——非变位齿轮公法线长度;

　　　x——变位系数。

斜齿轮的公法线应测量法向公法线 W_k,其计算公式可参阅有关资料(第 9 章中有计算例子,可供参考)。

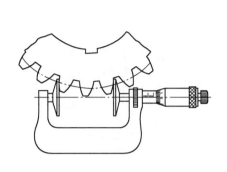
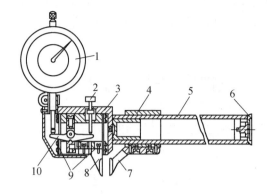

(a) 公法线千分尺测量　　　　　　　　　　(b) 公法线指示卡规测量

图 7.18　测量公法线示意图

1—测微表;2—拨销;3—固定框架;4—套筒;5—本体;6—手柄;7—调节测头;8—活动测头;9—片弹簧;10—杠杆

7.4.6　齿厚的测量

齿厚测量可用齿厚游标卡尺(见图 7.19),也可用精度更高些的光学测齿仪测量。

用齿厚卡尺测齿厚时,首先将齿厚卡尺的齿高卡尺调至相应于分度圆弦齿高 $\bar{h}$ 位置,然后用宽度游标卡尺测出分度圆弦齿厚 $\bar{S}_a$ 值,将其与理论值比较即可得到齿厚偏差 ΔE_{sn}。

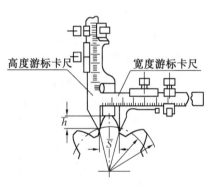

图 7.19　齿厚测量

对于非变位直齿轮 $\bar{h}_a$ 与 $\bar{S}$ 按下式计算

$$\bar{h}=m+\frac{mz}{2}\left[1-\cos\left(\frac{90°}{z}\right)\right] \qquad (7.19)$$

$$\bar{S}=mz\sin\frac{90°}{z} \qquad (7.20)$$

对于变位直齿轮,$\bar{h}$ 与 $\bar{S}$ 按下式计算

$$\bar{h}_变=m+\left[1+\frac{z}{2}\left(1-\cos\frac{90°+41.7°x}{2}\right)\right] \qquad (7.21)$$

$$\bar{S}_变=mz\sin\left(\frac{90°+41.7°x}{2}\right) \qquad (7.22)$$

式中　x——变位系数。

对于斜齿轮,应测量其法向齿厚,其计算公式与直齿轮相同,只是应以法向参数即 m_n、α_n、x_n 和当量齿数 z' 代入相应公式计算。

7.4.7　单面啮合综合测量

在齿轮单啮仪上可测得齿轮的切向综合总偏差 $\Delta F_i'$ 和一齿切向综合偏差 $\Delta f_i'$。图 7.20(a)为光栅式单啮仪测量原理图,它是由两个圆光栅盘建立标准传动,将被测齿轮与标准蜗杆单面啮合组成实际传动。电动机通过传动系统带动标准蜗杆和圆光栅盘Ⅰ转动,标准蜗杆带动被测齿轮及其同轴上的圆光栅盘Ⅱ转动。高频光栅盘Ⅰ和低频光栅盘Ⅱ分别通过信号发生器Ⅰ和Ⅱ将标准蜗杆和被测齿轮的角位移转变成电信号,并根据标准蜗杆头数 K 及被测齿轮的齿数 z,通过分频器,将高频电信号(f_1)作 z 分频,低频电信号(f_2)作 K 分频,于是将光栅Ⅰ和Ⅱ发出的脉冲信号变成同频信号。

被测齿轮的偏差以回转角误差的形式反映出来,此回转角的微小角位移变为两电信号的相位差,两电信号输入比相器进行比相后输入到电子记录器中记录,便得出被测齿轮的偏差曲线图(见图7.20(b)),此偏差曲线是在圆记录纸上画的,以记录纸中心 O 为圆心,画出偏差曲线的最大内切圆和最小外接圆,则此两圆的半径差为切向综合总偏差 $\Delta F_i'$,相邻两齿的曲线最大波动为切向综合偏差 $\Delta f_i'$。

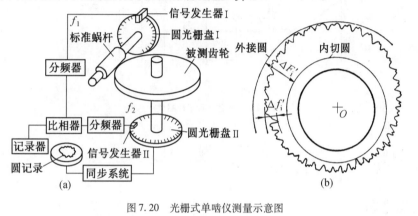

图7.20　光栅式单啮仪测量示意图

7.4.8　双面啮合综合测量

在齿轮双啮仪上可以测得径向综合总偏差 $\Delta F_i''$ 和一齿径向综合偏差 $\Delta f_i''$。

图7.21(a)为双啮仪原理图。被测齿轮安装在固定拖板1的心轴上,理想精确的测量齿轮安装在浮动拖板2的心轴上,在弹簧力的作用下,两者达到紧密无间隙的双面啮合,此时的中心距为度量中心距 a''。当二者转动时由于被测齿轮存在加工误差,使得度量中心距发生变化,此变化通过测量台架的移动传到指示表或由记录装置画出偏差曲线如图7.21(b)所示。从偏差曲线上可读得 $\Delta F_i''$ 与 $\Delta f_i''$。径向综合偏差包括了左、右齿面啮合偏差的成分,它不可能得到同侧齿面的单向偏差。该方法可用于大量生产的中等精度齿轮及小模数齿轮的检测。

双啮测量中的标准齿轮,不但精度要比被测齿轮高4级,而且对其啮合参数要精心设计,以保证它能与被测齿轮充分、全面地啮合,达到全面检查的目的,详见国家标准。

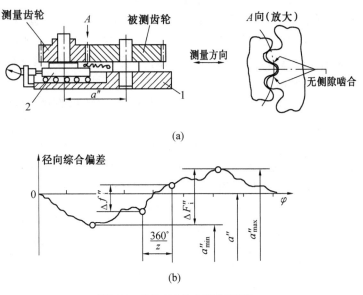

图 7.21　齿轮双啮综合测量示意图

习　题　七

一、思考题

1. 齿轮传动的使用要求有哪四个方面？

2. 评定齿轮各项精度要求的必须检验参数是哪些？说明其名称及代号。

3. 齿轮各项参数的精度等级分几级？在图样上如何标注精度等级？粗、中、高和低精度等级大致是从几级到几级？

4. 齿轮传动为什么要规定齿侧间隙？对单个齿轮来说，可用哪两项指标来控制齿侧间隙大小？

5. 如何选择齿轮的精度等级？从哪几个方面考虑选择齿轮的检验参数？

6. 如何计算齿厚上偏差 E_{sns} 和下偏差 E_{sni}？

7. 对齿轮副和箱体有哪些偏差要求？

8. 齿坯精度包括哪些方面？它对齿轮加工和工作精度有什么影响？

二、作业题

1. 某减速器中一对圆柱直齿轮，$m = 5$，$z_1 = 20$，$z_2 = 60$，$\alpha = 20°$，$x = 0$，$b_1 = 50$，$n_1 = 960$ r/min 两轴承孔的较长跨距 $L = 100$ mm，齿轮为钢制，箱体为铸铁制造，单件小批生产。试确定：

　　(1) 齿轮的精度等级；

　　(2) 齿轮的必须检验参数及其允许值；

（3）齿厚上、下偏差或公法线长度的上、下偏差值；

（4）齿轮箱体精度要求及允许值；

（5）齿坯精度要求及允许值；

（6）未注尺寸公差 GB/T 1804 的 m 级，未注几何公差按 GB/T 1184 的 K 级要求；

（7）画出齿轮零件图，并将上述技术要求标注在图上。

2. 某直齿圆柱齿轮，$m=4$，$\alpha=20°$，$x=0$，$z=10$，加工后用齿距仪测量得如下数据（单位为 μm）：0，$+3$，-7，0，$+6$，$+10$，$+2$，-7，$+1$，$+2$，齿轮精度为 7 GB/T 10095.1，试判断该齿轮 ΔF_p、Δf_{pt}、$\Delta F_{pk}(k=3)$ 是否合格？

3. 某圆柱直齿齿轮，其模数 $m=3$，齿数 $z=8$，压力角 $\alpha=20°$，按绝对法测量齿距偏差，测得各齿距累积角分别为：$0°$，$45°0'12''$，$90°0'20''$，$135°0'18''$，$180°0'6''$，$224°59'38''$，$269°59'34''$，$314°59'54''$。试求 ΔF_p、Δf_{pt} 和 $\Delta F_{pk}(k=3)$ 偏差值。

4. 某直齿轮 $m=3$，$z=30$，$\alpha=20°$，$x=0$，齿轮精度为 8 级，经测量（按圆周均布测量）公法线长度分别为：32.130，32.124，32.095，32.133，32.106 和 32.120，若公法线长度要求为 $32.256^{-0.120}_{-0.198}$，试判断该齿轮公法线长度偏差 ΔE_{bn} 与公法线长度变动量 ΔF_W 是否合格？

第 **8** 章

尺寸链的精度设计基础

在设计各类机器(或仪器)及其零部件时,除了进行运动、强度、刚度等的分析与计算外,还需要进行机械精度的分析与计算,以协调零部件的各有关尺寸之间的关系,并经济而合理地设计各零部件的尺寸公差和几何公差,从而确保产品的机械精度。工程技术人员应掌握尺寸链的精度设计基础,来解决工程实际问题。

8.1 尺寸链的基本概念

GB 5847—2004 规定了尺寸链的计算方法、有关术语及其定义。

8.1.1 尺寸链的定义和特征

在机器装配或零件加工过程中,由相互连接的尺寸形成封闭的尺寸组,称为尺寸链。如图 8.1 所示,图中零件上三个平面间的尺寸 A_1、A_2 和 A_0 组成一个尺寸链。如图 8.2 所示,车床主轴轴线高度 A_1,尾座轴线高度 A_2,垫板厚度 A_3 和主轴轴线与尾座轴线高度差 A_0 组成一个尺寸链。有时,还可以由在同一零件上不同工序要求的尺寸组成一个尺寸链,如图 8.5 所示。

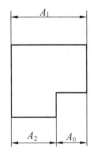

图 8.1 零件尺寸链

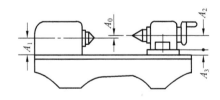

图 8.2 车床顶尖高度尺寸链

由定义可得尺寸链有以下两个基本特征:

① 尺寸链具有封闭性,即必须由一系列相互关联的尺寸连接成为一个封闭回路。

② 尺寸链具有函数性,即某一个尺寸变化,必将影响其他尺寸的变化,彼此之间具有一定的函数关系。

8.1.2 尺寸链的组成和分类

1. 尺寸链的组成

尺寸链由环组成,列入尺寸链中的每一个尺寸都称为"环"。如图 8.1 中的 A_0 和 A_1、A_2 三个环,图 8.2 中的 A_0 和 A_1、A_2、A_3 四个环。

按环的不同性质可分为封闭环和组成环。

(1)封闭环(或称终结环)

尺寸链中,装配或加工过程中最后自然形成的那个环称为封闭环。对于单个零件的加工而言,封闭环通常是零件设计图样上未标注的尺寸,即最不重要的尺寸。对于若干零、部件的装配而言,封闭环通常是对有关要素间的联系所提出的技术要求,如位置精度、距离精度、装配间隙或过盈等,它是将事先已获得尺寸的零、部件进行总装之后,才形成且得到保证的。这里规定封闭环用符号"A_0"表示,分别见图 8.1、图 8.2 中的 A_0。

(2)组成环

尺寸链中对封闭环有影响的每个环都称为组成环。组成环中任一环的变动必然引起封闭环的变动。这里用符号 A_1,A_2,A_3,$\cdots$,A_{n-1}(n 为尺寸链的总环数)表示组成环。组成环见图 8.1 中的 A_1、A_2,图 8.2 中的 A_1、A_2 和 A_3。

根据组成环尺寸变动对封闭环影响的不同,可以把组成环分为增环和减环。

增环:尺寸链中的组成环,该环的变动引起封闭环同向变动。同向变动指该环增大时封闭环也增大,该环减小时封闭环也减小。增环见图 8.1 中的 A_1,图 8.2 中的 A_2、A_3。这里规定增环用符号 $A_{(+)}$ 表示。

减环:尺寸链中的组成环,该环的变动引起封闭环反向变动。反向变动指该环增大时封闭环减小,该环减小时封闭环增大。减环见图 8.1 中的 A_2,图 8.2 中的 A_1。这里规定减环用符号 $A_{(-)}$ 表示。

一个 n 环尺寸链,有 1 个封闭环,有 $n-1$ 个组成环,若组成环中有 m 个增环,则减环为 $n-m-1$ 个。

(3)协调环

在进行尺寸链反计算时,还需将某一组成环预先选定为协调环,当其他组成环精度确定后,再通过计算确定它,使封闭环达到设计要求。

(4)传递系数

表示各组成环的变动对封闭环影响大小的系数,用符号 ξ 来表示。

2. 尺寸链的分类

(1)按尺寸链的应用场合不同分类

① 零件尺寸链:全部组成环为同一零件设计尺寸所形成的尺寸链,如图 8.1 所示。

② 装配尺寸链:全部组成环为不同零件设计尺寸所形成的尺寸链,如图 8.2 所示。

③ 工艺尺寸链:全部组成环为同一零件工艺尺寸所形成的尺寸链,如图 8.5(b)所示。

零件尺寸链和装配尺寸链统称为设计尺寸链。

(2)按尺寸链中各环的相互位置不同分类

① 直线尺寸链。全部组成环平行于封闭环的尺寸链,图 8.1 和图 8.2 所示的尺寸链均为直线尺寸链,直线尺寸链中增环的传递系数 $\xi_i = +1$,减环的传递系数 $\xi_i = -1$。

② 平面尺寸链。全部组成环位于一个或几个平行平面内,但某些组成环不平行于封闭环的尺寸链。

③ 空间尺寸链。组成环位于几个不平行平面内的尺寸链。

平面尺寸链或空间尺寸链,均可用投影的方法得到两个或三个方位的直线尺寸链,最后综合求解平面或空间尺寸链。平面尺寸链和空间尺寸链的传递系数 ξ_i 不再是+1,−1。本章仅研究直线尺寸链。

(3)按尺寸链中各环的几何特征不同分类

① 长度尺寸链。全部环为长度尺寸的尺寸链。本章所列的各尺寸链均属此类。

② 角度尺寸链。全部环为角度尺寸的尺寸链。在机械结构中,经常遇到的平行度或垂直度要求,实际上就是要求要素之间的角度为 0°、90°或 180°,它们属于角度尺寸链。

8.1.3 尺寸链图及其画法

要进行尺寸链分析和计算,首先必须画出尺寸链图。所谓尺寸链图,就是由封闭环和组成环构成的一个封闭回路图。

绘制尺寸链图时,可从某一加工(或装配)基准出发,按加工(或装配)顺序依次画出各个环,环与环之间不得间断,最后用封闭环构成一个封闭回路。用尺寸链图很容易确定封闭环及组成环中的增环或减环。

加工或装配后自然形成的那个环,就是封闭环。

从组成环中分辨出增环或减环,主要常用以下两种方法:

① 按定义判断。根据增、减环的定义,对逐个组成环,分析其尺寸的增减对封闭环尺寸的影响,以判断其为增环还是减环。此法比较麻烦,在环数较多,链的结构较复杂时,容易产生差错,但这是一种基本方法。

② 按箭头方向判断。按箭头方向判断增环和减环是一种简明的方法。在封闭环符号 A_0 上面按任意指向画一箭头,如图 8.3(a)或(b)所示,沿已定箭头方向在每个组成环符号 A_1、A_2、A_3 和 A_4 上各画一箭头,使所画各箭头依次彼此头尾相连,组成环中箭头与封闭环箭头方向相同者为减环,相反者为增环。按此方法可以判定图 8.3 中的 A_1 和 A_3 为增环,A_2 和 A_4 为减环。

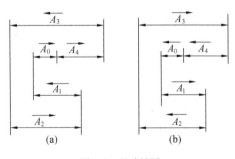

图 8.3 尺寸链图

【例 8.1】 如图 8.2 所示车床顶尖高度尺寸链,请画出其尺寸链图,并确定出封闭环、增环和减环。

解 首先确定车床床身导轨面为基准面,根据车床主轴、垫板和尾座在导轨面上的安装顺序,分别依次画出 A_1、A_3 和 A_2,把它们用 A_0 连接成封闭回路,形成了尺寸链图,如图 8.4 所示。

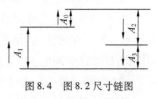

图 8.4 图 8.2 尺寸链图

由于尾座轴线与主轴轴线之间的距离 A_0 是装配后自然形成的,故此可确定它为封闭环。

按箭头方向判定增环和减环。先按以上规定画出各环箭头,如图 8.4 所示。可知,与 A_0 方向相同的 A_1 是减环,与 A_0 方向相反的 A_2 和 A_3 是增环。

【例 8.2】 加工一个带键槽的内孔,如图 8.5(a) 所示,其加工顺序为:镗内孔得尺寸 A_1,插键槽得尺寸 A_2,磨内孔得尺寸 A_3。请画出其尺寸链图,并确定封闭环、增环和减环。

解 确定镗内孔和磨内孔的基准为圆心 O。按加工顺序分别画出 $A_1/2$、A_2 和 $A_3/2$,把它们用 A_0 连接成封闭回路,形成了尺寸链图,如图 8.5(b) 所示。

因为图 8.5(a) 中键槽尺寸 A_0 是加工后自然形成的,因此 A_0 为封闭环。

按箭头方向判断法画出各箭头,如图 8.5(b) 所示,根据组成环和封闭环的箭头异同情况可确定:$A_1/2$ 为减环,A_2 和 $A_3/2$ 为增环。

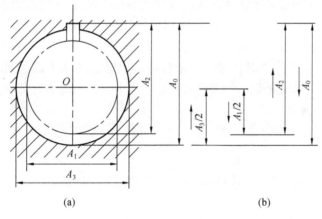

(a)   (b)

图 8.5 例 8.2 图

8.1.4 尺寸链的计算

1.尺寸链的计算种类

尺寸链的计算就是指计算封闭环和组成环的公称尺寸及其极限偏差。在工程中,尺寸链计算主要有以下三种。

(1)正计算(校核计算)

已知各组成环的公称尺寸和极限偏差,求封闭环的公称尺寸和极限偏差。正计算的目的是审核图纸上标注的各组成环的公称尺寸和上、下偏差,在加工后是否能满足所设计技术要求,即验证设计的正确性。

（2）反计算（设计计算）

已知封闭环的公称尺寸和极限偏差及各组成环的公称尺寸，求各组成环的公差和极限偏差。反计算的目的是根据机器或部件的配合精度来确定各组成环的上、下偏差，即属于设计工作方面问题，也可理解为解决公差的分配问题。

（3）中间计算（工艺尺寸计算）

已知封闭环及某些组成环的公称尺寸和极限偏差，求某一组成环的公称尺寸和极限偏差。中间计算多属于工艺尺寸计算方面的问题，如制订工序公差等。

正确地运用尺寸链理论，可以合理地确定零部件相关尺寸的公差和极限偏差，使之用最经济的方法达到一定的技术要求。

2. 尺寸链的计算方法

尺寸链的计算基本方法主要有极值法和概率法两种。

（1）极值法（完全互换法）

极值法是从尺寸链各环的极限值出发来进行计算的，能够完全保证互换性。应用此法不考虑实际尺寸的分布情况，装配时，全部产品的组成环都不需挑选或改变其大小和位置，装入后即能达到封闭环的公差要求。

（2）概率法（大数互换法）

概率法是根据各组成环尺寸分布情况，按统计公差公式进行计算的。应用此法装配时，绝大多数产品的组成环不需挑选或改变其大小和位置，装入后即能达到封闭环的公差要求。概率法是以一定置信概率为依据，本章规定各环都趋向正态分布，置信概率为99.73%。采用此法应有适当的工艺措施，排除个别产品超出公差范围或极限偏差。

此外，在某些情况下，当装配精度要求很高，应用上述方法难以达到或不经济时，还常常采用分组互换法、修配补偿法和调整补偿法。本书只讲极值法的尺寸链计算。

8.2 用极值法计算尺寸链

8.2.1 极值法计算尺寸链的基本步骤和计算公式

1. 基本步骤

极值法（完全互换法）也常被称为极大极小法，是尺寸链计算中最基本的方法。用极值法进行尺寸链计算的基本步骤是：

① 画尺寸链图。

② 确定封闭环、增环和减环。

③ 根据极值法计算公式，进行封闭环或组成环量值的计算。

④ 校核计算结果。

2. 计算公式

为了进行封闭环或组成环有关量值的计算，根据尺寸链图中各环之间的关系，可以导出用极值法计算直线尺寸链的计算公式如下：

（1）封闭环的公称尺寸

$$A_0 = \sum_{i=1}^{m} A_{(+)i} - \sum_{i=m+1}^{n-1} A_{(-)i} \qquad (8.1)$$

即封闭环的公称尺寸等于所有增环公称尺寸之和减去所有减环公称尺寸之和。在尺寸链中,封闭环的公称尺寸有可能等于零,如图 8.6 所示孔、轴配合中的间隙 A_0。

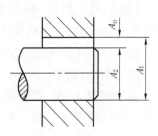

图 8.6　孔、轴配合

（2）封闭环的极限尺寸

$$A_{0max} = \sum_{i=1}^{m} A_{(+)imax} - \sum_{i=m+1}^{n-1} A_{(-)imin} \qquad (8.2)$$

$$A_{0min} = \sum_{i=1}^{m} A_{(+)imin} - \sum_{i=m+1}^{n-1} A_{(-)imax} \qquad (8.3)$$

即封闭环的上极限尺寸等于所有增环的上极限尺寸之和减去所有减环的下极限尺寸之和。封闭环的下极限尺寸等于所有增环的下极限尺寸之和减去所有减环的上极限尺寸之和。

（3）封闭环的极限偏差

由公称尺寸、极限尺寸与极限偏差的关系可得

$$\mathrm{ES}_0 = \sum_{i=1}^{m} \mathrm{ES}_{(+)i} - \sum_{i=m+1}^{n-1} \mathrm{EI}_{(-)i} \qquad (8.4)$$

$$\mathrm{EI}_0 = \sum_{i=1}^{m} \mathrm{EI}_{(+)i} - \sum_{i=m+1}^{n-1} \mathrm{ES}_{(-)i} \qquad (8.5)$$

式中　ES_0、EI_0——封闭环的上、下偏差;

　　　$\mathrm{ES}_{(+)i}$、$\mathrm{EI}_{(+)i}$——第 i 个增环的上、下偏差;

　　　$\mathrm{ES}_{(-)i}$、$\mathrm{EI}_{(-)i}$——第 i 个减环的上、下偏差。

即封闭环的上偏差等于所有增环的上偏差之和,减去所有减环的下偏差之和。封闭环的下偏差等于所有增环的下偏差之和,减去所有减环的上偏差之和。

（4）封闭环的公差

根据公差与极限偏差的关系,由式(8.4)和(8.5)可得

$$T_0 = \sum_{i=1}^{n-1} T_{A_i} \qquad (8.6)$$

即封闭环公差等于所有组成环公差之和。

式(8.6)也可作为校核公式,以便校核尺寸链计算中是否有误。

由式(8.6)可知,第一,封闭环的公差比任何一个组成环的公差都大。因此,在零件尺寸链中,应该选择最不重要的尺寸作为封闭环,但在装配尺寸链中,由于封闭环是装配后的技术要求,一般无选择余地;第二,为了使封闭环公差小些,或者当封闭环公差一定时,要使组成环的公差大些,就应该使尺寸链的组成环数目尽可能少些,这就称为最短尺寸链原则。在设计中应尽量遵守这一原则。

8.2.2　正计算(校核计算)

尺寸链的正计算问题就是已知组成环的公称尺寸和极限偏差,求封闭环的公称尺寸和极限偏差,现举例说明如下。

【例8.3】 加工一轴套,如图8.7(a)所示。已知加工工序为先车外圆 A_1 为 $\phi70^{-0.04}_{-0.08}$,然后镗内孔 A_2 为 $\phi60^{+0.06}_{0}$,并应保证内外圆的同轴度公差 A_3 为 $\phi0.02\,\text{mm}$,求该轴套的壁厚。

解 按用极值法进行尺寸链计算的基本步骤解题。

(1)画尺寸链图

由于此例 A_1、A_2 尺寸相对加工基准具有对称性,故应取半值画尺寸链图,同轴度 A_3 可作一个线性尺寸处理。根据同轴度公差带对实际被测轴线的限定情况,可定 A_3 为 0 ± 0.01。

以外圆圆心 O_1 为基准,按加工顺序分别画出 $A_1/2$、A_3、$A_2/2$,并用 A_0 把它们连接成封闭回路,如图8.7(b)所示。

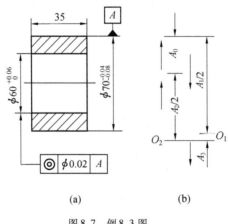

(a)   (b)

图8.7 例8.3图

(2)确定封闭环

因为壁厚 A_0 为加工后自然形成的尺寸,故为封闭环。

(3)确定增、减环

画出各环箭头方向,如图8.7(b)所示,根据箭头方向判定 $A_1/2$、A_3 为增环,$A_2/2$ 为减环。

因为 A_1 为 $\phi70^{-0.04}_{-0.08}$,则 $A_1/2$ 为 $35^{-0.02}_{-0.04}$;A_2 为 $\phi60^{+0.06}_{0}$,则 $A_2/2$ 为 $30^{+0.03}_{0}$。

(4)计算壁厚的公称尺寸和上、下偏差

由式(8.1)得壁厚的公称尺寸为

$$A_0/\text{mm} = \left(\frac{A_1}{2} + A_3\right) - \frac{A_2}{2} = 35 + 0 - 30 = 5$$

由式(8.4)得壁厚的上偏差为

$$\text{ES}_0/\text{mm} = (\text{ES}_{A_1/2} + \text{ES}_{A_3}) - \text{EI}_{A_2/2} = [(-0.02)+(+0.01)] - 0 = -0.01$$

由式(8.5)得壁厚的下偏差为

$$\text{EI}_0/\text{mm} = (\text{EI}_{A_1/2} + \text{EI}_{A_3}) - \text{ES}_{A_2/2} = [(-0.04)+(-0.01)] - (+0.03) = -0.08$$

(5)校验计算结果

由以上计算结果可得

$$T_0/\text{mm} = \text{ES}_0 - \text{EI}_0 = (-0.01) - (-0.08) = 0.07$$

由式(8.6)得

$$T_0/\text{mm} = T_{A_1/2} + T_{A_3} + T_{A_2/2} =$$
$$(\text{ES}_{A_1/2} - \text{EI}_{A_1/2}) + (\text{ES}_{A_3} - \text{EI}_{A_3}) + (\text{ES}_{A_2/2} - \text{EI}_{A_2/2}) =$$
$$[(-0.02) - (-0.04)] + [(+0.01) - (-0.01)] +$$
$$[(+0.03) - 0] = 0.07$$

校核结果说明计算无误,所以壁厚为

$$A_0 = 5_{-0.08}^{-0.01}$$

需指出的是,同轴度 A_3 如作为减环处理,结果仍不变,读者可以画出相应的尺寸链图,并对计算出的结果进行比较。

8.2.3　中间计算(工艺尺寸计算)

尺寸链的中间计算问题可用来确定某一组成环的公称尺寸及极限偏差。

【例 8.4】　如图 8.7(a)所示,加工一轴套,已知加工顺序为先车外圆 A_1 为 $\phi70_{-0.08}^{-0.04}$,然后镗内孔 A_2,并且规定了内外圆的同轴度 A_3 公差为 $\phi0.02$ mm,为了保证加工后的壁厚为 $5_{-0.08}^{-0.01}$,问所镗内孔的尺寸 A_2 为多少?

解　因为该例题和例 8.3 的零件结构相同,如图 8.7(a)所示,加工顺序相同,因此尺寸链图、封闭环、增环和减环完全相同,如图 8.7(b)所示。计算组成环尺寸的公称尺寸和上下偏差,所应用的公式也相同,见式(8.1)、(8.4)、(8.5),不同的仅是应用公式欲解的未知数不是封闭环 A_0,而是组成环(减环)A_2,故由式(8.1)得内孔半径 $A_2/2$ 的公称尺寸。

因为 $A_0 = \left(\dfrac{A_1}{2} + A_3\right) - \dfrac{A_2}{2}$,见例 8.3,则有

$$\frac{A_2}{2}/\text{mm} = \left(\frac{A_1}{2} + A_3\right) - A_0 = (35 + 0) - 5 = 30$$

由式(8.4)和式(8.5)得内孔半径的下偏差和上偏差为

$$\text{EI}_{A_2/2}/\text{mm} = (\text{ES}_{A_1/2} + \text{ES}_{A_3}) - \text{ES}_0 = [(-0.02) + (+0.01)] - (-0.01) = 0$$
$$\text{ES}_{A_2/2}/\text{mm} = (\text{EI}_{A_1/2} + \text{EI}_{A_3}) - \text{EI}_0 = [(-0.04) + (-0.01)] - (-0.08) = +0.03$$

校验计算结果:

由已知条件可求出

$$T_0/\text{mm} = \text{ES}_0 - \text{EI}_0 = (-0.01) - (-0.08) = 0.07$$

由计算结果根据式(8.6),可求出

$$T_0/\text{mm} = T_{A_1/2} + T_{A_3} + T_{A_2/2} =$$
$$(\text{ES}_{A_1/2} - \text{EI}_{A_1/2}) + (\text{ES}_{A_3} - \text{EI}_{A_3}) + (\text{ES}_{A_2/2} - \text{EI}_{A_2/2}) =$$
$$[(-0.02) - (-0.04)] + [(+0.01) - (-0.01)] + [(+0.03) - 0] =$$
$$0.07$$

校核结果说明计算无误,所以内孔半径 $A_2/2 = 30_{0}^{+0.03}$,内孔直径 $A_2 = \phi60_{0}^{+0.06}$。

【例 8.5】　在轴上铣一键槽,如图 8.8(a)所示。加工顺序为车外圆 A_1 为 $\phi70.5_{-0.1}^{0}$,铣键槽深 A_2,磨外圆 $A_3 = \phi70_{-0.06}^{0}$。要求磨完外圆后,保证尺寸 $A_0 = 62_{-0.3}^{0}$,求铣键槽的深度

A_2。

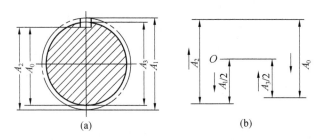

图 8.8 例 8.5 图

解 按用极值法进行尺寸链计算的基本步骤解题。

(1)画尺寸链图

选外圆圆心 O 为基准,按加工顺序依次画出 $A_1/2$、A_2、$A_3/2$,并用 A_0 把它们连接成封闭回路,如图 8.8(b)所示。

(2)确定封闭环

由于磨完外圆后形成的键槽深 A_0 为加工后自然形成的尺寸,故此可确定 A_0 为封闭环。据题意 A_0 为 $62_{-0.3}^{0}$。

(3)确定增、减环

按箭头方向判断法给各环标以箭头,如图 8.8(b)所示,可知增环为: $A_3/2$,A_2;减环为: $A_1/2$。

(4)计算铣键槽的深度 A_2 的公称尺寸和上、下偏差

由式(8.1)计算 A_2 的公称尺寸:因为 $A_0 = (A_2 + A_3/2) - A_1/2$,则有

$$A_2/\mathrm{mm} = A_0 - A_3/2 + A_1/2 = 62 - 35 + 35.25 = 62.25$$

由式(8.4)计算 A_2 的上偏差:因为 $ES_0 = (ES_{A_2} + ES_{A_3/2}) - EI_{A_1/2}$,则有

$$ES_{A_2}/\mathrm{mm} = ES_0 - ES_{A_3/2} + EI_{A_1/2} = 0 - 0 + (-0.05) = -0.05$$

由式(8.5)计算 A_2 的下偏差:因为 $EI_0 = (EI_{A_2} + EI_{A_3/2}) - ES_{A_1/2}$,则有

$$EI_{A_2}/\mathrm{mm} = EI_0 - EI_{A_3/2} + ES_{A_1/2} = (-0.3) - (-0.03) + 0 = -0.27$$

(5)校验计算结果

由已知条件可求出

$$T_0/\mathrm{mm} = ES_0 - EI_0 = 0 - (-0.3) = 0.3$$

由计算结果,根据式(8.6)可求出

$$T_0/\mathrm{mm} = T_{A_2} + T_{A_3/2} + T_{A_1/2} =$$
$$(ES_{A_2} - EI_{A_2}) + (ES_{A_3/2} - EI_{A_3/2}) + (ES_{A_1/2} - EI_{A_1/2}) =$$
$$[(-0.05) - (-0.27)] + [0 - (-0.03)] + [0 - (-0.05)] = 0.3$$

校核结果说明计算无误,所以铣键槽的深度 A_2 为

$$A_2 = 62.25_{-0.27}^{-0.05} = 62.2_{-0.22}^{0}$$

8.2.4 反计算(设计计算)

已知封闭环的公称尺寸和上、下偏差及各组成环的公称尺寸,求各组成环的公差和

上、下偏差。计算步骤如下。

1. 确定各组成环的公差

确定各组成环公差的基本方法有以下两种。

(1)相等公差法

当零件的公称尺寸大小和制造的难易程度相近,以及对装配精度的影响程度综合起来考虑,平均分配公差值比较经济、合理时,可采用本方法计算。

设备组成环公差相等,即 $T_1 = T_2 = \cdots = T_{n-1} = T_{av}$

则由式(8.6)得各组成环公差的平均值为

$$T_{av} = \frac{T_0}{n-1} \tag{8.7}$$

(2)相同等级法

当确认全部组成环采取同一公差等级,各环公差值的大小只取决于其公称尺寸去计算比较经济、合理或更加切合生产实际时,可采用本法计算。

若尺寸不大于 500 mm,某一公称尺寸的公差值 T 为

$$T = ai = a(0.45\sqrt[3]{D} + 0.001D) \tag{8.8}$$

式中　a——公差等级系数(或称公差单位数),它表示零件尺寸相同,而要求公差等级不同时,应有不同的公差值;

i——标准公差因子(或称公差单位);

D——公称尺寸的几何平均值,mm。

按相同等级原则,各组成环应取同一公差等级系数 a_{av},则式(8.6)可写为

$$T_0 = \sum_{i=1}^{n-1} a_{av} i_i = a_{av} \sum_{i=1}^{n-1} i_i$$

所以

$$a_{av} = \frac{T_0}{\sum\limits_{i=1}^{n-1} i_i} = \frac{T_0}{\sum\limits_{i=1}^{n-1}(0.45\sqrt[3]{D_i} + 0.001D_i)} \tag{8.9}$$

式(8.9)中的 i_i 可查表 8.1 确定。

根据式(8.9)算得的 a_{av} 值,在表 8.2(标准公差的计算公式)中取一个与之接近的公差等级,再由标准公差数值表(表 3.1)查得各组成环的公差值。

表 8.1　公称尺寸与公差单位

尺寸分段/mm	1～3	>3 ~6	>6 ~10	>10 ~18	>18 ~30	>30 ~50	>50 ~80	>80 ~120	>120 ~180	>180 ~250	>250 ~315	>315 ~400	>400 ~500
$i_i/\mu m$	0.54	0.73	0.90	1.08	1.31	1.56	1.86	2.17	2.52	2.90	3.23	3.54	3.86

若上述两种方法均不理想,可在等公差值或相同公差等级的基础上,根据各零件公称尺寸的大小,孔类或轴类零件的不同,毛坯生产工艺及热处理要求的不同,材料差别的影响,加工的难易程度,以及车间的设备状况,将各环公差值加以人为的经验调整,以尽可能切合实际,并使之加工经济。

表 8.2　标准公差的计算公式　　　（摘自 GB/T 1800.1—2009）μm

公差等级	标准公差	公称尺寸/mm		公差等级	标准公差	公称尺寸/mm	
		$D \leqslant 500$	$D \geqslant 500 \sim 3\ 150$			$D \leqslant 500$	$D \geqslant 500 \sim 3\ 150$
01	IT01	$0.3 + 0.008D$	$1I$	8	IT8	$25i$	$25I$
0	IT0	$0.5 + 0.012D$	$\sqrt{2}\,I$	9	IT9	$40i$	$40I$
1	IT1	$0.8 + 0.020D$	$2I$	10	IT10	$64i$	$64I$
2	IT2	$(IT1)\left(\dfrac{IT5}{IT1}\right)^{\frac{1}{4}}$		11	IT11	$100i$	$100I$
				12	IT12	$160i$	$160I$
3	IT3	$(IT1)\left(\dfrac{IT5}{IT1}\right)^{\frac{1}{2}}$		13	IT13	$250i$	$250I$
				14	IT14	$400i$	$400I$
4	IT4	$(IT1)\left(\dfrac{IT5}{IT1}\right)^{\frac{3}{4}}$		15	IT15	$640i$	$640I$
5	IT5	$7i$	$7I$	16	IT16	$1\ 000i$	$1\ 000I$
6	IT6	$10i$	$10I$	17	IT17	$1\ 600i$	$1\ 600I$
7	IT7	$16i$	$16I$	18	IT18	$2\ 500i$	$2\ 500I$

2. 确定各组成环的上、下偏差

组成环的上、下偏差按"偏差向体内原则"确定,即当组成环为包容面尺寸时,如图 8.9(a)的 A_1 和 A_2,则令其下偏差为零(按基本偏差 H 配置);当组成环为被包容面尺寸时,如图 8.9(a)的 A_3、A_4 和 A_5,则令其上偏差为零(按基本偏差 h 配置)。有时,组成环既不是包容面尺寸,又不是被包容面尺寸,如孔距尺寸,此时,取对称的偏差(按基本偏差 JS 配置),就是上偏差为 $+\dfrac{1}{2}T_{A_i}$,下偏差为 $-\dfrac{1}{2}T_{A_i}$。

【例 8.6】　图 8.9(a)所示为对开齿轮箱的一部分。根据使用要求,间隙 A_0 应在 1 ~ 1.75 mm 范围内。已知各零件的公称尺寸为 $A_1 = 101$ mm,$A_2 = 50$ mm,$A_3 = 5$ mm,$A_5 = 5$ mm,$A_4 = 140$ mm,求各尺寸的极限偏差。

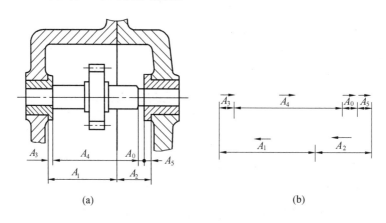

(a)　　　　　　　　　　　　(b)

图 8.9　例 8.6 图

解　按用极值法进行尺寸链计算的基本步骤解题。

（1）画尺寸链图

按图 8.9(a)中各零件的装配顺序,依次画出 A_1、A_2、A_3、A_4 和 A_5,最后用 A_0 将其连成封闭回路,如图 8.9(b)所示。

（2）确定封闭环

因为图 8.9(a)间隙 A_0 尺寸为装配后自然形成的尺寸,故 A_0 为封闭环。

（3）确定增环和减环

画出各环的箭头方向,如图 8.9(b)所示,根据箭头方向可断定 A_1 和 A_2 为增环,A_3、A_4 和 A_5 为减环。

（4）确定各环的上、下偏差

① 确定"协调环"。选定齿轮轴长度 A_4 为"协调环"。

② 计算封闭环的公称尺寸和上、下偏差及公差。

由式(8.1)得

$$A_0/\text{mm} = (A_1+A_2)-(A_3+A_4+A_5) = (101+50)-(5+140+5) = 1$$

则有

$$\text{ES}_0/\text{mm} = A_{0\text{max}}-A_0 = 1.75-1 = +0.75$$
$$\text{EI}_0/\text{mm} = A_{0\text{min}}-A_0 = 1-1 = 0$$
$$T_0/\text{mm} = A_{0\text{max}}-A_{0\text{min}} = 1.75-1 = 0.75$$

③ 确定各组成环公差(用相等公差法计算)。

根据公式(8.6)可知

$$T_0 = T_{A_1}+T_{A_2}+T_{A_3}+T_{A_4}+T_{A_5}$$

根据公式(8.7),得各组成环平均公差为

$$T_{\text{av}}/\text{mm} = \frac{T_0}{n-1} = \frac{0.75}{6-1} = 0.15$$

但对于此部件上各零件尺寸的公差都定为 0.15 mm 是不合理的。由于 A_1、A_2 为箱体内尺寸,不易加工,故将公差放大,按标准(表 3.1)取 $T_{A_1} = 0.35$ mm,$T_{A_2} = 0.25$ mm。尺寸 A_3、A_5 为小尺寸,且易加工,按标准(表 3.1)可将公差减小为 $T_{A_3} = T_{A_5} = 0.048$ mm。

根据公式(8.6)可推导出"协调环"A_4 的公差为

$$T_{A_4}/\text{mm} = T_0-T_{A_1}-T_{A_2}-T_{A_3}-T_{A_5} = 0.75-0.35-0.25-0.048-0.048 = 0.054$$

④ 确定除"协调环"以外所有组成环的上、下偏差,即确定 A_1、A_2、A_3、A_5 的上、下偏差。

从图 8.9(a)可知 A_1 和 A_2 为包容面尺寸,A_3 和 A_5 为被包容面尺寸,按"偏差向体内原则",故有

$$A_1 = 101^{+0.35}_{0}, A_2 = 50^{+0.25}_{0}, A_3 = A_5 = 5^{0}_{-0.048}$$

⑤ 用极值法和中间计算的方法计算"协调环"A_4 的上、下偏差。

由式(8.4)计算 A_4 的下偏差:因为 $\text{ES}_0 = (\text{ES}_{A_1}+\text{ES}_{A_2})-(\text{EI}_{A_3}+\text{EI}_{A_4}+\text{EI}_{A_5})$,则有

$$\text{EI}_{A_4}/\text{mm} = \text{ES}_{A_1}+\text{ES}_{A_2}-\text{EI}_{A_3}-\text{EI}_{A_5}-\text{ES}_0 =$$
$$(+0.35)+(+0.25)-(-0.048)-(-0.048)-(+0.75) = -0.054$$

由式(8.5)计算 A_4 的上偏差:因为 $\text{EI}_0 = (\text{EI}_{A_1}+\text{EI}_{A_2})-(\text{ES}_{A_3}+\text{ES}_{A_4}+\text{ES}_{A_5})$,则有

$$ES_{A_4} = EI_{A_1} + EI_{A_2} - ES_{A_3} - ES_{A_5} - EI_0 = 0+0-0-0-0 = 0$$

（5）校验计算结果

由已知条件可求得

$$T_0/mm = A_{0max} - A_{0min} = 1.75 - 1 = 0.75$$

由计算结果，根据式（8.6）可求出

$$T_0/mm = T_{A_1} + T_{A_2} + T_{A_3} + T_{A_4} + T_{A_5} =$$
$$T_{A_1} + T_{A_2} + T_{A_3} + (ES_{A_4} - EI_{A_4}) + T_{A_5} =$$
$$0.35 + 0.25 + 0.048 + [0-(-0.054)] + 0.048 = 0.75$$

校核结果说明计算无误，所以各尺寸为

$$A_1 = 101^{+0.35}_{0}, A_2 = 50^{+0.25}_{0}, A_3 = A_5 = 5^{0}_{-0.048}, A_4 = 140^{0}_{-0.054}$$

需指出的是：其他组成环之一也可选做"协调环"，读者可以试着比较一下。

用相等公差法比较简单，但要求有熟练的经验，否则主观随意性太大。此法多用于环数不多的情况。

下面用相同等级法解例8.6。

用相同等级法解尺寸链的基本步骤完全同相等公差法。这里只介绍用相同等级法计算组成环公差，再确定其上、下偏差的方法。

根据公式（8.9）和表8.1可求得平均公差等级系数为

$$\alpha_{av} = \frac{T_0}{\sum_{i=1}^{n-1} i_i} = \frac{750}{2.17+1.56+0.73+2.52+0.73} \approx 97$$

由表3.1确定各组成环（除"协调环"外）的公差为11级（$a=100$），查表3.1得 $T_{A_1} = 220\ \mu m, T_{A_2} = 160\ \mu m, T_{A_3} = T_{A_5} = 75\ \mu m$。

"协调环"A_4的公差为

$$T_{A_4}/\mu m = T_0 - (T_{A_1}+T_{A_2}+T_{A_3}+T_{A_5}) = 750-(220+160+75+75) = 220$$

同样，按"偏差向体内原则"确定各组成环的极限偏差为

$$A_1 = 101^{+0.22}_{0}, A_2 = 50^{+0.16}_{0}, A_3 = A_5 = 5^{0}_{-0.075}, A_4 = 140^{0}_{-0.22}$$

此法除了个别组成环外，均为标准公差和极限偏差，方便合理。

极值法可以保证完全互换，而且计算简单。但当组成环环数较多时，用这种方法就不合适，因这时各组成环公差将很小，加工很不经济，故极值法一般用于3~4环尺寸链，或环数虽多但精度要求不高的场合。对精度要求较高，而且环数也较多的尺寸链，采用概率法求解比较合理。

习 题 八

一、思考题

1.何谓尺寸链？它有什么特点？

2.尺寸链是由哪些环组成的？它们之间的关系如何？

3. 尺寸链在产品设计(装配图)中和在零件设计(零件图)中如何应用? 怎样确定其封闭环,是否未知公差的都是封闭环?

4. 能不能说,在尺寸链中只有一个未知尺寸时,该尺寸一定是封闭环?

5. 正计算、反计算和中间计算的特点和应用场合是什么?

6. 反计算中各组成环公差是否能任意给定,为什么?

7. 常用尺寸链有几种? 画尺寸链图应注意哪些问题?

二、作业题

1. 某套筒零件的尺寸标注如图 8.10 所示,试计算其壁厚尺寸。已知加工顺序为:先车外圆至 $\phi 30_{-0.04}^{0}$,其次钻内孔至 $\phi 20_{0}^{+0.06}$,内孔对外圆的同轴度公差为 $\phi 0.02$ mm。

2. 当要求图 8.10 所示的零件外圆上镀铬时,问镀层厚度应控制在什么范围内才能保证镀后的壁厚为 5 ± 0.05。

3. 有一孔、轴配合,装配前轴和孔均需镀铬,铬层厚度均为 (10 ± 2) μm,镀铬后应满足 $\phi 30 H7/f6$ 的配合。问轴和孔在镀前的尺寸应是多少?

4. 某厂加工一批曲轴、连杆及轴承衬套等零件,如图 8.11 所示。经调试运转,发现有的曲轴肩与轴承衬套端面有划伤现象。按设计要求 $A_0 = 0.1 \sim 0.2$ mm,而 $A_1 = 150_{0}^{+0.018}$,$A_2 = A_3 = 75_{-0.08}^{-0.02}$,试验算图样给定零件尺寸的极限偏差是否合理?

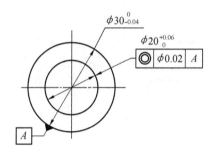

图 8.10　作业题 1 图

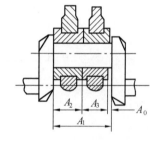

图 8.11　作业题 4 图

5. 在图 8.12 所示的齿轮箱中,已知 $A_1 = 300$ mm,$A_2 = 52$ mm,$A_3 = 90$ mm,$A_4 = 20$ mm,$A_5 = 86$ mm,$A_6 = A_2$。要求间隙 A_0 的变动范围为 $1.0 \sim 1.4$ mm,试选择一合适的方法计算各组成环的公差和极限偏差。

6. 图 8.13 所示为一轴套,其加工顺序是:

①镗孔至 $A_1 = \phi 40_{0}^{+0.1}$;②插键槽 A_2;③精镗孔 $A_3 = \phi 40.6_{0}^{+0.06}$;④要求达到 $A_4 = 44_{0}^{+0.3}$。求插键槽尺寸 $A_2 = ?$

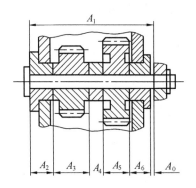

图 8.12　作业题 5 图

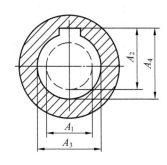

图 8.13　作业题 6 图

7. 如图 8.14 所示,两个孔均以底面定位,求孔 1 轴线对底面的尺寸 A 应在多大范围内才能保证尺寸 60 ± 0.060 mm?

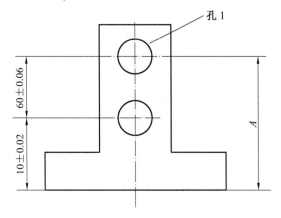

图 8.14　作业题 7 图

第 **9** 章

机械零件的精度设计

机械产品的精度和使用性能在很大程度上取决于机械零件的精度及零件之间结合的正确性。机械零件的精度是零件的主要质量指标之一,因此,零件精度设计在机械设计中占有很重要的地位。现以一级圆柱齿轮减速器为例,阐述机械零件精度设计的具体过程和方法,以便为后续课程的课程设计和机械类专业的毕业设计打下一定的基础。

机械零件精度设计的内容包括合理确定零件要素的尺寸精度、几何精度和表面粗糙度轮廓参数值以及装配图中零件相互结合表面间的配合代号的选择与标注。

9.1 典型零件的精度设计

减速器是机械传动系统中常用的减速装置,所以就以这个常用装置为例,来具体说明机械零件的精度设计问题。如图9.1所示为一级斜齿圆柱齿轮减速器,该减速器主要由齿轮轴、从动齿轮、输出轴、箱体、轴承盖和滚动轴承等零部件组成,由机械传动系统总体布置可知,齿轮轴输入端轴头上装有 V 型带的带轮,输出轴的输出端轴头上装有开式齿轮传动的主动齿轮。该减速器的主要技术参数见表9.1。

表 9.1 减速器技术参数

输入功率/ kW	输入转速/ $(r \cdot min^{-1})$	传动比 i	齿 轮 参 数					
			主动齿轮 齿数 z_1	从动齿轮 齿数 z_2	法向模数 m_n	α_n	螺旋角 β	变位系数 x
4.0	1450	3.95	20	79	3	20°	8°6′34″	0

机械零件精度设计是根据零件在设备中的作用和使用要求,合理确定零件几何要素的尺寸精度、几何精度及表面粗糙度轮廓参数允许值。减速器中的典型零件主要有齿轮类零件、轴类零件和箱体类零件。现讨论这些典型零件的精度设计问题。

9.1.1 齿轮的精度设计

齿轮的齿宽 $b = 60$ mm,齿轮基准孔的公称尺寸为 $d = \phi58$ mm,滚动轴承孔的跨距 $L = 100$ mm,齿轮为钢制,箱体材料为铸铁。

齿轮类零件精度设计内容包括:根据齿轮的使用要求和工作条件合理确定齿轮的精

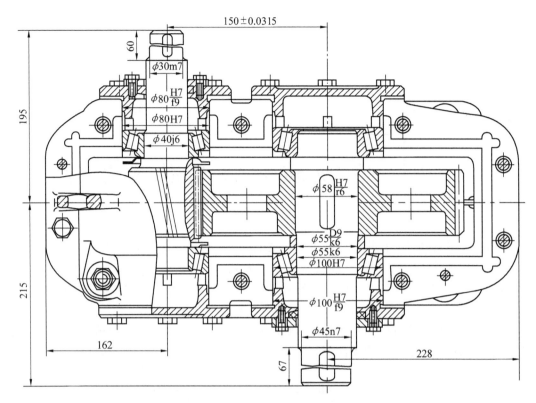

图 9.1 减速器

度等级,轮齿部分和齿轮坯(简称齿坯)的尺寸偏差、几何公差和表面粗糙度的允许值。现以图 9.1 减速器中的从动齿轮(大齿轮)为例来说明。

1. 确定齿轮的精度等级

齿轮精度等级的确定一般采用类比法。首先从表 7.4 中可知该齿轮精度为 6~9 级。进一步可计算其圆周线速度,然后根据齿轮圆周线速度确定其平稳性精度等级。

齿轮圆周速度计算过程为:

从动轮转速

$$n_2/(\text{r} \cdot \text{min}^{-1}) = n_1/i = 1\ 450/3.95 = 367$$

从动轮分度圆直径为

$$d_2/\text{mm} = m_n z_2/\cos \beta = 3 \times 79/\cos 8°6'34'' = 3 \times 79/0.99 = 239.394$$

则

$$v/(\text{m} \cdot \text{s}^{-1}) = \frac{\pi d_2 n_2}{60 \times 1\ 000} = \frac{\pi \times 239.394 \times 367}{60 \times 1\ 000} = 4.6$$

由表 7.5 可确定减速器从动齿轮平稳性精度为 8 级,考虑减速器齿轮的运动准确性精度要求不高和载荷分布均匀性精度一般不低于平稳性精度,因此确定该齿轮传递运动准确性、传动平稳性和载荷分布均匀性的精度等级分别为 8 级、8 级和 7 级。

2. 确定齿轮必检偏差项目及其允许值

因该齿轮为一般减速器的齿轮,对传递运动准确性、传动平稳性和载荷分布均性精度的必检参数分别为齿距累积总偏差 ΔF_{p}（不必规定 ΔF_{pk}）、单个齿距偏差 Δf_{pt}、齿廓总偏差 ΔF_{α} 和螺旋线总偏差 ΔF_{β}。由表 7.1 查得 $F_{\mathrm{p}} = 0.07$ mm、$f_{\mathrm{pt}} = \pm 0.018$ mm、$F_{\alpha} = 0.025$ mm，由表 7.2 查得 $F_{\beta} = 0.021$ mm。

3. 确定齿轮的最小法向侧隙和齿厚上、下偏差

（1）最小法向侧隙 j_{bnmin} 的确定

先计算出齿轮中心距 a

$$a/\mathrm{mm} = \frac{m_{\mathrm{n}}(z_1 + z_2)}{2\cos\beta} = \frac{3 \times (20 + 79)}{2 \times \cos 8°6'34''} = 150$$

参考表 7.6，$a = 150$ mm 介于 100 与 200 之间，因此用插值法（或按式（7.2）计算）得 $j_{\mathrm{bnmin}} = 0.155$ mm。

（2）齿厚上、下偏差的计算

首先计算补偿齿轮和齿轮箱体的制造、安装误差所引起法向侧隙减小量 J_{bn}，按式（7.4），由表 7.1、表 7.2 查得 $f_{\mathrm{pt1}} = 17$ μm，$f_{\mathrm{pt2}} = 18$ μm。$F_{\beta} = 21$ μm 和 $L = 100$ mm，$b = 60$ mm 得

$$J_{\mathrm{bn}}/\mathrm{\mu m} = \sqrt{0.88(f_{\mathrm{pt}_1}^2 + f_{\mathrm{pt}_2}^2) + \left[2 + 0.34(L/b)^2 F_{\beta}^2\right]} =$$
$$\sqrt{0.88(17^2 + 18^2) + \left[2 + 0.34(100/60)^2 \times 21^2\right]} = 31$$

然后按式（7.5），由表 7.8 查得 $f_{\mathrm{a}} = 31.5$ μm，则齿厚上偏差为

$$E_{\mathrm{sns}}/\mathrm{mm} = -\left(\frac{j_{\mathrm{bnmin}} + J_{\mathrm{bn}}}{2\cos\alpha_{\mathrm{n}}} + f_{\mathrm{a}}\tan\alpha_{\mathrm{n}}\right) = -\left(\frac{0.155 + 0.031}{2\cos 20°} + 0.0315 \times \tan 20°\right) = -0.110$$

按式（7.7），由表 7.1 查得 $F_{\mathrm{r}} = 0.056$ mm，由表 7.7 查表 $b_{\mathrm{r}}/\mathrm{mm} = 1.26\mathrm{IT}9 = 1.26 \times 0.115 = 0.145$，因此齿厚公差为

$$T_{\mathrm{sn}}/\mathrm{mm} = \sqrt{b_{\mathrm{r}}^2 + F_{\mathrm{r}}^2} \cdot 2\tan 20° = \sqrt{0.145^2 + 0.056^2} \cdot 2\tan 20° = 0.113$$

最后可得齿厚下偏差为

$$E_{\mathrm{sni}}/\mathrm{mm} = E_{\mathrm{sns}} - T_{\mathrm{sn}} = -0.110 - 0.113 = -0.223$$

（3）公法线长度及其上、下偏差的计算

通常对于中等模数的齿轮，测量公法线长度比较方便，且测量精度较高，故用检查公法线长度偏差来代替齿厚偏差。

首先计算公称公法线长度，非变位斜齿轮公法线长度 W_k 的计算公式为

$$W_k = m_{\mathrm{n}}\cos\alpha_{\mathrm{n}}\left[\pi(k - 0.5) + z'\mathrm{inv}\,\alpha_{\mathrm{n}}\right]$$

端面分度圆压力角 α_{t} 为

$$\tan\alpha_{\mathrm{t}} = \frac{\tan\alpha_{\mathrm{n}}}{\cos\beta} = \frac{\tan 20°}{\cos 8°6'34''} = 0.36765$$

由此求得

$$\alpha_{\mathrm{t}} = 20°11'10''$$

在 W_k 的计算式中，引用齿数

$$z' = z\frac{\mathrm{inv}\,\alpha_{\mathrm{t}}}{\mathrm{inv}\,\alpha_{\mathrm{n}}} = 79 \times \frac{\mathrm{inv}\,20°11'10''}{\mathrm{inv}\,20°} = 79 \times \frac{0.015\,339}{0.014\,904} = 81.31$$

卡量齿数

$$k = \frac{z'}{9} + 0.5 = \frac{81.31}{9} + 0.5 = 9.53(\text{取}\ 10)$$

则

$$W_k/\text{mm} = 3 \times \cos 20°[\pi(10-0.5) + 81.31 \times 0.014\,904] = 87.551$$

然后按式(7.8)和 $F_r = 0.056$ 可得公法线长度上、下偏差为

$$E_{bns}/\text{mm} = E_{sns}\cos \alpha_n - 0.72 F_r \sin \alpha_n = -0.110\cos 20° - 0.72 \times 0.056\sin 20° = -0.117$$

$$E_{bni}/\text{mm} = E_{sni}\cos \alpha_n + 0.72 F_r \sin 20° = -0.223\cos 20° + 0.72 \times 0.056\sin 20° = -0.196$$

按计算结果,在图样上标注为

$$W_k = 87.551^{-0.117}_{-0.196}\ \text{mm}$$

4. 确定齿坯公差

(1)基准孔的尺寸公差和几何公差

由表 7.9 得基准孔 $\phi 58$ 的公差为 IT7,并采用包容要求,即 $\phi 58H7\ \text{Ⓔ} = \phi 58^{+0.03}_{0}\ \text{Ⓔ}$。

按式(7.12)和式(7.13)计算值中较小者为基准孔的圆柱度公差: $t_\text{圆}/\text{mm} = 0.04$ $(L/b)F_\beta = 0.04(100/60) \times 0.021 = 0.001\,4$ 和 $0.1 F_p = 0.1 \times 0.07 = 0.007$,为便于加工,取 $t_\text{圆} = 0.003\ \text{mm}$。

(2)齿顶圆的尺寸公差和几何公差

齿顶圆直径 $da = d + 2ha = \phi 239.39 + 2 \times 3 = \phi 245.39$

由表 7.9 得齿顶圆的尺寸公差为 IT8,即 $\phi 245.39h8 = \phi 245.39^{0}_{-0.072}$。

齿顶圆的圆柱度公差值 $t_\text{圆} = 0.003\ \text{mm}$(同基准孔)。

按式(7.15)得齿顶圆对基准孔轴线的径向圆跳动公差 $t_r/\text{mm} = 0.3 F_p = 0.3 \times 0.07 = 0.021$。

如果齿顶圆不做基准时,其尺寸公差带为 h11,图样上不必给出几何公差。

(3)基准端面的圆跳动公差

基准端面直径取 $\phi 228$(小于齿根圆直径 $4 \sim 5\ \text{mm}$),按式(7.14)得基准端面对基准孔轴线的轴向圆跳动公差 $t_i/\text{mm} = 0.2(D_d/b) \times F_\beta = 0.2(228/60) \times 0.021 = 0.016$。

5. 确定齿轮副精度

(1)齿轮副中心距极限偏差

由表 7.8 查得 $f_a = \pm 0.031\,5\ \text{mm}$,则在图样上标注为: $a = (150 \pm 0.031\,5)\ \text{mm}$。

(2)轴线平行度偏差的最大推荐值

轴线平面上和垂直平面上的轴线平行度偏差的最大推荐值分别按式(7.10)和式(7.11)确定

$$f_{\Sigma\delta}/\text{mm} = (L/b)F_\beta = (100/60) \times 0.021 = 0.035$$

$$f_{\Sigma\beta}/\text{mm} = 0.5(L/b)F_\beta = 0.018$$

6. 确定内孔键槽尺寸及其极限偏差

齿轮内孔与轴结合采用普通平键联结。根据齿轮孔直径 $D = \phi 58\ \text{mm}$ 和采用正常联结,查表 6.8 得键槽宽度的公差带为 16JS9($\pm 0.021\,5$);轮毂槽深 $t_2 = 4.3\ \text{mm}$,$D + t_2 = 62.3\ \text{mm}$,其上、下偏差分别为 $+0.20\ \text{mm}$ 和 0。键槽配合表面的中心平面对基准孔轴线

对称度公差取 8 级,由表 4.16 查得对称度公差值为 0.02 mm。

7. 确定齿轮各部分的表面粗糙度轮廓幅度参数值

由表 7.10,按 7 级精度查得齿轮齿面的表面粗糙度 Ra 的上限值为 1.25 μm。由表 7.11 查得基准孔表面粗糙度 Ra 上限值为 1.25~2.5 μm,取 2 μm;基准端面和顶圆表面粗糙度 Ra 上限值为 2.5~5 μm,取 3.2 μm。键槽配合表面 Ra 的上限值取 3.2 μm,非配合表面 Ra 的上限值取 6.3 μm,齿轮其余表面 Ra 的上限值取 12.5 μm。

8. 确定齿轮上未注尺寸及几何公差等级

齿轮上未注尺寸公差按 GB/T 1804—2000 给出,这里取中等级 m;未注几何公差按 GB/T 1184—1996 给出,这里取 K 级。

9. 画出齿轮零件图并将上述技术要求标注在图上(图 9.2)

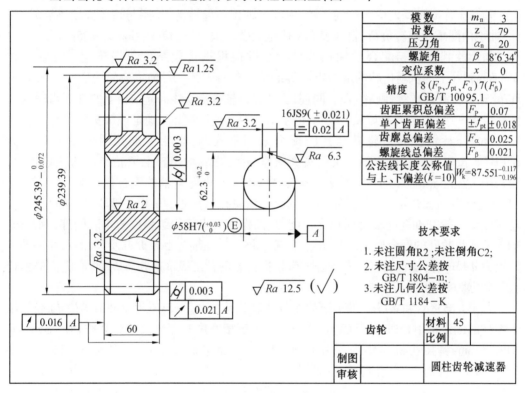

图 9.2 齿轮零件图

9.1.2 轴的精度设计

轴类零件的精度设计应根据与轴相配合零件(如滚动轴承、齿轮等)对轴的精度要求,合理确定轴的各部位的尺寸精度、几何精度和表面粗糙度参数值。轴的直径的极限偏差应根据轴上零件与轴相应部位的配合来确定,与轴承内圈配合的轴颈应规定圆柱度公差,两轴颈还应规定同轴度公差(或径向圆跳动公差),有轴向定位要求的轴肩应规定轴向圆跳动公差等。现以图 9.1 减速器中输出轴为例来说明。

1. 确定尺寸精度

参看图 9.1 所示一级斜齿圆柱齿轮减速器其输出轴上的两个 $\phi55$ mm 轴径分别与两个规格相同的滚动轴承的内圈配合，$\phi58$ mm 的轴颈与齿轮基准孔配合，$\phi45$ mm 轴头与减速器开式齿轮传动的主动齿轮（图中未画出）基准孔相配合，$\phi65$ mm 轴肩的两端面分别为齿轮和滚动轴承内圈的轴向定位基准面。

考虑到该轴的转速不高，承受的载荷不大，但轴上有轴向力，故轴上的一对滚动轴承均采用 0 级 30211（$d \times D \times B = 55 \times 100 \times 21$）圆锥滚子轴承，其额定动负荷为 86 500 N。根据减速器的技术特性参数进行齿轮的受力分析，求出轴承所受的径向力和轴向力，计算出两个滚动轴承的当量动负荷分别为 1 804 N 和 1 320 N。它们与额定动负荷 86 500 N 的比值均小于 0.07，根据本书 6.1.2 节所述，可知滚动轴承的负荷状态属于轻负荷。

轴承工作时承受定向负荷的作用，内圈与轴颈一起转动，外圈与箱体固定不旋转，因此，轴承内圈承受旋转负荷，根据表 6.2 确定两个轴颈的公差带代号皆为 $\phi55k6$。

与齿轮基准孔相配合的轴径的尺寸公差应根据齿轮精度等级确定。按安装在 $\phi58$ mm轴径上的从动齿轮的最高精度等级为 7 级，查表 7.9，确定齿轮内孔尺寸公差为 IT7。轴可比孔高 1 级，则取 IT6。同理，安装在该轴端部 $\phi45$ mm 轴径上的开式齿轮的精度等级为 9 级（一般开式齿轮传动齿轮的精度等级定为 9 级），确定该轴头的尺寸公差为 IT7。$\phi58$ mm 轴径与齿轮基准孔的配合采用基孔制，齿轮基准孔的公差带代号为 $\phi58H7$。按表 3.11 中基本偏差应用实例推荐，并考虑到输出轴上齿轮传递的扭矩较大，应采用过盈配合，轴径的尺寸公差带确定为 $\phi58r6$。齿轮与轴的配合代号为 $\phi58H7/r6$。（但由于 r 的过盈量不大，为了保证可靠联结，齿轮孔与轴还需采用平键联结）该过盈配合还能保证齿轮基准孔与轴的同轴度精度，从而保证大齿轮 8 级精度要求。同理，$\phi45$ mm 轴与开式齿轮孔的配合亦采用基孔制，并考虑该齿轮在轴头上装拆方便，轴的尺寸公差带确定为 $\phi45n7$，开式齿轮基准孔的公差带根据齿轮的精度级确定为 $\phi45H8$，则它们的配合代号确定为 $\phi45H8/n7$。

$\phi55k6$、$\phi58r6$ 和 $\phi45n7$ 的极限偏差可从表 3.5 查出。$\phi58r6$ 和 $\phi45n7$ 两个轴径与轴上零件的固定采用普通平键联结。这两处轴上键槽宽度和深度尺寸分别按轴径 $\phi58$ mm 和 $\phi45$ mm 和某些机器中所采用的平键尺寸，确定键槽宽度分别为 $b = 16$ mm 和 $b = 14$ mm。它们的键槽宽度公差带皆选择表 6.8 中的正常联结而分别确定为 $16N9(^{0}_{-0.043})$ 和 $14N9(^{0}_{-0.043})$。它们的键槽深度极限偏差皆按表 6.8 分别确定为 $52^{0}_{-0.2}$ 和 $39.5^{0}_{-0.2}$。

2. 确定几何精度

为了保证选定的配合性质，轴上 $\phi55k6$（两处）、$\phi58r6$ 和 $\phi45n7$ 四处都采用包容要求。对于与滚动轴承配合的轴颈形状精度要求较高，所以规定圆柱度公差。按 0 级滚动轴承的要求，查表 6.6 选取轴颈的圆柱度公差值为 0.005 mm。此外，$\phi65$ mm 轴肩两端面用于齿轮和轴承内圈的轴向定位，应规定轴向圆跳动公差，从表 6.6 查得公差值为 0.015 mm。

为了保证输出轴的使用要求，轴上 $\phi55$（两处）、$\phi58$ 和 $\phi45$ 四处的轴线应分别与安装基准即两个轴颈 $\phi55$ 的公共轴线同轴。因此，根据齿轮的运动准确性精度为 8 级，按式

（7.15）确定两个轴颈对它们的公共基准轴线 $A-B$ 的径向圆跳动公差值为 $t_r = 0.3F_p = 0.3 \times 0.07 = 0.021$，$\phi58$ mm 轴对公共基准轴线 $A-B$ 的径向圆跳动公差值按类比法为 0.022 mm，$\phi45$ mm轴头对基准轴线的径向圆跳动公差按类比法确定为 0.017 mm。

$\phi58$r6 和 $\phi45$n7 两个轴径上的键槽分别相对于这两个轴的轴线对称度公差值，查表 4.16 按 8 级确定为0.02 mm。

3. 确定表面粗糙度轮廓幅度参数值

按表 6.7 选取两个 $\phi55$k6 轴颈表面粗糙度参数 Ra 的上限值为 0.8 μm，轴承定位轴肩端面的 Ra 的上限值为 3.2 μm。参考表 5.6 选取 $\phi45$n7 和 $\phi58$r6 两轴径表面粗糙度参数 Ra 的上限值都为 0.8 μm。定位端面 Ra 的上限值分别为 3.2 μm 和 1.6 μm。

$\phi52$ mm 轴径的表面与密封件接触，此轴径表面粗糙度参数 Ra 的上限值一般取为 1.6 μm即可。

键槽配合表面的表面粗糙度参数 Ra 的上限值可取为 1.6～3.2 μm，本例取为 3.2 μm；非配合表面的 Ra 的上限值取为 6.3 μm。

输出轴其他表面粗糙度参数 Ra 的上限值取为 12.5 μm。

4. 确定未注尺寸公差等级与未注几何公差等级

输出轴上未注尺寸公差及几何公差分别按 GB/T 1804-m 和 GB/T1184-K 给出，并在零件图"技术要求"中加以说明。

5. 画出轴的零件图并将上述技术要求标注在图上（图9.3）

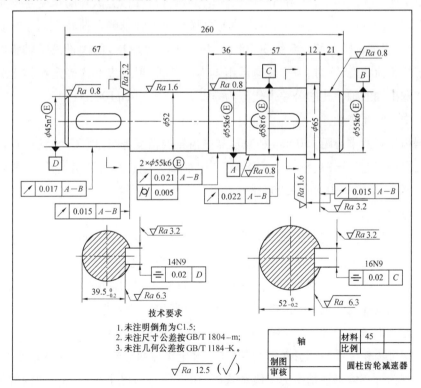

图 9.3　输出轴零件图

9.1.3 箱体的精度设计

箱体主要起支承作用,为了保证传动件的工作性能,箱体应具有一定要求的强度和支承刚度,还应具有规定的尺寸精度和几何精度。特别是箱体上安装输出轴和齿轮轴的轴承孔,应根据齿轮传动的精度要求,规定它们的中心距允许偏差,它们的轴线间的平行度偏差,这些孔尺寸精度主要根据滚动轴承外圈与箱体轴承孔的配合性质确定。为了防止轴承外圈安装在这些孔中产生过大的变形,还应对它们分别规定圆柱度公差。为了保证箱盖和箱座上的通孔能够与螺栓顺利安装,箱体上这些通孔和螺孔也应分别规定位置度公差。为了保证箱盖与箱座联接的紧密性,应规定它们的结合面的平面度公差。为了保证轴承端盖在箱体轴承孔中的位置正确,应规定箱体上轴承孔端面对轴承孔轴线的垂直度公差。箱体精度设计还包括确定螺纹公差和箱体各部位的表面粗糙度轮廓参数值。现以图9.1减速器中下箱体为例说明箱体精度的设计。

1. 确定尺寸精度

(1) 轴承孔的公差带

由图9.1可知,箱体四个轴承孔分别与滚动轴承外圈配合,前者的公差带主要根据轴承精度、负荷大小和运转状态来确定。该减速器中轴出轴上的两个轴承(0级30211)工作时承受定向负荷的作用,外圈与箱体孔固定,不旋转。因此,该外圈承受定向负荷的作用。由上述输出轴精度设计可知,输出轴上两圆锥滚子轴承的负荷状态属于轻负荷。同理,可分析确定齿轮轴上两个0级30208($d×D×B=40×80×18$)的圆锥滚子轴承的负荷状态也属于轻负荷状态,同时,考虑减速器箱体为剖分式,根据表6.3确定箱体上分别支承齿轮轴和输出轴的轴承孔的公差带代号为$\phi80H7(^{+0.030}_{0})$和$\phi100H7(^{+0.035}_{0})$。

(2) 中心距允许偏差

根据齿轮副的中心距150 mm和减速器中齿轮的精度等级(按7~8级),查表7.8,该中心距的允许偏差$±f_a=31.5$ μm,而箱体齿轮孔轴线的中心距允许偏差f'_a一般取为(0.7~0.8)f_a,本例取$±f'_a=±0.8f_a=±25$ μm。

(3) 螺纹公差

箱体轴承孔端面上安装轴承端盖螺钉的M8螺孔和箱座右侧安装油塞的M16×1.5螺孔精度要求不高,按表6.19选取它们的精度等级为中等级,采用优先选用的螺纹公差带6H,它们的螺纹代号分别为M8-6H和M16×1.5-6H(6H可省略标注)。安装油标的M12螺孔的精度要求较低,选用粗糙级,采用公差带7H,螺纹代号为M12-7H。

2. 确定几何精度

为了保证齿轮传动载荷分布的均匀性,应规定箱体两对轴承孔的轴线的平行度公差。根据齿轮载荷分布均匀性精度为7级和式(7.10)、(7.11)已求得轴线平面内的平行度偏差推荐最大值$f_{\Sigma\delta}$和垂直平面上的平行度偏差推荐最大值$f_{\Sigma\beta}$分别为:$f_{\Sigma\delta}=0.035$ mm,

$f_{\Sigma\beta}$ =0.018 mm(见本章齿轮精度设计)。实际箱体轴线平行度偏差,一般取 $f'_{\Sigma\delta}=f_{\Sigma\delta}=$ 0.035 mm, $f'_{\Sigma\delta}=f_{\Sigma\delta}=$ 0.018 mm。若箱体上支承同一根轴的两个轴承孔分别采用包容要求,即使按包容要求检验合格,但控制不了它们的同轴度误差,而同轴度误差会影响轴承孔与轴承外圈的配合性质。因此,一对轴承孔可采用最大实体要求的零几何公差给出同轴度公差,以保证要求的配合性质。此外,对该轴承孔应进一步规定圆柱度公差。查表6.6确定 ϕ80H7 和 ϕ100H7 轴承孔的圆柱度公差分别为0.008 mm 和 0.01 mm。

减速器的箱盖和箱座用螺栓联结成一体。对箱体结合面上的螺栓孔(通孔)应规定位置度公差,公差值为螺栓大径与通孔之间最小间隙数值。所使用的螺栓为 M12,通孔的直径为 ϕ13H12,故取箱盖和箱座的位置度公差值分别为 ϕ1 mm,并采用最大实体要求。

为了保证轴承端盖在箱体轴承孔中的正确位置,根据经验规定轴承孔端面对轴承孔轴线的垂直度公差为 8 级,其公差值由表 4.15 查得为 0.08 mm。为了保证箱盖与箱座结合面的紧密性,这两个结合面要求平整。因此,应对这两个结合表面分别规定平面度公差也是 8 级。查表 4.13 得平面度公差值为 0.06 mm。

为了能够用 6 个螺钉分别顺利穿过均布在轴承端盖上的 6 个通孔,将它紧固在箱体上,对箱体轴承孔端上的螺孔应规定位置度公差。位置度公差值为轴承端盖通孔与螺钉之间最小间隙数值的一半。所使用的螺钉为 M8,通孔直径为 ϕ9H12。取位置度公差值为 $t=(9-8)/2=\phi$0.5 mm,该位置度公差以轴承孔端面为第一基准,以轴承孔轴线为第二基准,并采用最大实体要求。

3. 确定表面粗糙度参数值

按表 6.7 选取 ϕ80H7 和 ϕ100H7 轴承孔的表面粗糙度参数 Ra 的上限值皆为 1.6 μm。轴承孔端面的表面粗糙度参数 Ra 的上限值为 3.2 μm。

根据经验,箱盖和箱座结合面的表面粗糙度参数 Ra 的上限值取为 6.3 μm,箱座底平面的表面粗糙度参数 Ra 的上限值取为 12.5 μm。其余表面粗糙度参数 Ra 的上限值为 50 μm。

4. 确定未注公差

箱体未注尺寸公差及未注几何公差分别按 GB/T 1804-m 和 GB/T 1184-K 给出,并在零件图"技术要求"中加以说明。

本例箱体的箱座零件图如图 9.4 所示,箱盖零件图上公差的标注与箱座类似。

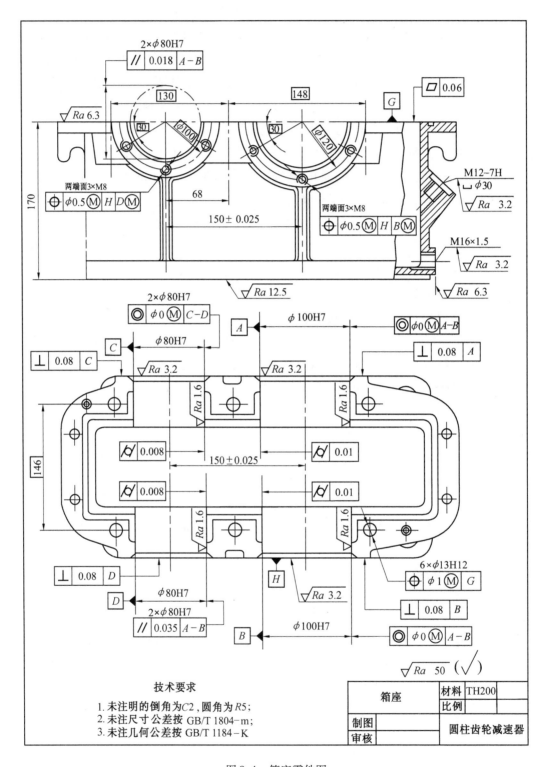

图 9.4　箱座零件图

9.1.4 轴承端盖的精度设计

轴承端盖用于轴承外圈的轴向定位。它与轴承孔的配合要求为装配方便且不产生较大的偏心。因此,该配合宜采用间隙配合。由于轴承孔的公差带已经按轴承要求确定(H7),故应以轴承孔公差带为基准来选择轴承端盖圆柱面的公差带,由表 9.2 可知,轴承端盖圆柱面的基本偏差代号为 f;另外考虑加工成本,轴承端盖圆柱面的标准公差等级应比轴承孔低 2 级为 9 级。因此可以确定两对轴承孔处的轴承端盖圆柱面的公差带分别为 $\phi 80f9$ 和 $\phi 100f9$。

表 9.2 轴承端盖圆柱面、定位套筒孔的基本偏差

轴承孔的基本 偏差代号	轴承端盖圆柱面的 基本偏差代号	轴颈的基本 偏差代号	套筒孔的 基本偏差代号
H	f	h	F
J	e	j	E
K、M、N	d	k、m、n	D

对轴承端盖上的 6 个通孔应规定位置度公差,所使用的螺钉为 M8,通孔直径为 $\phi 9$,由式(4.26)得位置度公差值为

$$t/\mathrm{mm} = 0.5 X_{\min} = 0.5 \times (9-8) = 0.5$$

并采用最大实体要求。

根据箱体与轴承端盖配合处($\phi 100$ 或 $\phi 80$)、箱体与轴承端盖接触面(基准面 A)的表面粗糙度参数值,应用类比法确定 $\phi 100f9$ 圆柱面的表面粗糙度 Ra 的上限值为 $3.2\ \mu\mathrm{m}$,基准面 A 的表面粗糙度 Ra 的上限值为 $3.2\ \mu\mathrm{m}$。

轴承端盖未注的尺寸公差和几何公差均选用最低级,其余表面粗糙度 Ra 上限值不大于 $12.5\ \mu\mathrm{m}$。

轴承端盖零件图如图 9.5 所示。

9.2 装配图上标注的尺寸和配合代号

装配图用来表达减速器中各零部件的结构及相互关系,它也是指导装配、验收和检修工作的技术文件。因此,装配图上应标注以下四方面的尺寸:① 外形尺寸,即减速器的总长、总宽和总高;② 特性尺寸,如传动件的中心距及其极限偏差;③ 安装尺寸,即减速器的中心高,轴的外伸端配合部位的长度和直径,箱体上地脚螺栓孔的直径和位置尺寸等;④ 有配合性质要求的尺寸,包括在装配图中零部件相互结合处的尺寸和配合代号,一般孔、轴配合代号,花键配合代号和螺纹副代号等。下面着重就减速器重要结合面的配合尺寸、特性尺寸和安装尺寸加以说明。

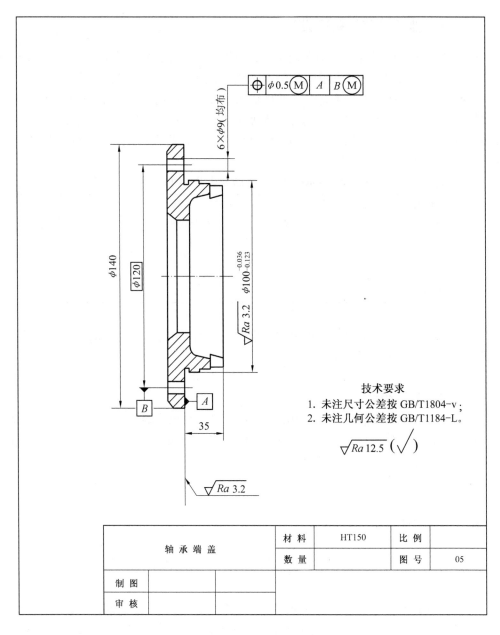

图 9.5　轴承端盖零件图

9.2.1　减速器中重要结合面的配合代号

1. 圆锥滚子轴承与轴颈、箱体轴承孔的配合

对滚动轴承内圈、外圈分别与轴颈、轴承孔相配合的尺寸只标注轴颈和轴承孔尺寸的公差带代号。齿轮轴、输出轴上的轴颈的公差带代号分别为 $\phi45n7$ 和 $\phi55k6$。箱体轴承孔的公差带代号分别为 $\phi80H7$ 和 $\phi100H7$。

2. 轴承端盖与箱体轴承孔的配合代号

本例中,两对轴承孔(四处)与轴承端盖圆柱面的配合代号分别为 $\phi80H7/f9$ 和 $\phi100H7/f9$。

3. 套筒孔与轴径的配合代号

套筒用于从动齿轮与轴承内圈的轴向定位。套筒孔与轴径的配合要求跟轴承端盖圆柱面与箱体轴承孔的配合要求类似,由轴径基本偏差确定套筒孔的基本偏差,见表9.2。套筒孔的标准公差等级比轴颈低 2~3 级。本例中轴径的基本偏差代号为 k,故套筒孔与轴径的配合代号确定为 $\phi55D9/k6$。

4. 从动齿轮基准孔与输出轴轴径的配合代号

考虑到输出轴上齿轮传递的扭矩较大,应采用过盈配合,并加键联结。根据齿轮和输出轴精度设计的结果,基准孔公差带代号为 $\phi58H7$,轴公差带代号为 $\phi58r6$,故齿轮与轴配合的配合代号为 $\phi58H7/r6$。

9.2.2　特性尺寸

减速器的特性尺寸主要是指传动件的中心距及其极限偏差。如前所述,该减速中斜齿轮传动中心距为 150 mm,中心极限偏差值为 ±0.031 5 mm。在装配图中标注中心距及其极限偏差为 150±0.031 5 mm。

9.2.3　安装尺寸

安装尺寸表明减速器在机械系统中与其他零部件装配相关的尺寸。安装尺寸包括减速器的中心高。箱体上地脚螺栓孔的直径和位置尺寸,减速器输入轴、输出轴端部轴颈的公差带代号和长度等。

习 题 九

一、思考题

1. 机械零件的精度设计包括哪些内容?

2. 在减速器装配图上要标注哪些尺寸和配合代号?

3. 对减速器中的传动轴各轴径应标注哪些尺寸精度和几何精度?

4. 对减速器的箱体应标注哪些尺寸精度和几何精度?

二、作业题

1. 图 9.6 所示为车床溜板箱手动机构的结构简图。转动手轮3,通过键带动轴4左端的小齿轮转动,轴4在套筒5的孔中转动。该小齿轮带动大齿轮1转动,再通过键带动齿轮轴7在两个支承套筒2和6的孔中转动和轴7左端的齿轮转动。这齿轮与床身上的齿条(未画出)啮合,使溜板箱沿导轨做纵向移动。各配合面的公称尺寸为:① $\phi40$ mm;② $\phi28$ mm;③ $\phi28$ mm;④ $\phi46$ mm;⑤ $\phi32$ mm;⑥ $\phi32$ mm;⑦ $\phi18$ mm。试选择这些孔、轴配合的基准制、标准公差等级和配合种类。

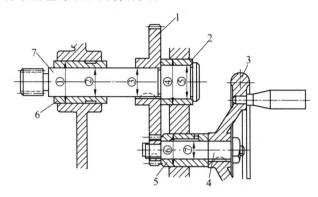

图9.6 车床溜板箱手动机构简图

1—大齿轮；2,5,6—套筒；3—手轮；4—轴；7—齿轮轴

2.图9.7所示为减速器的齿轮轴(输入轴)设计图。减速器主要技术特性见表9.1。试确定齿轮轴上的齿轮偏差项目和齿坯偏差项目及它们的允许值,该轴上其他要素的尺寸及其极限偏差、几何公差和表面粗糙度轮廓幅度参数值。并将上述技术要求标注在齿轮轴零件图9.7上。

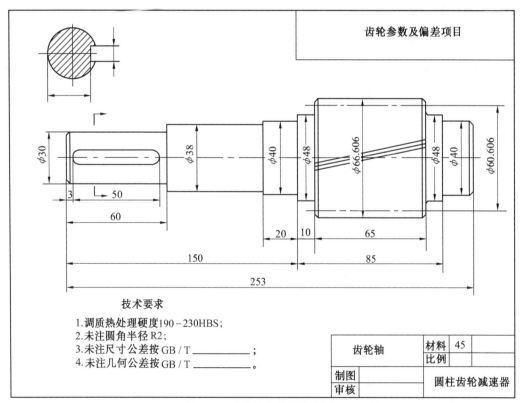

图9.7 减速器齿轮轴设计图

参 考 文 献

[1] 国家质量监督检验检疫总局,国家标准化委员会.标准化工作指南 第1部分 标准化和相关活动的通用词汇:GB/T 20000.1—2014[S].北京:中国标准出版社,2014.

[2] 国家质量监督检验检疫总局,国家标准化委员会.优先数和优先数系:GB/T 321—2005[S].北京:中国标准出版社,2005.

[3] 国家质量监督检验检疫总局,国家标准化委员会.产品几何技术规范(GPS) 极限与配合 第1部分 公差、偏差和配合的基础:GB/T 1800.1—2009[S].北京:中国标准出版社,2009.

[4] 国家质量监督检验检疫总局,国家标准化委员会.产品几何技术规范(GPS) 极限与配合 第2部分 标准公差等级和孔、轴极限偏差表:GB/T1800.2—2009[S].北京:中国标准出版社,2009.

[5] 国家质量监督检验检疫总局,国家标准化委员会.产品几何技术规范(GPS) 极限与配合 公差带和配合的选择:GB/T 1801—2009[S].北京:中国标准出版社,2009.

[6] 国家质量技术监督局.一般公差 未注公差的线性和角度尺寸的公差:GB/T 1804—2000[S].北京:中国标准出版社,2000.

[7] 国家质量监督检验检疫总局.产品几何技术规范(GPS) 几何要素 第1部分 基本术语和定义:GB/T 18780.1—2002[S].北京:中国标准出版社,2003.

[8] 国家质量监督检验检疫总局,国家标准化委员会.产品几何技术规范(GPS) 几何公差 形状、方向、位置和跳动公差标注:GB/T 1182—2008[S].北京:中国标准出版社,2008.

[9] 国家质量技术监督局.形状和位置公差 未注公差值:GB/T 1184—1996[S].北京:中国标准出版社,1997.

[10] 国家质量监督检验检疫总局,国家标准化委员会.产品几何技术规范(GPS) 公差原则:GB/T 4249—2009[S].北京:中国标准出版社,2009.

[11] 国家质量监督检验检疫总局,国家标准化委员会.产品几何技术规范(GPS) 几何公差 最大实体要求、最小实体要求和可逆要求:GB/T 16671—2009[S].北京:中国标准出版社,2009.

[12] 国家质量监督检验检疫总局,国家标准化委员会.产品几何量技术规范(GPS) 形状和位置公差 检测规定:GB/T 1958—2004[S].北京:中国标准出版社,2005.

[13] 国家质量监督检验检疫总局,国家标准化委员会.产品几何技术规范(GPS) 表面结构 轮廓法 术语、定义及表面结构参数:GB/T3505—2009[S].北京:中国标准出版社,2009.

[14] 国家质量监督检验检疫总局,国家标准化委员会.产品几何技术规范(GPS) 技术产品文件中表面结构的表示法:GB/T 131—2006[S].北京:中国标准出版社,2007.

[15] 国家质量监督检验检疫总局,国家标准化委员会.产品几何技术规范(GPS) 表面结构 轮廓法 表面粗糙度参数及其数值:GB/T 1031—2009[S].北京:中国标准

出版社,2009.

[16] 国家质量监督检验检疫总局,国家标准化委员会.产品几何技术规范(GPS) 光滑工件尺寸的检验:GB/T 3177—2009[S].北京:中国标准出版社,2009.

[17] 国家质量监督检验检疫总局,国家标准化委员会.光滑极限量规 技术条件:GB/T 1957—2006[S].北京:中国标准出版社,2006.

[18] 国家质量监督检验检疫总局.几何技术规范(GPS) 长度标准 量块:GB/T 6093—2001[S].北京:中国标准出版社,2001.

[19] 国家质量监督检验检疫总局.量块:JJG 146—2011[S].北京:中国标准出版社,2012.

[20] 国家技术监督局.滚动轴承与轴和外壳孔的配合:GB/T 275—93[S].北京:中国标准出版社,1993.

[21] 国家质量监督检验检疫总局,国家标准化委员会.滚动轴承 向心轴承 公差:GB/T 307.1—2005[S].北京:中国标准出版社,2005.

[22] 国家质量监督检验检疫总局,国家标准化委员会.滚动轴承 通用技术规则:GB/T 307.3—2005[S].北京:中国标准出版社,2005.

[23] 国家质量监督检验检疫总局.滚动轴承 公差 定义:GB 4199—2003[S].北京:中国标准出版社,2004.

[24] 国家质量监督检验检疫总局.产品几何量技术规范(GPS) 圆锥的锥度与锥角系列:GB/T 157—2001[S].北京:中国标准出版社,2002.

[25] 国家质量监督检验检疫总局,国家标准化委员会.产品几何量技术规范(GPS) 圆锥公差:GB/T 11334—2005[S].北京:中国标准出版社,2005.

[26] 国家质量监督检验检疫总局,国家标准化委员会.产品几何量技术规范(GPS) 圆锥配合:GB/T 12360—2005[S].北京:中国标准出版社,2005.

[27] 国家质量监督检验检疫总局.平键 键槽的剖面尺寸:GB/T 1095—2003[S].北京:中国标准出版社,2003.

[28] 国家质量监督检验检疫总局.普通型 平键:GB/T 1096—2003[S].北京:中国标准出版社,2003.

[29] 国家质量监督检验检疫总局.矩形花键尺寸、公差和检验:GB/T 1144—2001[S].北京:中国标准出版社,2002.

[30] 国家质量监督检验检疫总局,国家标准化委员会.螺纹 术语:GB/T 14791—2013[S].北京:中国标准出版社,2013.

[31] 国家质量监督检验检疫总局.普通螺纹 基本牙型:GB/T 192—2003[S].北京:中国标准出版社,2003.

[32] 国家质量监督检验检疫总局.普通螺纹 直径与螺距系列:GB/T 193—203[S].北京:中国标准出版社,2004.

[33] 国家质量监督检验检疫总局.普通螺纹 公称尺寸:GB/T 196—203[S].北京:中国标准出版社,2004.

[34] 国家质量监督检验检疫总局.普通螺纹 公差:GB/T 197—2003[S].北京:中国标

准出版社,2004.

［35］国家质量监督检验检疫总局,国家标准化委员会.圆柱齿轮　精度制　第1部分　轮齿同侧齿面偏差的定义和允许值:GB/T 10095.1—2008［S］.北京:中国标准出版社,2008.

［36］国家质量监督检验检疫总局,国家标准化委员会.圆柱齿轮　精度制　第2部分　径向综合偏差与径向跳动的定义和允许值:GB/T 10095.2—2008［S］.北京:中国标准出版社,2008.

［37］国家质量监督检验检疫总局,国家标准化委员会.圆柱齿轮　检验实施规范　第1部分　轮齿同侧齿面的检验:GB/Z 18620.1—2008［S］.北京:中国标准出版社,2008.

［38］国家质量监督检验检疫总局,国家标准化委员会.圆柱齿轮　检验实施规范　第2部分　径向综合偏差、径向跳动、齿厚和侧隙的检验.:GB/Z 18620.2—2008［S］北京:中国标准出版社,2008.

［39］国家质量监督检验检疫总局,国家标准化委员会.圆柱齿轮　检验实施规范　第3部分　齿轮坯、轴中心距和轴线平行度的检验:GB/Z 18620.3—2008［S］.北京:中国标准出版社,2008.

［40］国家质量监督检验检疫总局,国家标准化委员会.圆柱齿轮　检验实施规范　第4部分　表面结构和轮齿接触斑点的检验:GB/Z 18620.4—2008［S］.北京:中国标准出版社,2008.

［41］国家质量监督检验检疫总局,国家标准化委员会.尺寸链　计算方法:GB/T 5847—2004［S］.北京:中国标准出版社,2005.

［42］甘永立.几何量公差与检测［M］.上海:上海科学技术出版社,2013.

［43］陈晓华.机械精度设计与检测［M］.北京:中国质检出版社.中国标准出版社,2015.

［44］廖念钊.互换性与测量技术基础［M］.北京:中国质检出版社、中国标准出版社,2013.

［45］刘品,张也晗.机械精度设计与检测基础［M］.哈尔滨:哈尔滨工业大学出版社,2016.